"中国 20 世纪
城市建筑的近代化遗产研究"
丛书

----------------------

The series of books
on the modern
heritage of Chinese urban architecture
in the 20th century

----------------------

青木信夫　徐苏斌　主编

----------------------

季　宏　著

天津
近代自主型工业遗产研究

Investigation on Tianjin's
Modern Autonomous Industrial Heritage

中国建筑工业出版社

# 序

（1）20 世纪遗产研究的国际趋势

20 世纪遗产保护是全球近现代文化遗产保护运动的重要趋势。推进研究和保护以及使用什么词汇能够概括全球的近现代遗产保护是经过长期思考的。在 1981 年第五届世界遗产大会上，悉尼歌剧院申报世界遗产引起了人们对于晚近遗产（Recent Heritage）的关注。1985 年在巴黎召开的 ICOMOS（国际古迹遗址理事会）专家会议上研究了现代建筑的保护问题。1986 年国际古迹遗址理事会《当代建筑申报世界遗产》的文件，内容包括了近现代建筑遗产的定义和如何运用世界遗产标准评述近现代建筑遗产。1988 年现代运动记录与保护组织 DOCOMOMO（International Committee for the Documentation and Conservation of buildings，sites and neighborhoods of the Modern Movement）成立。在那之后近现代建筑遗产的研究和保护迅速在全球展开，也对中国产生了很大影响。1989 年欧洲委员会（Council of Europe）在维也纳召开了"20 世纪建筑遗产：保护与振兴战略"（Twentieth Century Architectural Heritage: strategies for conservation and protection）国际研讨会。1991 年欧洲委员会发表《保护 20 世纪遗产的建议》（Recommendation on the Protection of the Twentieth Century Architectural Heritage），呼吁尽可能多地将 20 世纪遗产列入保护名录。1995 年 ICOMOS 在赫尔辛基和 1996 年在墨西哥城就 20 世纪遗产保护课题召开了大型国际会议。在《濒危遗产 2000 年度报告》（Heritage at Risk 2000）中，许多国家都报告了 19—20 世纪住宅、城市建筑、工业群、景观等遗产保存状况并表示担忧。2001 年 ICOMOS 在加拿大蒙特利尔召开工作会议，制定了以保护 20 世纪遗产为核心的"蒙特利尔行动计划"（The Montreal Action Plan），并将 2002 年 4 月 18 日国际古迹日的主题定为"20 世纪遗产"。现在《世界遗产名录》已经有近百项 20 世纪建筑遗产，占总数的 1/8。2011 年 20 世纪遗产国际科学委员会（the ICOMOS International Scientific Committee on Twentieth - Century Heritage（ISC20C））发布《关于 20 世纪建筑遗产保护方法的马德里文件 2011》，马德里文件第一次公开发表于 2011 年 6 月，当时在马德里召开"20 世纪建筑遗产干预标准"（"Criteria for Intervention in the Twentieth Century Architectural Heritage-CAH20thC"），共有 300 多位国际代表讨论并修正了该文件的第一版。2014 年发布第二版，2017 年委员会最终确定了国际标准：《保护 20 世纪遗产的方法》（称为 "马德里 – 新德里" 文件，the Madrid-New Delhi Document），该文件得到了在德里举行的国际会议的认可。这个文件标志着 "20 世纪遗产"（Twentieth-Century Heritage）一词成为国际目前通用称谓。

（2）中国 20 世纪遗产的保护现状

在中国，近代遗产的保护可以追溯到 1961 年，主要标志为确定了一批 "革命遗址及革命纪念物"，在第一批全国重点文物中共有 33 处。1991 年建设部和国家文物局下发《关于印发近代优秀建筑评议会纪要的通知》，提出 96 项保护名单，扩展了近代遗产的种类。1996 年国务院公布第四批全国重点文物保护单位采用了 "近现代重要史迹及代表性建筑"。2007—2012 年的全国第三次文物普查结果表明，近现代建筑史迹及代表性建筑有 14 多万处（占登记总量 18.45%）。在地方层面上厦门 2000 年颁布了《厦门市鼓浪屿历史风貌建筑保护条例》，2002 年上海通过了《上海市历史文化风貌区和优秀历史建筑保护条例》，天津 2005 年公布了《天津市历史风貌建筑保护条例》。

20 世纪遗产保护的倡议开始于 2008 年。2008 年 4 月，中国古迹遗址保护协会在无锡召开以 "20 世纪遗产保护" 为主题的中国文化遗产保护论坛，会上通过了《保护 20 世纪遗产无锡建议》。同时国家文物局发布《关于加强 20 世纪建筑遗产保护工作的通知》。2014 年中国文物学会 20 世纪建筑遗产委员会成立。2016 年中国文物学会开始评选 20 世纪遗产，到 2019 年已经公布了四批共计 396 项。但是这样的数量依然不能保护大量的 20 世纪建筑遗产，因此中国文物学会 20 世纪建筑遗产委员会在 2019 年 12 月 3 日举行 "新中国 70 年建筑遗产传承创新研讨会"，发表了《中国 20 世纪建筑遗产传承创新发展倡言》，强调忧患意识，倡议 "聚众智、凝共识、谋实策，绘制中国 20 世纪建筑遗产持续发展的新篇"。20 世纪遗产已经逐渐进入中国大众的视野。

（3）中国近代史研究的发展

中国近代史研究可以追溯到清末。1902 年梁启超在《近世文明初祖二大家之学说》中将中国历史分为 "上世" "中世" "近世"，首先使用了 "近世" 一词。1939 年，《中国革命与中国共产党》中提到中国人民的民族革命斗争从鸦片战争开始已经 100 年，这个分类对后来的研究影响很大。

中国近代史在 20 世纪 80 年代以前主要是以"帝国主义"和"阶级斗争"为线索考察近代史。1948 年胡绳撰成并出版《帝国主义与中国政治》，此书从帝国主义同中国的畸形政治关系中总结经验教训，与稍早出版的范文澜的《中国近代史》（上编第一分册，1947）一起，对中国近代史学科的建设产生了深远影响。1953 年初，胡绳撰写《中国近代史提纲》初稿，用于给中共中央高级党校的学员讲中国近代史，此时他已经形成了以阶级斗争为主要线索的史观。这些看法在《中国近代历史的分期问题》一文中进一步明晰。体现胡绳理论独创性的是"三次革命高潮"这一广为流传的概念，从帝国主义到阶级斗争的史观的微妙转换也反映了中国在 1949 年以后历史线索从外而内的变化。20 世纪 50 年代初期以马克思主义历史学家郭沫若为首，中国科学院近代史研究所开始编辑《中国史稿》，1962 年第四册近代史部分出版。1978 年又根据该稿出版了《中国近代史稿》，这本书是"帝国主义"论的经典，同时也是贯穿半封建半殖民地史观的近代史。20 世纪 70 年代末，由于国家确立改革开放、以经济建设为中心的方针，现代化事业成为国家和人民共同关注和进行的主要事业，1990 年 9 月，中国社会科学院近代史研究所为纪念建所 40 周年，举办了以"近代中国与世界"为题的国际学术讨论会。以"近代化"（现代化，modernization）为基本线索研究中国近代史，这是中国近代历史研究的转折点。

（4）关于中国近代建筑遗产的研究

在近代建筑方面由梁思成率先倡导、主持，早在 1944 年他在《中国建筑史》中撰写了"清末民国以后之建筑"一节。1956 年刘先觉撰写了研究论文《中国近百年建筑》。1959 年建筑工程部建筑科学研究院"中国近代建筑史编纂委员会"编纂了《中国近代建筑史》，虽然没有出版但是为进一步的研究奠定了基础，1962 年出版了上下两册《中国建筑简史》，第二册就是《中国近代建筑简史》。当时的史观和中国近代史研究类似，1949 年以后对近代建筑史在帝国主义、阶级斗争的史观支配下有很多负面的评价，因此影响了研究的推进。真正开始进行中国近代建筑史的研究是在 20 世纪 80 年代中期清华大学和东京大学开始合作研究。1986 年汪坦主持召开第一次中国近代建筑史学会研讨会，成立"中国近代建筑研究会"。以东京大学的藤森照信教授为首，在1988年开始调研中国16个主要口岸城市的近代建筑，1996年，藤森照信教授和清华大学汪坦教授合作出版了《全调查东亚洲近代的都市和建筑》汇集了这个阶段的研究成果。中国陆续出版《中国近代建筑总览》(1989—2004)、《中国近代建筑史研究讨论会论文集》(1987—1997)、《中国近代建筑研究与保护》(1999—2016)。2016年由赖德霖、伍江、徐苏斌主编的《中国近代建筑史》(中国建筑工业出版社，2016年)问世。中国当代建筑的研究也逐步推进，代表作品有邹德侬著《中国现代建筑史》(机械工业出版社，2003年)等。

基于中国知网（CNKI）数据库，对仅以"中国近代建筑"为主题的文章进行了检索，获得文章共943篇。1978—2018年的发表趋势可清楚地看出近年来国内相关研究文献数量迅速增多，尤其自2006年起中国学者对近代建筑研究的关注度日益提升，形成一股研究热潮。同时可以看出关于中国近代建筑的研究方向主要集中在近代建筑（个案）20.34%、近代建筑史12.64%、建筑保护1.88%、建筑师8.4%等方向。

（5）从近代建筑遗产走向近代化遗产

从近代建筑遗产到近代化遗产，这是一个必然的过程。日本的研究历程就是从近代建筑遗产扩展到近代化遗产的过程，这个过程能给我们很多启示。

首先以东京大学村松贞次郎为首组织建筑史研究者进行全国的洋风建筑调查，于1970年出版了《全国明治洋风建筑名簿》(《全国明治洋風建築リスト》)，以后又逐渐完善，日本建筑学会于1983年出版了《新版日本近代建筑总览》(《新版日本近代建築総覧》，技报堂出版，1983)。这是关于近代建筑的调查。可是随着技术的革新、产业转型、经济高速发展等，比洋风建筑更为重要的近代化遗产问题成为关注的热点，如何更为宏观地把握近代化遗产成为当务之急。研究的嚆矢是东京大学村松贞次郎教授，他主要从事日本近代建筑研究，其中最著名的著作是《日本近代建筑技术史》(1976年)，而工业建筑集中体现了建筑技术的最新成果。日本文化厅于1990年开始推动《近代化遗产（构造物等）综合调查》，这不仅仅是近代建筑，也包括了产业、交通、土木等从建筑到构造物的多方面的近代化遗产的调查，鼓励调查建造物以及和近代化相关的机械、周边环境等。另外也推进了调查传统的和风建筑。1994年7月日本文化厅发表《应对时代的变化改善和充实文化财保护措施》，其中第三点"近代文化遗产的保护"中提出："今后，进一步促进近代的文化遗产的制定，与此同时，有必要尽快推进调查研究近年来十分关心的近代化遗产，探讨保护的策略，加强保护。"1993年开始指定近代化遗产为重要文化遗产。日本土木学会土木史委员会1993—1995年进行了全国性近代土木遗产普查，判明全国有7000~10000件近代土木遗产。该委员会从1997开始进行对近代土木遗产的评价工作。土木学会的代表作品如《日本的近代土木遗产——现存重要土木构造物2800选（改订版）》(《日本の近代土木遺産——現存する重要な土木構造物2800選（改訂版）》)于2005年出版。昭和初期建筑的明治生命馆、昭和初期土木构造物的富岩运河水闸设施等被指定为重要文化遗产。

日本近代化遗产推进的最大成果是于2015年成功申请世界文化遗产。

2007年日本经济通产省召集了13名工业遗产专家构成了"产业遗产活用委员会"。同年5月从各地征集了工业遗产，经过委员会讨论，以便用普及的形式再次提供给各个地方。在此基础上经过四次审议，确定了包括33个遗产的近代产业遗产群，并对有助于地域活性化的近代产业遗产进行认定，授予认定证和执照。代表成果是2009年编订申请世界遗产《九州、山口近代化产业遗产群》报告。2013年4月，登录推进委员会将系列遗产更名为"日本近代化产业遗产群——九州·山口及相关地区"，并向政府提交修订建议。政府于同年9月17日决定，将本遗产列入日本2013年世界文化遗产的"推荐候选者"，并于9月27日向联合国教科文组织提交了暂定版。2014年1月17日，内阁府批准了将其推荐为世界文化遗产的决定，并在将一些相关资产整合到8个地区和23个遗产之后，于1月29日向世界遗产中心提交正式版，名称为"明治日本的产业革命遗产——九州·山口及相关地区"。2015年联合国教科文组织世界遗产委员会审议通过"明治日本的产业革命遗产 制铁·制钢·造船·石炭产业"（"明治日本の産業革命遺産 製鉄·製鋼、造船、石炭産業"）为世界文化遗产。

日本的"近代化遗产"多被误解为产业遗产，这是日本对建筑遗产的丰富研究成果努力弥补土木遗产的缘故，日本的"近代化遗产"更代表着对推进近代化起到积极作用的城市、建筑、土木、交通、产业等多方面的综合遗产的全面概括。

我们也不断反省如何应对中国发展的需求推进研究。我们自己的研究也以近代建筑起步，20 世纪 80 年代当我们还是学生时就有幸参加了中国、日本以及东亚的相关近代建筑调查和研究，2008 年成立了天津大学中国文化遗产保护国际研究中心，尝试了国际化和跨学科的科研和教学，2013 年承接了国家社科重大课题"我国城市近现代工业遗产保护体系研究"，把研究领域从建筑遗产扩展到近代化遗产。重大课题的立项代表着中国对于工业遗产研究的迫切需求，在此期间工业遗产的研究层出不穷，特别是从 2006 年以后呈现直线上升的趋势。这反映着国家产业转型、城市化、经济发展十分需要近代化遗产的研究作为支撑，整体部署近代化遗产保护和再利用战略深刻地影响着中国的可持续发展。

在中国近代化集中的时期是 20 世纪，这也和国际对于 20 世纪遗产保护的大趋势十分吻合，国际目前较为常用"20 世纪遗产"的表述方法来描述近现代遗产，这也是经过反复讨论和推敲的词汇，因此我们沿用这个词汇，但是这并不代表研究成果仅仅限制在 20 世纪，也包括更为早期或者更为晚近的近代化问题。同时本丛书也不限制于中国本土发生的事情，还包括和中国相关涉及海外的研究。我们还十分鼓励跨学科的城市建筑研究。在本丛书中我们试图体现这样的宗旨：我们希望把和中国城市建筑近代化进程的相关研究纳入这个开放的体系中，兼收并蓄不同的研究成果，从不同的角度深入探讨近代化遗产问题，作为我们这个时代对于近代化遗产思考及其成果的真实记录。我们希望为年轻学者提供一个平台，使得优秀的研究者和他们的研究成果能够借此平台获得广泛的关注和交流，促进中国的近代化遗产研究和保护。因此欢迎相关研究者利用好这个平台。在此我们还衷心感谢中国建筑工业出版社提供的出版平台！

青木信夫　徐苏斌

2020 年 5 月 31 日于东京

# 目
# 录

# 绪 论

1955 年，英国伯明翰大学的里克斯首先提出了"工业考古学"这一概念，标志着工业遗产保护学科的诞生。工业考古学是对所有工业遗存证据进行多学科研究的方法，这些遗存证据包括物质的和非物质的，如为工业生产服务的或由工业生产创造的文件档案、人工制品、地层和工程结构、人居环境以及自然景观和城镇景观等。工业考古学采用了适当的调查研究方法以增进对工业历史和现实的认识。[①]工业考古学的研究对象主要是工业革命时期的机械与纪念物。

在我国，近代工业遗产的研究最初属于近代化遗产的研究范畴，研究主要针对工业建筑的建筑风格、结构类型入手，未能脱离近代建筑的研究范畴。20 世纪 90 年代中期，工业遗产逐步成为独立的学科，中国开始对西方工业建筑遗产的改造再利用研究成果进行介绍，也陆续出现了相应的工业建筑遗产再利用的案例。

进入 21 世纪后，工业遗产的研究迅速升温，研究的主要方向为工业历史地段更新、工业旅游、工业建筑遗产保护再利用、工业景观等。2006 年，国际文化遗产日的主题确定为"工业遗产"，同时在无锡举办的第一届"中国工业遗产保护论坛"并发布了《无锡建议》。同年 5 月，国家文物局下发了《关于加强工业遗产保护的通知》。2010 年 6 月 12 日，我国第五个"文化遗产日"主题为"工业遗产"。2010 年 11 月 7—9 日，2010 年中国首届工业建筑遗产学术研讨会暨中国建筑学会工业建筑遗产学术委员会成立，并签署了《北京倡议》——抢救工业遗产：关于中国工业建筑遗产保护的倡议书。

虽然我国工业遗产的保护尚处于起步阶段，但目前国际与国内的工业遗产保护背景的转变，促使我国工业遗产保护正进入一个新阶段。

在国际方面，UNESCO 世界遗产委员会开始关注世界遗产种类的均衡性、代表性与可信性，并于 1994 年提出了《均衡的、具有代表性的与可信的世界遗产名录全球战略》（Global Strategy for a Balance, Representative and Credible World Heritage List）[②]，其中工业遗产是特别强调的遗产类型之一。2003 年，世界遗产委员会提出《亚太地区全球战略问题》，列举亚太地区尚未被

① 张松译. 工业遗产的下塔吉尔宪章 [C]// 国际文化遗产保护文件选编. 北京：文物出版社，2007：252.

② UNESCO.Global Strategy.hppt://whc.unesco.org/en/globalstrategy；转引自阙维民. 国际工业遗产的保护与管理 [J]. 北京大学学报（自然科学版），2007（7）：524.

重视的九类世界遗产中就包括工业遗产，并于 2005 年所做的分析研究报告《世界遗产名录：填补空白——未来行动计划》中也述及在世界遗产名录与预备名录中较少反映的遗产类型为："文化路线与文化景观、乡土建筑、20 世纪遗产、工业与技术项目"。[①] 2011 年《UNESCO 世界遗产名录中的工业遗产地》为 50 处，仅为当年世界遗产地总数的 5.3%，世界工业遗产分布为欧洲 68%、亚洲 12%、北美洲 10%、南美洲 8%、大洋洲 2%，欧洲的世界工业遗产地超过其他洲之和。截至 2015 年，在世界遗产名录中，工业遗产项目总计 53 项，虽然近年来世界遗产中工业遗产占新增文化遗产项目的比例虽略有上升，但在所有世界遗产项目的所占比例并不高，类型间不平衡趋势依旧明显。2012 年 11 月，TICCIH（国际工业遗产保护协会）第 15 届会员大会在台北举行，这是 TICCIH 第一次在亚洲举办会员大会，会议通过了《台北宣言》，之后，亚洲陆续有工业遗产成功申报世界遗产。[②]

在国内，专家学者对近现代工业遗产申报世界遗产做出呼吁与努力[③]，国家文物局公布的 40 余项中国世界文化遗产预备名单中，工业遗产占 6 项[④]，但是，除黄石矿冶工业遗产的遗产构成中有近现代工业遗产外，均为传统工业遗产，缺少独立的近现代工业遗产。中国近现代工业遗产的申遗工作仍需要进一步研究。

同时，在全国重点文物保护单位的申报中，近现代工业遗产的数量持续增加，在第六批全国重点文物保护单位中，黄崖洞兵工厂旧址、中东铁路建筑群、青岛啤酒厂早期建筑、汉冶萍煤铁厂矿旧址、石龙坝水电站、个旧鸡街火车站、钱塘江大桥、酒泉卫星发射中心导弹卫星发射场遗址、南通大生纱厂等一批近现代工业遗产纳入保护之列，近现代工业遗产达 18 处。第七批全国重点文物保护单位中，近现代工业遗产达 80 余处，目前，前八批全国重点文物保护单位中近现代工业遗产已突破 200 处。同时，工业和信息化部于 2017 年开始陆续公布了第一批、第二批、第三批国家工业遗产名单，中国科协于 2018 年公布了中国工业遗产保护名录（第一批）。

基于世界遗产项目的需求与全国重点文物保护单位的要求，工业遗产的研究与保护再利用的理念将达到一个新的高度。工业遗产整体价值的评估体系以及基于价值评估的建筑遗存分级保护等上述诸多问题将成为工业遗产研究的重要课题。[⑤]

① Jokilehto J.The World Heritage List : Filling the Gaps-an Action Plan for the Future [M/OL]Paris : ICMOS, 2005 : 93 : 73-80[2006-09-05]；http://www.international. icomos. Org/world_heritage. gaps.pdf；转引自阙维民 . 国际工业遗产的保护与管理 [J]. 北京大学学报（自然科学版）, 2007（7）：525.

② 日本于 2014、2015 年相继两次成功申报世界工业遗产，其中 2014 年成功申报世界遗产名录的是"富冈制丝厂及丝绸产业遗产群"，2015 年成功申报世界遗产名录的是"明治工业革命遗址"。

③ 2008 年国家文物局提出将福建马尾船政、北洋水师大沽船坞与江南造船厂联合增补入中国世界文化遗产预备名单，2012 年辽宁省计划将该省工业遗产"打包"申报世界工业遗产，2013 年中东铁路申遗工作展开。

④ 黄石矿冶工业遗产、中国白酒老作坊、青瓷窑遗址、万山汞矿遗址、芒康盐井古盐田与坝儿井。

⑤ 季宏 .《下塔吉尔宪章》之后国际工业遗产保护理念的嬗变——以《都柏林原则》与《台北亚洲工业遗产宣言》为例 [J]. 新建筑, 2017（5）：74-77.

可以看出在新的工业遗产保护阶段，工业遗产价值的研究对工业历史地段更新、工业建筑遗产改造与再利用、工业建筑遗产的保护技术、工业景观等学科具有先导作用，这些学科在基于工业遗产价值认定的基础上进行，并以保护工业遗产价值为前提，当然并非说后面的研究不能进行，而是指实际操作中对前期的重视程度必将加大，而且前期的评估范围也应该逐步从工业建筑遗产扩大到工业遗产。[①]

本书阐述的主要内容有工业遗产、工业建筑遗产、工业建筑及其相互关系。目前对工业遗产的认识泛指具有再利用价值的工业建筑，造成了工业遗产的泛化与认识的简单化、遗产价值认定的片面化、保护与更新局面的混乱，多数工业建筑的改造再利用，被视为工业遗产保护。对此，本书有必要对几个概念进行界定，界定的依据主要源自《关于工业遗产的下塔吉尔宪章》（2003）。

工业遗产是指工业文明的遗存，它们具有历史的、科技的、社会的、建筑的或科学的价值。这些遗存包括建筑、机械、车间、工厂、选矿和冶炼的矿场和矿区、货栈和仓库，能源生产、输送和利用的场所，运输及基础设施，以及与工业相关的社会活动场所，如住宅、宗教和教育设施等。[②]

工业遗产的研究对象包括各类不可移动遗产、可移动遗产和非物质遗产。不可移动遗产包括车间、矿山、作坊、仓库、码头、大型设备、皮带长廊、管理与办公用房、生活服务设施、宗教场所、教育培训设施及界碑等；可移动遗产包括设备、工具、产品、办公用具、生活用品，以及契约合同、商号商标、票证簿册、科研资料、图书资料、照片、音像制品、企业档案等；非物质遗产包括工艺流程、企业文化以及传说、口述史等。

工业建筑遗产是指具有遗产价值的历史工业建筑，其关注对象为建筑。张复合指出"工业建筑遗产不等同于现有工业建筑，也不等同于工业遗产"，应该注意到它们之间的区别，"现有工业建筑数量庞大，质量参差，应在对现有工业建筑进行调查、筛选的基础上，甄别其中哪些是历史工业建筑遗存；在掌握历史资料的基础上，对历史工业建筑遗存进行专门研究，分析其特性、判断其价值，认定工业建筑遗产。"[③]

工业建筑遗产的研究更多地集中于历史工业建筑的设计、结构类型、施工工艺、建筑风格以及与生产工艺的关系。

① 季宏.近代工业遗产的完整性探析——从《下塔吉尔宪章》与《都柏林原则》谈起[J].新建筑,2019(1):92-95.

② 张松译.工业遗产的下塔吉尔宪章[C]//国际文化遗产保护文件选编.北京:文物出版社,2007:251-252.

③ 张复合.关于工业建筑遗产之我见——兼议无锡北仓门蚕丝仓库的改建[C]//刘伯英.中国工业建筑遗产调查与研究.北京:清华大学出版社,2009:120.

从工业遗产与工业建筑遗产的定义、范围及研究对象可以看出，工业遗产的范围涵盖了工业建筑遗产，工业建筑遗产虽是工业遗产的重要组成部分，但并非全部内容。如果将工业建筑遗产的价值等同于工业遗产的价值，那么工业遗产价值的认定就会不全面。从事工业遗产的研究者目前普遍集中在建筑领域，缺少工业领域的知识，特别是对生产工艺与机器设备的认知。而各工业行业千差万别，每个行业又具有不同的特点和工艺，因此，对于以建筑为基础的研究成果，对工业遗产的科技价值的认定都远远不够，这极大地影响了工业遗产整体价值的认定。工业建筑遗产的保护，在一定程度上使建筑价值较为突出的历史工业建筑得以保存，但对工业遗产的整体价值认定的基础上进行保护和再利用，将是未来工业遗产保护的趋势。

本书研究的对象是"近代工业遗产"，而非"近代工业建筑遗产""历史工业建筑遗存"。从近代工业遗产的历史出发，深入剖析各类工业行业的特点、工艺等，全面分析该工业遗产的整体价值，最终指出基于工业遗产整体价值与基于工业建筑遗产价值对价值认定的区别。

本书的研究范围在时间上设定于近代，即 1866 年天津近代第一座军工产业天津机器局兴办开始至 1945 年抗日战争胜利。在地点上设定于"天津"，但是研究范围并不仅仅局限于现天津市所属的范围，"天津"是一个行政区域的概念，本书不希望用今天行政区域的范围界定近代历史研究，而是希望探寻近代化发展自身的脉络。因此除了天津之外，还试图将"周边"的重要工业遗产纳入研究范围之内。这些周边地区的工业遗产在旧直隶范围，天津是旧直隶的重要地域，1902年总督府迁至天津，很多近代工业遗产就是以天津为中心，在旧直隶范围建设并服务于天津。如时任北洋大臣兼直隶总督的李鸿章就是在自己管辖的直隶范围建造了众多军工产业，以服务天津的军事建设。在性质上设定为"自主型"，天津近代工业的特点之一就是自主型为主，有别于上海、广州及武汉等城市。美国的中国历史学者科恩（Paul. A. Cohen）1984 年出版了十分具有影响力的著作《发现中国历史》（*Discovering History in China*，Columbia University Press，1984），在该书中作者提出应该从中国人自身探寻中国近代史。天津位于沿海地区，受到过很多外来影响，但是中国人自身也在创造自身的近代化过程，如天津近代军工产业、工业教育与推广与民族工业的自主性是不应该忽视的研究内容。本书试图在研究对象的选择上注意具有"自主型"特征，以揭示"外来冲击——中国反应"这一过程。

本书分为八章，第一章至第五章对天津工业发展的历史与各时期典型类型进行分析。第一章首先介绍了天津近代工业发展脉络，包括了初始期（1866—1902 年）、发展期（1902—1915 年）、兴盛期（1915—1937 年）、日军占领时期（1937—1945 年）四个时期，并选择前三个时期最具有典型价值的案例作为第三章至第五章的内容。第一章分析了天津近代工业时空分布的演变特征、选址以及近代工业对天津城市历史演变的作用。第二章将天津近代工业遗产建筑分为生产建筑、工业辅助建筑、"前店后厂"式中小型企业三个类型，对不同类型建筑风格特征、屋架结构特征进行分析，为中国早期工业建筑营造体系初创过程的研究提供线索。

第三章至第五章通过文献资料的梳理与现场考察，对天津机器局、北洋水师大沽船坞、清末天津铁路与电报、北洋造币局、度支部造币总厂、直隶工艺总局及其所属企事业单位、久大精盐公司、永利碱厂及黄海化学工业研究社、恒源纱厂、东亚毛呢公司等天津前三个阶段重要与典型工业遗产案例的建设背景、历史沿革、选址、工业建筑特征以及各行业的生产工艺、机器设备、产品进行分析，工业类型涉及军火制造、造船、铁路、电报、造币、职业教育、精盐制造、制碱、纺织等行业，每个行业都涉及不同工种，因此对每个行业展开深入的分析。

第六章将天津近代工业遗产保存现状的田野调查结果呈现，并在第三章至第五章研究的基础上，对天津近代工业遗产的科技价值、典型案例的突出普遍价值进行试析，并探讨了创意城市背景下的工业遗产价值。第七章对天津两处重要与典型近代工业遗产案例——北洋水师大沽船坞和天津碱厂进行保护研究，其中北洋水师大沽船坞是全国重点文物保护单位，在《全国重点文物保护单位保护规划编制办法》的指导和工业遗产类型特征分析的基础上，解决保护范围划定与不同等级工业建筑遗存再利用模式。而在天津碱厂保护案例中，各类建筑遗存的价值认定成为难点，确定各类工业建筑的评估方法与保护等级的方法是该案探讨的重点。

第八章结论部分简单介绍了天津近代工业遗产在天津近代化历程中的定位和价值。最后，本书重申天津乃至旧直隶范围工业遗产"群"在天津近代化遗产中的重要地位及保护的紧迫性。

## 第一节 天津近代工业发展概况

### 一、天津近代工业分期依据

历史学对天津近代工业的分期研究往往以工业企业资本的属性为依据。由于近代历史发展的特点，很多城市都经历了由官办军工产业到官督商办，继而发展到民族资本产业兴盛、日占时期停滞的过程，据此中国近代工业的发展一般也划分为三或四个阶段。天津近代工业发展历程与上述历史过程基本一致，可分为四个阶段：其工业始于洋务运动中清廷创办的天津机器局，此后，袁世凯在天津推行"新政"，期间实业家周学熙成功创办了北洋造币局后，又陆续兴办了一批"官助商办"性质的大型产业。20 世纪初，天津的民间产业开始蓬勃发展。工业发展各阶段的上下限一般借助重要的历史事件，就天津而言，多数学者将 1900 年八国联军侵华的庚子事件作为初始期结束、发展期开始，1911 年辛亥革命作为发展期结束、兴盛期开始。[①]

本书在历史学研究的基础上，对天津近代工业发展进行梳理，分析各个阶段具有代表性的工业类型和性质，以工业自身发展历程和与工业相关的重要事件为依据分期。初始期工业重心集中在清末军工业的建立与发展，这一时期创造了多项中国近代军事发展的第一——最早的水雷试验、最早的潜水艇、最早的电报线、第一条自主修建的标准轨铁路等，起点为天津机器局修建。天津近代工业在发展期阶段最突出的贡献是北洋银元局与度支部银元总厂的创建，为天津货币的流通、工商业发展乃至全国货币制度改革具有重要意义；近代工业教育在袁世凯的支持与周学熙的倡导下得以大力推广，为之后整个华北地区的工人阶级壮大起到关键作用。1902 年北洋银元局的创办是发展期起点，也将此作为初始期的终点。发展期的终点是 1915 年周学熙下野，官助商办产业基本结束，近代工艺教育的普及与推广式微，而周学熙此后开始依靠自己的影响

[①] 岳宏《工业遗产保护初探：从世界到天津》与万新平《天津早期近代工业初探》均以中国重大历史事件为分期依据。

力筹办商办产业，天津民间资本产业进入全面兴盛。各个时期虽或多或少有其他因素影响，如民间资本也在初始期初创，发展期不断壮大，但尚无法构成天津近代工业发展诸阶段的主体。分期的上下限并非重大的历史事件，而是找到影响天津近代工业各个时期的内因，以此决定分期界限。[1]

该分期以工业自身的发展历程决定近代工业分期，分期后工业类型与工业性质明确，使各时期的特征更为突显，有效地呈现出每一时期具有典范价值的行业，也为本书各章节选择的研究对象提供了基础。

## 二、天津近代工业发展脉络

### （一）天津近代工业的初创（1866—1902 年）

从 1866 年天津机器局兴办开始，洋务派在天津及周边地区逐步建立了一系列军工产业，天津成为李鸿章北洋基地的核心，这一时期也是天津近代工业的萌芽期。

1. 洋务派创办的军工产业

第二次鸦片战争之后，清廷"洋务派"开始兴办近代军工产业，作为京师之门户，清廷于 1867 年在天津修建了当时北方最早、最大的军工产业——天津机器局。该局为北方诸省提供了军需的枪支、弹药，北洋水师建成后，又提供北洋舰队所需的军需物资。天津机器局东局子被称为当时世界最大的军火生产厂之一。

清廷为加强海防，又于 1880 年由李鸿章在津创建北洋水师大沽船坞。大沽船坞是近代中国北方第一座船坞，与旅顺军港、威海卫刘公岛并称北洋水师的三大基地，用于修理北洋水师的军舰，1890 年始造军火。

上述两处军工产业均为官办产业。

2. "官督商办"近代产业的问世

为配合军工产业的发展，清廷在天津修建了全国最早的电报线和中国第一条自主型标准轨铁路，并创办开平矿务局和开平铁路公司，开平矿务局是中国最早的机械化大型煤矿，以保证军工产业所需要的能源物资。

1878 年由李鸿章委派买办唐廷枢创办开平矿务局，起初原拟官办，后因清政府财政支绌，才改为官督商办。[2]1879 年以直隶总督府为起点，经天津机器局东局及紫竹林租界和招商局，至大沽炮台及北塘兵营之间架设的电报线[3]，是中国最早的电报线。后在天津设电报总局，下设电报东局、电报北局、电报南局三个分局。天津电报局虽是"官督商办"，但凡洋务、军务电报，均为"头等官报"，发报顺序又定为"先官后商"。[4]

① 季宏，徐苏斌，青木信夫.天津近代工业发展概略及工业遗存分类 [J].北京规划建设，2011（1）：26-31.

② 来新夏.天津近代史 [M].天津：南开大学出版社，1987：113.

③ 王守恂.天津政俗沿革记.卷四 P1，转引自来新夏.天津近代史 [M].天津：南开大学出版社，1987：116.

④ 来新夏.天津近代史 [M].天津：南开大学出版社，1987：116.

① 万新平.天津早期近代工业初探 [G]// 纪念建城 600 周年文集.天津:天津人民出版社,2004:116.

② 同上.

③ 万新平.天津早期近代工业初探 [G]// 纪念建城 600 周年文集.天津:天津人民出版社,2004:118–119.

始建于 1880 年的唐胥铁路,后经李鸿章建议,延长至大沽及天津,主要用于开平煤炭的运输和北洋海防调兵运输军火。1887 年李鸿章将开平铁路公司更名为中国天津铁路公司(又称津沽铁路公司)。津沽铁路建成后,李鸿章考虑到北洋防务,以天津为中心,修筑了天津至山海关的铁路。天津至古冶一段为"商路",古冶至山海关一段为"官路",1898 年,清政府在天津设关内外铁路总局,收回商股,津榆铁路全部改为官办。① 由此可见,电报、矿务和铁路工业虽为官督商办,其本质是为清廷的军工产业服务的,当官商利益出现冲突时,必然以"官"为先。

1900 年以前,天津商人对官督商办企业的投资不够多,这与上海等城市的情况是不同的。当时天津商人由于对封建官僚把持商办企业不满,故而对向官督商办企业投资十分消极。天津商人对官督商办企业的消极态度,影响了官督商办企业在天津的发展。②

除上述为军工产业服务的"官督商办"近代产业,为方便南北贸易往来,李鸿章早在 1872 年就创办了轮船招商局,总局在上海,津局位于紫竹林南。

3. 天津早期的外资企业

外资在天津最早经营的近代企业是 1874 年英国的大沽驳船公司,该公司比李鸿章筹办的轮船招商局要迟一些。《大沽驳船公司与海河》一书中记载:"1874 年 5 月,一个以大沽驳船公司命名的公司成立了,资本为 33000 美元,"外国资本是在 1871 年才获准在天津经营驳船运输业务的,经清政府规定试办年限,在 1874 年终于成立了大沽驳船公司……"1889 年 9 月大沽驳船公司改组为股份有限公司,资本为 50 万两。"③ 该说法与《天津工业与企业制度》一书中描述一致。

1860—1900 年天津外资企业一览表 　　　　表 1–1

| 设立年代(年) | 国别 | 企业名称 | 资本(两) | 工人数(人) |
|---|---|---|---|---|
| 1874 | 英 | 大沽驳船公司 | 500000 | 500 |
| 1881 | 丹麦等 | 大北电报公司 | — | — |
| 1887 | 英 | 高林洋行打包厂 | — | — |
| 1887 | 德 | 德隆洋行打包厂 | — | — |
| 1887 | 法 | 永兴洋行瑞兴蛋厂 | — | 50 |
| 1887 | 德、英 | 天津印刷公司(印字馆) | 100000 | 100 |
| 1888 | 英 | 隆茂洋行打包厂 | — | — |
| 1888 | 德 | 世昌洋行电力打包厂 | — | — |
| 1890 | 英 | 天津煤气股份公司 | 30900 | 100 |
| 1890 | 德 | 华胜洋行打包厂 | — | — |

| 设立年代(年) | 国别 | 企业名称 | 资本(两) | 工人数(人) |
|---|---|---|---|---|
| 1890 | 英 | 安利洋行打包厂 | — | — |
| 1890 | 英 | 新泰兴洋行打包厂 | — | — |
| 1890 | 德 | 兴隆洋行打包厂 | 10000 | 50 |
| 1891 | 英 | 高林洋行卷烟厂 | — | — |
| 1892 | 英 | 祥茂肥皂公司 | — | — |
| 1896 | 日 | 桑茂洋行石碱厂 | — | 10 |
| 1897 | 英 | 天津自来水公司 | 198000 | 200 |
| 1898 | 英 | 平和洋行打包厂 | — | — |
| 1900 | 英 | 仁记洋行打包厂 | 200000 | — |

资料来源：宋关云，张环. 近代天津工业与企业制度 [M]. 天津：天津社会科学院出版社，2005：15-16

从表 1-1 中可以看出，至 1900 年天津共 19 家外资企业，英、德两国占 16 家，又以对外贸易的企业为主，其中打包厂有 11 家。[1]

早期的外国资本多为小型民用工业。

4. 民间资本产业的创办

天津的民间资本产业较外资产业起步晚，有据可查的最早民间资本产业是 1878 年朱其昂创办的贻来牟机器磨坊，1900 年以前，天津的机器面粉业并非只此一家。"天津贻来牟机器磨坊，每年获利六七千两，近来添设三四家，每家每年仍可得利六七千两，足见销路日旺。"[2] 这些在 20 世纪 90 年代新设的机器磨坊，历史记载甚少，目前仅知有大来生机器磨坊、天利和机器磨坊和南门外瑞和成机器磨坊 3 家。[3]

1884 年，广东商人罗三佑创办的德泰机器厂是天津第一家民间资本创建的铁工厂，机器制造产业还有 1886 年英租界内开办的万顺铁厂。德泰机器厂、万顺铁厂都设在毗邻租界的海大道（今大沽路）一带。20 世纪初，这里又设有炽昌铁工厂等。因此海大道一带可能是天津早期民族资本机器制造业的发源地。这与当时租界的发展是相适应的。[4]

早期民间资本创建的机器加工产业还有 1897 年在三条石大街建成的金聚成铁厂。

其他早期重要的民间资本产业，如 1886 年成立的天津自来水公司、1897 年创办的北洋织绒厂、1898 年创办的北洋硝皮厂，都是著名买办吴懋鼎投资兴办的，也是天津同类行业中最早的。

综上，天津近代工业初始期重要产业约 36 家，19 家为外资企业。在 17 家民族工业中，6 家为官办或官督商办产业，这 6 家又多与军事相关，即使为

① 岳宏. 工业遗产保护初探：从世界到天津 [M]. 天津：天津人民出版社，2010：246.

② 汪敬虞. 中国近代工业史资料第 2 辑. 转引自万新平. 天津早期近代工业初探 [G]// 纪念建城 600 周年文集. 天津：天津人民出版社，2004：120.

③ 胡光明. 论天津近代史的基本线索 [J]. 天津史研究，1985（1）：23；宋美云. 北洋军阀时期天津民族工业概况（油印本）. 义和团. 转引自万新平. 天津早期近代工业初探 [G]// 纪念建城 600 周年文集. 天津：天津人民出版社，2004：120.

④ 万新平. 天津早期近代工业初探 [G]// 纪念建城 600 周年文集. 天津：天津人民出版社，2004：121.

官督商办性质，也多为清廷控制。民间资本产业投资较晚，规模较小，类型也并不多。

## （二）天津近代工业的发展期（1902—1915 年）

工业的发展离不开商业的繁荣，亦无法脱离教育水平的提高，天津近代工业的发展期，造币业的兴办与近代工业教育的普及为工业发展起到推波助澜的作用，也为下一时期的繁荣奠定了基础。1902 年推行"新政"至民国前后是天津近代工业的发展期，河北新区的建设、两所造币厂的兴办、直隶工艺总局以及所属企事业对近代工业教育的推广，鼓励了民间资本产业的发展。

### 1. 近代造币业的兴办

20 世纪初的"新政"为天津工业发展带来了新的契机。1902 年，周学熙受袁世凯之托创办北洋银元局，并很快取得成功，稳定了天津的金融业。随后，度支部造币总厂又选址于天津，该厂于 1906 年建成。这两座造币厂成为全国货币发行的中心，也为天津的工商业发展提供了保障。

### 2. 近代工业教育的繁荣

两座造币厂的成功兴办为周学熙奠定了开办实业教育、推广工业的基础，直隶工艺总局在周学熙的主持下不断发展，所属企事业单位包括直隶高等工业学堂、实习工场、劝工陈列所、劝业铁工厂、教育品陈列所，以及劝业会场。该局及所属企事业单位于 1906 年全部兴建完工，成为名副其实的"工业推广中心"，为天津近代工业的发展作出重大贡献。

### 3. "官助商办"近代产业的发展

北洋银元局与直隶工艺总局创办成功后，周学熙于 1906 年接手唐山启新洋灰公司，该公司前身为 1889 年唐廷枢创办的唐山细棉土厂，周学熙接手后引进当时国际最先进的水泥生产设备——丹麦史密斯公司的干法水泥回转窑，开创了中国水泥工业的先河。周学熙不仅自己兴办实业，在其兴办的直隶工艺总局的劝办下，1906—1907 两年间民立工场达 11 家（图 1-1），涉及织布、木工、造胰等行业。

### 4. 北洋水师大沽船坞转型

八国联军侵华后，天津大型的官办军工产业受到严重破坏。天津机器局东局子被八国联军占领，后被用作法国兵营，西局子海光寺机器局完全破坏，1901 年被日军占领，作为日本兵营。北洋水师大沽船坞于 1900—1902 年被俄国占领。1906 年，大沽船坞作为北洋劝业铁工厂大沽分厂投入生产，并将原大沽船坞的炮厂划为宪兵学堂之用，大沽船坞此时已成为官助商办的产业。

5. 商办近代产业发展

"新政"时期天津的民间资本得到了发展，河北新区的建设，造币总厂、北洋劝业铁工厂、直隶工艺总局等相继建成，加上天津的机器工业本身具备一定的基础，三条石大街一带逐渐发展成机器制造工业的中心，同时，工业区范围由河北区沿三条石大街向天津旧城西部蔓延。

1902—1911年，天津出现过的工业企业总计139家，涉及矿业、水泥、机器制造、纺织、化工、食品等行业，其中纺织居首，有41家，化工其次，有31家（含火柴、皮革、化妆品、榨油），食品居三，有20家（含烟草），支柱产业结构初见端倪。[①]

著名产业如天津造胰公司（图1-2）建于1905年，位于大红桥附近，1908年，纪钜汾创办卷烟公司，地址在东浮桥。这些工业中很多都是在直隶工艺总局的劝导下兴办的。

这一时期的稳步发展为民间资本工业的繁荣奠定了基础。

① 宋美云，张环．近代天津工业与企业制度[M]．天津：天津社会科学院出版社，2005：34.

（三）天津近代工业的兴盛期（1915—1937年）

民国初至日军侵占前的这段时期是天津近代工业的兴盛期，主要表现在商办产业的兴盛。面粉、火柴、纺织、化学、制革等类型在全国占有重要地位。天津逐渐发展成为华北地区的工业中心，全国第二大工业城市。

图1-1 火柴公司
图片来源：《百项中国第一》

图1-2 天津造胰公司
图片来源：《近代天津图志》

### 1. 纺织业

1899 年，著名买办吴懋鼎创办了天津机器织绒局，开创了天津近代纺织业的开端。"新政"期间，1904 年，周学熙成立的实习工场下设织机、染色、提花等科目，开始了机器织布工业，此后，天津及周边地区兴办了数十家机器织布工厂。1915 年，天津第一家机器纺纱厂直隶模范纺纱厂建成，该厂位于宇纬路西头，属北洋政府。1916 年，章瑞廷创办恒源帆布有限公司，后与直隶模范纺纱厂合并，改名为恒源纱厂。同年，周学熙退出北洋政府，致力实业，创办新华纺织股份有限公司，1918 年，建成天津华新纱厂，又在青岛、唐山、卫辉三地设分厂。1918—1922 年，裕元、裕大、北洋、宝成等纱厂相继建成（图 1-3）。此外，天津还有单织厂 87 家，至此，天津已成为我国北方近代棉纺织业的中心。

1931 年仁立毛织厂在津建成，1934 年东亚毛呢纺织股份有限公司建厂投产，天津近代毛纺织工业自此开始形成。仁立、东亚是天津驰名的两大毛纺厂，东亚毛呢纺织公司（图 1-4）的"抵羊牌"毛线成为中国第一个国产毛线著名品牌。

### 2. 面粉业

1878 年天津已经出现使用机器磨面的磨坊。建于 1915 年的寿星面粉公司（图 1-5）为中日合资企业，位于原意租界内，1919 年该公司因抵制日货停产，1925 年，该公司重组，更名为寿丰面粉公司，后逐渐发展成华北规模较大的面粉企业，下设三个分厂，其中大丰面粉公司建于 1921 年，为二分厂，民丰面粉公司建于 1923 年为三分厂。其他较为著名的面粉企业还有福星面粉公司，建于 1919 年，生产"蝙蝠牌"面粉，嘉瑞面粉公司建于 1924 年，生产"牧牛牌"面粉。

### 3. 海洋化工

天津地区古代就有盐业，属"长芦盐"。但传统的食盐制作粗糙、质量较差，精盐制作已成必然趋势。1914 年在北洋政府的许可下，在盐务专家景韬白的支

图 1-3　北洋纱厂
图片来源：《近代天津图志》

图 1-4　东亚毛呢纺织公司
图片来源：《近代天津图志》

持下，集资在塘沽由范旭东创办久大精盐公司，该公司得到了众多社会名流的大力支持，发起及赞助人有梁启超、范源廉、李思浩、王家襄、景学钤、胡浚泰、刘揆一等。① 贾长华.图说滨海[M].天津：天津古籍出版社，2008：137.范旭东从日本采购机器，购地建厂。起初购盐为原料，后自置盐田，作为原料。使用重结晶法工艺生产出精盐，产品商标为五角形的海王星。

纯碱和硫酸的生产水平是 20 世纪衡量一个国家工业水平的指标之一。范旭东的另一贡献就是创建了永利碱厂，该厂采用当时世界先进水平的苏尔维制碱技术生产纯碱，1917 年着手创办，1923 年完成碱厂基本建设，1926 年 6 月 29 日生产出雪白的纯碱，定名"红三角牌"。

精盐和纯碱的研制成功，打破了外国企业的垄断，填补了我国化学工业的空白。

### 4. 制革工业

1898 年，吴懋鼎在天津创办北洋硝皮厂后，各地纷纷设厂，到 1920 年农商部统计全国有新式制革厂 31 家。1931 年统计天津有新式制革厂 10 家（表 1–2），以裕津为最大，华北、鸿记为次之（图 1–6）。② 陈歆文.中国近代化学工业史1860—1949[M].北京：化学工业出版社，2006：139.

图 1–5　寿星面粉公司
图片来源：《近代天津图志》

图 1–6　华北制革公司
图片来源：《近代天津图志》

天津 10 个制革工厂情况　　　　　　　　　　表 1–2

| 名称 | 资本（元） | 设立年份（年） | 出品数量 | 工人数（人） | 厂址 |
| --- | --- | --- | --- | --- | --- |
| 裕津 | 500000 | 1918 | 3000 担 | — | 特别一区海河路 |
| 华北 | 200000 | 1915 | 12000 张 | 45 | 河北三条石东口 |
| 鸿记 | 100000 | 1920 | 7000 张 | 37 | 南关下头 |
| 万盛和 | 80000 | 1923 | — | — | 南门西 |
| 恒利 | 70000 | 1922 | — | 24 | 南开平和里 |
| 中亚 | 50000 | 1923 | 4000 张 | 22 | 南大道联兴里 |
| 祥芪 | 30000 | — | — | | 南开大街皮作坊胡同 |
| 荣记 | 10000 | 1920 | 3000 张 | 14 | 西南城角荣德里 |
| 利生 | — | — | 各种球类 | 30 | 河北五马路贻经里 |
| 长记 | 10 000 | 1926 | 3000 张 | 17 | 西门北清真寺街 |

资料来源：河北省立工业学院工业经济会.天津制革工业概况 [N].大公报，1931–4–11~13

裕津厂虽为中日合资产业，但厂内主要权力归日本人，产量占天津皮产量半数以上，主要产品有花旗、法兰、箱皮、马具皮等。华北厂在天津是华商经营的最大皮革厂，初期以马皮为主，年产约 20000 张，后来专心研制花旗、法兰两种皮革。鸿记厂主要有花旗、法兰、鹿皮三种产品，是天津的名牌产品。利生厂是我国第一家皮革制球工厂，该厂从制革开始，自己缝制篮球、足球等皮制球类产品，后逐步增设木工部、制革部、制弦部、营业部，在中国体育用品制造业中规模最大。

天津制皮作坊约有三四十家，主要集中在西南城角、太平庄、南开大街、南大道、华家场一带。这些作坊中以化成、明星两家较大。[1]

5. 机器加工业

在清末机器加工业就开始萌芽的三条石地区经过"新政"时期的发展，到 1914 年这一地区有铁业作坊、工厂 17 家，到 20 世纪二三十年代，发展到鼎盛时期。到 1937 年前，三条石地区从事铸铁和机器制造的工厂已达 300 家左右，成为当时有名的"铁厂街"。[2]三条石地区鼎盛时期较为著名的企业有 1918 年建成的郭天祥机器厂和 1926 年建成的福聚兴机械厂。

6. 其他工业

天津近代民族资本产业在兴盛期除了上述五种规模较大的类型外，还有很多类型和著名产业品牌，如天津丹华火柴公司，是 1917 年华昌公司与北平丹凤火柴厂合并形立的，是当时全国最大的火柴厂。丹华火柴公司与同时期的天津北洋、中华、荣兴三家较大的火柴公司共同占领了国内各地主要市场。1921 年，周学熙创办的耀华玻璃公司，是中国第一家中外合资玻璃企业，董事会和总事务所设在天津，由中方出股本，由比利时方出"秦皇岛玻璃公司"专利权。1929 年，陈调甫等人创办天津永明漆厂（图 1-7），首先制成酚醛清漆"永明漆"，1931 年以后，经研发陆续生产醛酸纤维素漆、硝基纤维素漆，1948 年又研制成功醇酸树脂漆，即可刷、可喷、可烘的"三宝漆"。天津油漆工业长期处于全国领先地位。

据不完全统计，仅 1912—1928 年间，天津民营资本厂家就有 2471 家，总资本额约 8242.7 万元，涉及 66 个行业。其中，纺织企业有 1407 家，总资本额为 2687 万元，占当时天津民族工业资本额的 30%，无论是厂家数，还是资本额均居首位；化工企业有 280 余家，资本总额 1100 余万元；食品工业有 130 余家，资本总额 855 万元。[3]

1900—1937 年，外资企业在天津也得到发展。1901—1928 年，外商在天津设厂约 90 家，资本总额约 3000 万元。[4]1928—1937 年，共有 11 个国家在天津投资建厂 217 家。[5]其中较为著名的外资企业有 1904 年建成的比利时的天津电车电灯公司和美孚石油公司。

① 陈歆文. 中国近代化学工业史 1860—1949[M]. 北京：化学工业出版社, 2006：140.

② 岳宏. 工业遗产保护初探：从世界到天津 [M]. 天津：天津人民出版社, 2010：251.

③ 宋美云, 张环. 近代天津工业与企业制度 [M]. 天津：天津社会科学院出版社, 2005：54-56.

④ 罗澍伟. 近代天津城市史 [M]. 北京：中国社会科学出版社, 1993：431.

⑤ 宋美云, 张环. 近代天津工业与企业制度 [M]. 天津：天津社会科学院出版社, 2005：76.

图 1-7 永明漆厂
图片来源：《百项中国第一》

（四）日军占领时期的天津工业（1937—1945 年）

1937 年"七七事变"，天津沦陷，北洋水师大沽船坞、永利碱厂、启新洋灰公司等一大批企业被日军占领。北洋水师大沽船坞被日本人占领后，变成"军事劳工监狱"，先后成立了塘沽运输公司、天津船舶运输会社等机构，其造船部在大沽有东、西两厂，东厂系新建，西厂即是大沽造船所，为军管工厂委托经营。

天津六大纱厂先后为官僚资本和日资所兼并。恒源和北洋两厂分别于1925 年和 1936 年为官僚资本的诚孚信托公司所接管。裕大纱厂和宝成纱厂先后于 1933 年和 1935 年转卖给日资东洋拓殖会社和伊藤忠商事会社合组之大福公司。裕元、华新两个纱厂也于 1936 年拍卖给日资钟渊纺绩株式会社，分别改为公大六厂和公大七厂。日资在天津又新建成裕丰、上海、双喜、大康等4 个纱厂。

日军占领期间天津成为侵华战争的后方基地，为提供军事侵略所需物资，日商在天津建设了部分与军事相关的企业，如日商华北机械股份有限公司、日商中山钢业所等 6 家钢铁企业。在此期间日商建造的重要企业还有北支自动车株式会社、日商东洋化学工业株式会社汉沽工厂等。

沦陷时期天津机器工业得到了较大发展，一定程度上改变了工业结构，提高了技术构成。到日本投降时，天津已有 300 余家机械厂。[①]

这些工厂在 1949 年后成为工业的重要组成部分，如日商中山钢业所更名天津钢厂，日商东洋化学工业株式会社汉沽工厂更名为天津化工厂，日商华北机械股份有限公司为今天的动力机车厂。原日本人在华的纺织企业被接收后成立了中国纺织建设公司。

① 岳宏. 工业遗产保护初探：从世界到天津[M]. 天津：天津人民出版社，2010：254.

## 第二节　天津近代工业的空间分布特征与选址

### 一、天津近代工业的空间分布特征

#### （一）清末军工产业的兴建与天津城防

　　清末军工产业数量并不多，一般分布于沿海或内地重要军事城市，天津作为"畿辅重地"，有三座兵工厂。大规模军工产业的建设一般选择郊外空旷、少有人至之地[①]，如对福州机器局选址的文献中就有"其机器枪子二厂，建设在水部门内人烟稠密之处，存储军火，大非所宜，不如西关外制造局地面宽大，不近民居"的记载。[②] 天津军工产业的选址也不例外，同时，天津军工产业与城市格局的关系体现了近代海防与城防战略思想。《筹海图编》中提出的"御海洋、固海岸、严城守"防御体系，"御海洋"是指御敌于海洋之外，"固海岸"是指加强海岸防御设施，"严城守"是指坚固城防工事。北洋水师大沽船坞的建造为北洋水师提供了后防屏障，使北洋水师的旅顺军港与威海卫基地呈掎角之势保卫中国的疆海。

　　天津机器局分为东、西二局，其选址在一定程度上与天津城防有关（图1-8）。1860年，为防御外国侵略，在天津城外距城三至五里不等地方挖

① 季宏. 样式雷与天津近代工业建筑——以海光寺行宫及机器局为例[J]. 建筑学报, 2011, (S01): 94.
② 军机处机器局档. 第一历史档案馆.

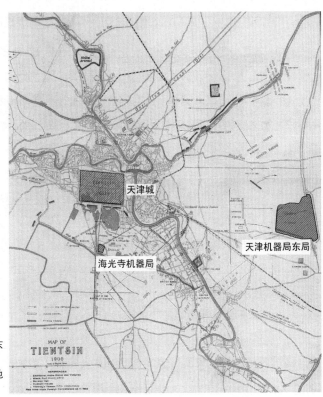

图1-8　天津机器局东西二局与天津城防
图片来源：《天津城市地图集》

筑护城濠墙一道，俗称墙子，设正门四座，即东、西、南、北营门。天津城南郊津郡筹防濠墙南营门恰好设立在海光寺附近，该营门因此命名为"海光门"，距城三里。天津机器局西局子围绕海光寺修建，建成后为外濠防御提供军事补给。1900年八国联军侵华，南营门和海光寺是八国联军侵华攻打天津城时的主战场之一，聂士成就驻守于此。不管其目的是否出于城防建设，但建成后的海光寺机器局承担了重要的城防任务。

### （二）清末中小型民间资本产业发展与天津城市特征

19世纪70年代起，天津的民间资本产业开始萌芽，这类中小型民间资本产业多为自发状态下形成的，分散于城市街头巷尾的角落中。其中天津老城厢南门外的瑞和成机器磨坊，海大道（今大沽路）一带的德泰机器厂、万顺铁厂，三条石大街的金聚成铁厂为三处较集中的地区。

这些自发状态下形成的近代小型工业集中区与清末天津的九国租界统一规划后形成的完整的地块、整齐的道路、合理的功能、统一的风貌对比鲜明，在城市地图中呈现出"无明确边界、呈龟裂—蛛网状"的特征[①]，甚至很多地段的中小型工业集中区与居住区混杂在一起。同时，类似性质的企业也初步呈现出相对集中的趋势，如机器加工业分布于海大道和三条石大街附近。

① 龚清宇.大城市结构的独特性弱化现象与规划结构限度——以20世纪天津中心城区结构演化为例[D].天津：天津大学，1999：15.

### （三）袁世凯"新政"时期河北新区的工业发展与城市建设

1901年袁世凯任直隶总督，次年推行"新政"。袁世凯仿照都统衙门成立工程总局，负责道路河流、桥梁码头、房屋土地、电灯路灯、街道树木等事项，并于1903年批准了工程总局制定的《开发河北新区市场章程十三条》，将西至北运河、南达金钟河、北界新开河的自督署至车站、铁路地区划为河北新区开发范围。河北新区建设以模仿租界模式开始，系统规划，统一建设。自总督衙门到新车站开辟大经路，以此为轴线规划方格网状道路系统，大经路两侧布置政府衙署和各种公共建筑，建造开启式金钢铁桥，代替旧有的窑洼浮桥，联系新旧两区之间交通。

同时，袁世凯积极推广实业，开展职业教育，河北新区内相继建成了职业教育、工业博览等建筑。这些建筑分布于行政职能区西北、东南两侧，工厂与北运河毗邻，如造币总厂与铁工厂。工业教育与展示建筑如高等工业学校、实习工厂、劝工陈列所等紧邻工厂，向东北方向展开。

这一时期各类产业属北洋政府，产业技术含量高、规模大，逐步带动了周边区域同类产业的发展，但周边的产业大多为小型加工业，实力与竞争力较弱，又由于南部租界的土地价格高而难以向南部扩张，只能选择向天津城

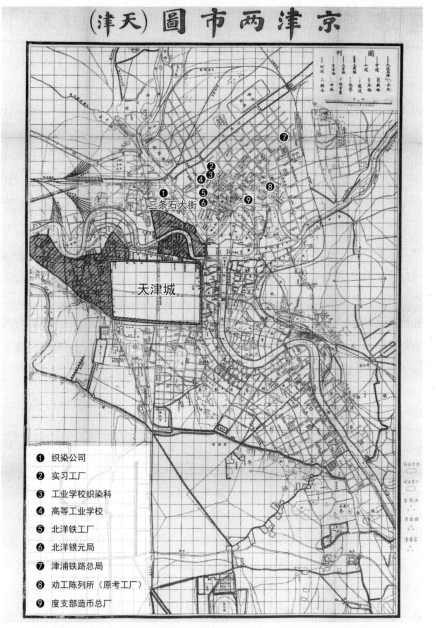

图1-9 "新政"后河北新区的工业分布与民间资本产业分布（图中深色区域为民间资本产业）
图片来源：原图自《天津城市地图集》，作者自绘

图例说明：
1. 织染公司
2. 实习工厂
3. 工业学校织染科
4. 高等工业学校
5. 北洋铁工厂
6. 北洋银元局
7. 津浦铁路总局
8. 劝工陈列所（原考工厂）
9. 度支部造币总厂

西土地价格较便宜的地域蔓延，形成城西片区小型企业的集中区（图1-9），该区域也呈现出"无明确边界、呈龟裂—蛛网状"特征，但是这种特征是由于自发型居住空间的演进而形成的，只是恰巧适合于小型工业的蔓延，呈现出居住与工业复合的用地性质。那些实力雄厚的官督商办产业，虽然未将工厂建设在租界区内，但是企业的办公楼以及当时著名的洋行都分布于沿海河两岸的租界区内。

## （四）民间资本产业繁荣与近代天津的城市化

民国之后，天津近代的民间资本产业开始大规模发展，形成了工业繁荣的局面，当时的近郊由于土地便宜，许多农田被开发成为工厂，开启了近代天津的城市化。具体的城市工业用地开发呈现出如下演化规律：在空间上分为两部分，北部从三岔河口向西北方面发展，分布于南北运河两岸；南部出租界区沿海河向东南发展。租界区内海河沿岸的工业多为外资企业。

类型相似的产业相对集中的现象表现在民丰面粉公司、福星面粉公司、永年面粉公司等面粉加工业集中在天津城北部的南运河，裕丰纺纱厂、北洋纺纱厂、公大第六场等纺织工业集中在天津城东南租界区外海河沿岸。一些工厂无法沿海河修建，则开发远离海河沿岸的用地，接近铁路的区域成为首选之地，可以修建铁路岔道用作运输材料或产品，如吴羽纺织厂、富士纺纱厂。这些工厂多选择地价相对低一些的地方，也未形成大规模工业区。

除此之外，还有日商的几家企业集中在相对独立的区域，位于日租界的西南侧接近海光寺一代和六里台靠近主要道路集中布置。此时的六里台地区属于农业用地。可见日商的选址多在城市偏远地区。

## （五）梁张方案与日占时期城市规划中的工业

1930年，天津特别市政府当局在南京市制定《首都计划》的影响下，登报征选《天津特别市物资建设方案》，梁思成、张锐所拟方案应征获得首选。针对居住、工业混杂的局面，梁张方案通过合理的功能分区达到各类功能自成一区，并将重工业向郊区迁移，提出"天津的工业应自大直沽以下及南开以西两地带向外发展"，以达到互不干扰的效果。根据工业分布现状与发展趋势，将工业用地分为第一工业区、第二工业区两类，分别为现状工业用地与供今后工业发展用地（图1-10）。[1] 但该方案最终未能实施。

日占期间成立的伪华北行政建设总署颁布了《天津都市计划大纲》，制定了"按本计划及以本市为将来华北之一大贸易港。兼经济上极重要之商业都市，并作为大工业地而发展之"的方针，其中"应由海河左岸特三区至东南部一带及同右岸特二区以南之地域，兹此至于塘沽之海河两岸，配置工业地带"（图1-11）。此时，海河下游塘沽地区的工业发展受到重视，《天津都市计划大纲》中有"工业地域者乃规模宏大之工场或有危险性之工场建设用地……其主要者设定于海河下流两岸，并配置一部于西北方津浦铁路沿线"，并绘有多幅塘沽区的规划图。

至1949年，天津工业分布并无太大变化（图1-12）。

① 天津城市规划编纂委员会. 天津城市规划志[M]. 天津：天津科学技术出版社，1994：50.

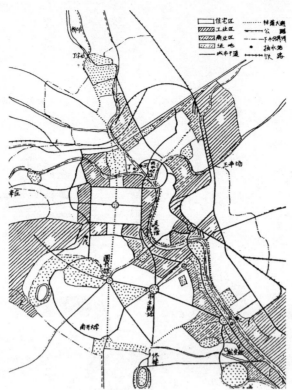

图 1-10　梁张方案
图片来源：《天津城市规划志》

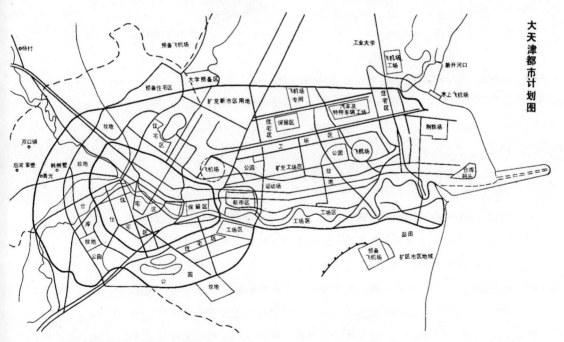

图 1-11　日占时期颁布的大天津都市计划图
图片来源：《天津城市规划志》

图 1-12　天津市区 1949 年现状图（图中深色为工业用地）
图片来源：《天津城市规划志》

（六）天津近代工业的分布特征

　　20 世纪 30 年代的天津地图反映出天津近代工业兴盛期工业企业的分布，可以看出天津近代工业主要集中于天津市区的海河、南北运河、新开河等水系沿岸和塘沽区的海河下游沿岸，这与我国多数近代工业城市的工业选址都结合城市原有水系展开、工厂分布呈现出沿主要河流向两侧扩散，或在干流河道密集区形成相对集中的工业区的现象基本一致。天津的近代工业沿河向两岸扩张的范围并不大，距离水系较远的地区仅零星分布少量企业，这样的分布与交通运输有重要关系。除河岸外，天津仅河北新区一处集中了规模较大的工业区。

综上所述，天津近代工业的分布特征可归纳为"三带一区"，即海河工业带、南运河工业带、北运河工业带与河北新区工业区。海河下游塘沽地区的工业全部分布于海河下流两岸形成"一带"，即海河下游工业带。

## 二、天津近代工业的选址因素

### （一）原材料与矿产资源的分布

工业加工需要的原材料与矿产资源往往决定了工业的选址。清末军工产业的建设不仅要求所需的矿产资源与军事基地距离适宜，而且要求矿藏储备、质量均高。

天津作为北洋水师的重要基地，军工产业的建设需要大量的能源，煤炭需求量日渐增多，当时煤炭多购自国外。

> "窃惟天地自然之利，乃民生日用之资。泰西各国以矿学为本图，遂能争雄竞胜。英之立国在海中三岛，物产非甚丰盈，而岁出煤铁甚旺，富强遂甲天下。中国金、银、煤、铁各矿胜于西洋诸国，只以风气未开，菁华闷而不发，利源之涸日甚一日；复岁出巨款购用他国煤铁，实为漏卮之一大宗。"[1]

在直隶管辖范围选择煤炭蕴藏丰富、矿藏质量较高之地进行矿业开发是当时军工矿业选址的首选之地。清政府最初选择在磁州试办，后来才选定开平，李鸿章在《直境开办矿务折》中写道：

> "旋经屡次委员往查，磁州煤铁运道艰远；又订购英商镕铁机器不全，未能成交，因而中止。旋闻滦州所属之开平镇煤铁矿产颇旺，臣饬招商局候选道唐廷枢驰往察勘，携回煤块石，分寄英国化学师熔化试验，成色虽高低不齐，可与该国上中等矿产相仿，采办稍有把握……其质坚色亮，燃烧耐久，性烈而蒸氧易腾，烧烬之灰亦少。就目下二十大深之煤论之，可与东洋头号烟煤相较；将来愈深愈美，尤胜东洋。"[2]

从上文可看出清末矿业开发对选址的要求，对原材料同样的高要求还反映在石灰石矿的选择上。清末修建的水泥企业，选址不仅要接近石灰石矿，而且对石灰石的质量要求很高。开平矿务局总办唐廷枢得知唐山的石灰石可烧制水泥，并打听到澳门所产的水泥是"采用澳门之泥，英德县之灰石合炼"。便写信委托朋友在澳门细绵土厂用香山泥和英德灰石试烧水泥，再用唐山灰石与香山泥试烧，比较二者的抗拉能力。朋友后来回信说："细验其灰石，都逊于唐山所产者，其泥亦不如香山县里河之坦泥。"[3] 试烧的成功，让唐廷枢决定办厂。报请北洋大臣直隶总督李鸿章批准，在唐山大城山南麓，占地 40 亩，于 1887 年建成了中国第一座水泥厂——唐山细绵土厂。

① 军机处·洋务运动档.第一历史档案馆.

② 同上.

③ 王燕谋.水泥发展史[M].北京：中国建材工业出版社，2005：36.

此外，唐山优质的石灰石矿还作为天津永利碱厂生产环节的重要原料，制造纯碱时所需的二氧化碳就是通过煅烧石灰石生成的。

由此可见唐山优质丰富的煤炭、石灰石矿储藏对近代天津工业特别是军工产业的重要性，反映出近代工业选址中对原料的要求。

### （二）原料与产品运输所需要的交通条件

近代工业发展对原料与产品运输所需要的交通条件多有赖于城市原有的水系和建造的公共交通设施，如铁路、公路等。其中城市水系的作用意义重大，近代许多重要工业城市、工业区都是依托城市水系发展起来的，如上海近代工业集中在沿黄浦江的苏州河沿岸和杨树浦一带，无锡的近代工业集中在运河沿岸。近代天津工业建设所需的运输设施主要是由城市原有水系如海河、南北运河和铁路构成的。

作为北洋水师的能源供给，唐山的煤炭要运输到天津，早在1876年开平矿务局成立之时，总办唐廷枢就提出"开煤必须修筑铁路"的主张，李鸿章立即奏请清廷予以批准。当时守旧势力相当强大，朝中顽固派大臣群起反对。李鸿章只得先奏请兴修水利。

> "唯煤产出海，销路较广，由唐山至天津必经芦台，陆路转运维艰。若夏秋山水涨发，节节阻滞，车马亦不能用。因于六年（1880年）九月，议定兴修水利，由芦台镇东起至胥各庄止，挑河一道，约计七十里，为运煤之路。又由河头接筑马路十五里，直抵矿所，共需银十数万两，统归矿局筹捐。非但他日运送煤铁诸臻便利：抑且洼地水有所归，无虞积涝；而本地所出盐货可以畅销，是一举而商旅农民皆受其益。"[①]

但随着采煤业的发展，煤炭运输成为最大的难题。面对这种局面，李鸿章采取了先斩后奏的策略，授意开平矿务局，暂不禀报清廷，由矿务局出钱修建从唐山至胥各庄的铁路。一年之后，李鸿章才向清廷婉转奏请此事，并得到了允准。至1881年，这条铁路正式建成通车。唐胥铁路后延续至天津，成为后来的津唐铁路。

津唐铁路的修建，为途经的塘沽地区以及天津市内的近代工业原料的运输提供了条件，当时天津市内各大企业都争取沿海河用地，毕竟当时水运较为便宜、方便，有的企业无法取得沿海河用地，就争取靠近铁路沿线的用地，增设岔道与站台，依靠铁路运输。天津市内的一些近代纱厂就是围绕铁路修建的，如富士纱厂、吴羽纺纱厂等，塘沽区的永利碱厂亦是如此。有的企业即使地处海河沿岸，依然增设岔道，增加运输手段，如开滦矿务局、嘉瑞面粉公司、英商太沽东码头、天津电业等。

① 军机处·洋务运动档.第一历史档案馆.

塘沽南站出土的"北宁铁路岔道商有岔道起点"界碑是目前我国发现的唯一一处民办铁路的证据，北宁铁路是北京到沈阳的铁路线，该铁路经过塘沽南站，"商有岔道"是由商业企业筹资修建的铁路，从塘沽南站附近开始修建，作为北宁铁路的一条支线。永利碱厂就是依靠这条"商有岔道"进行材料物资运输。

而天津近代工业发展所需的原料与产品运输条件，起到更为关键作用的是有天津境内的水系。

海河是天津的血脉，是天津的"母亲河"，又称沽河、白河。中国北方的许多河流，流经天津，会成潞河、卫河，即北运河、南运河，然后在三岔河口交汇，成为海河干流，在天津城的东部呈"S"形向东南方向延伸，穿过南开区、河西区、河东区，经塘沽区入渤海湾。金、元以后，漕运开通，不论海漕还是河漕，江南的漕粮都要经过海河或三岔河口运抵京都，这一带遂成为重要的交通枢纽，沿河建设的码头、船坞遍布两岸。

天津近代重要工业企业都尽可能依傍水系建厂。沿河建厂有很多优势，如成本较低、交通运输方便。相对公路、铁路运输，水运更为价廉，机器、原材料的采购都可直接抵达，生产成品后又可直接外销，缩短时间，降低成本。南运河的福星面粉厂与民丰面粉厂的仓库码头紧靠河岸建造，产品可直接销售。同时，作为当时的主要能源——煤，沿河运输较为方便。此外，沿河建厂取水方便，满足了多数企业对水的需求，如纺织、电力、化学、面粉等行业在生产过程中都大量用水，沿河建厂自可大大降低费用。值得一提的是，为铁路修建而建的新河材料厂，是中国第一家铁路材料厂，厂址选择在海河旁，借水运运输建造铁路所需材料。

1937年，日军侵华后绘制了天津重要工厂的分布图（图1-13），从该图可以看出当时重要工厂都集中在海河两岸。

（三）工业属性

部分工业的选址是由于工业属性决定的。如兵工厂一般选择郊外空旷、少有人至之地；造船等行业一般都集中在码头；海洋化工等行业要位于沿海地带；水泥制造等行业一般要依托山体，合理利用地形高差；污染企业一般选择在城市最大风频的下风向或河流的下游等。

天津市塘沽区地处海河入海口，拥有海洋资源与水路运输等条件，逐渐发展成为近代造船业、运输集散码头以及海洋化工的集中区。该区以清末军工产业北洋水师大沽船坞为起点，逐渐建造了新河船厂、新港船厂等船舶加工业。以久大精盐厂为起点、永利碱厂为核心的海洋化工工业在范旭东的带

图 1-13　1937 年天津邦资工场分布
图片来源：张利民提供

领下逐步壮大，成为具有世界影响的海洋化工工业基地。这样的沿海工业集中地带，运输码头自然也相对数量增多，海河下游沿岸集中的码头有：大沽坨地码头、开滦矿务局码头、唐山启新洋灰公司码头、日本塘沽三井码头、久大精盐公司码头等。

## （四）土地价格

　　土地价格是影响天津近代工业选址的重要原因之一。大型企业往往需要较大的占地面积，低价的农田、未开发的荒地往往是建厂的首选。经过分析可以看出，天津的土地价格分布呈现出较明显特征，其中租界区价格最高，并沿海河向两边逐渐降低，租界内繁华的道路周围地价也较高。法租界当时为天津市最繁华地区，最高地价达每亩 22500 元，俄租界地价以靠近火车东站一带马路及沿海河一带为最贵。每亩 5000~10000 元。英租界英中街（现解放路）最高每亩 20800 元，利顺德饭店一带最高每亩 18600 元。天津城东临海河，北临南运河，地价较高。如城东北三条石一带，最高每亩 8500 元。总体看来，海河西南岸地价较东北岸高。[①]

　　由于地价原因，中国民间资本建立的大型企业主要集中在天津城北的南、北运河以及城市东南沿海河两岸，避开地价高的地段，这些地段多为农田，当

① 据 1938 年佩文斋书局发行，由王炳勋编著的《天津市地价概况》一书，转引自《天津土地管理志》，P312-314.

时的地价仅为每亩 100 元。租界区内主要集中了外国资本的企业和早期土地价格并不太高时就具有相当实力的中国企业，如北洋纱厂等。租界区内海河西南岸由于地价较高，各大洋行、公司的办公楼沿海河建设，成为身价的象征。而东北岸更多集中了外资企业。官督商办企业集中在河北区范围内。而三条石地区由于自发形成的中小型工业集中区较为繁荣，又处于三岔河口，拥有优越的地理优势，成为租界区外地价最高的地段。

除了上述几点对近代工业的选址有重要影响外，产品的销售也是企业在选址时需要考虑的。相同性质的行业相对集中对于市场销售起到促进作用，天津近代的纱厂、面粉厂、火柴厂都相对集中在城市的某一区域。为开拓市场，有的企业虽然生产区位于其他城市或地区，但总部设立于天津，如唐山启新洋灰公司、开滦矿务局办公楼、华新纺织厂、耀华玻璃厂、久大精盐厂等。

## 三、天津近代工业对天津城市发展的意义

天津近代工业的意义表现在以下几个方面：

首先，军工产业的建立给天津带来了西方近代工业文明，引入了近代科技，使天津的技术水平在全国一直处于领先地位。永利碱厂蒸吸厂房有当时"东亚第一高楼"之称，第一座"沉箱基础"修建的滦河大桥、第一座开启式铁桥"金华桥"等都是当时世界领先技术的表现。

其次，工业发展带来了近代天津的城市化。20 世纪以后，各种类型的企业相继涌现提供了广泛的就业机会，使天津城市人口大量聚集。天津城北部、东北部与东南部郊区由于工业的开发，原有郊区的乡村得到快速发展，城区范围不断扩大。

再次，工业发展使天津的城市结构和城市定位有所改变。20 世纪后民族资本产业的迅速发展改变了城市的面貌与结构，大胡同、三条石大街、南运河一带中小型企业的大量出现，使三岔河口地区成为近代天津的工商业中心并沿水系向周围蔓延。以军事、政治职能为主，经济职能为辅的传统城市格局向近代开放型城市转变。

华北最大的商埠、经济中心和最大的贸易港口成为城市发展的立足点，城市的定位也就以提升经济地位和利用自身优势扩大在全国乃至世界的影响为主要目标。[①]

总之，近代工业的发展促使天津打破了传统城市的格局，向近代开放型工商业城市转变。同时，工业的发展带来了城市人口持续增长和城市规模不断扩大，城市结构和城市定位的转变，促使近代天津发展成为中国的第二大城市。

① 张利民.略论天津历史上的城市定位 [G]// 纪念建城 600 周年文集.天津：天津人民出版社，2004：89.

## 第一节　天津近代工业遗产建筑的典型类型

### 一、近代工业遗产建筑的主要构成

国外对现代建筑的探索起源于工业建筑和住宅建筑，特别是工业建筑中的生产建筑，它们一般都需要简洁的立面，去除多余的装饰，运用大量的玻璃以满足采光需求。贝伦斯设计的透平机车间是具有划时代意义的工业厂房，格罗皮乌兹和梅耶设计法古斯工厂大量运用了玻璃。近代工业建筑由于行业的不同、功能的分化出现了众多的建筑类型，其建筑特征也千差万别，同时，一处工业不仅包含生产功能的厂房，还包含配套服务设施，彼此间形式的差异明显，如何看待这些除生产功能外的建筑，从工业遗产建筑的视角则更全面、合理。

有学者认为广义的工业遗产除了生产加工区、仓储区、矿山等工业物质遗存外，还包括与工业发展相关的交通业、商贸业以及社会活动场所，如运河、铁路、桥梁、能源生产、传输、使用场所、住宅、宗教、教育设施等。[①]《关于工业遗产的下塔吉尔宪章》也持相同观点，"工业遗产是指工业文明的遗存，它们具有历史的、科技的、社会的、建筑的或科学的价值。这些遗存包括建筑、机械、车间、工厂、选矿和冶炼的矿场和矿区、货栈仓库，能源生产、输送和利用的场所，运输及基础设施，以及与工业相关的社会活动场所，如住宅、宗教和教育设施等"。由此可见，近代工业遗产建筑的研究还应涉及与工业相关的交通建筑、办公建筑、居住建筑、教育建筑等不同类型，这些类型的建筑显然在建筑风格特征、结构类型上有别于工业厂房，但是它们构成了工业遗产的全貌，是工业遗产价值的重要承载要素。

① 单霁翔. 关注新型文化遗产 [J]. 北京规划建设，2007（2）：11–14.

## 二、天津近代工业遗产建筑的典型类型

天津近代工业遗产建筑的主要构成包括车间厂房、仓库、站台、码头、办公建筑、科研建筑、住宅、教育建筑及烟囱、塔吊等构筑物。按建筑功能可将众多工业遗产建筑分为三类，第一类为生产建筑，指那些具有明显重工业生产特征的建筑，包括车间厂房、仓库、站台、码头等，是工业遗产建筑中最重要的一类，这类建筑中有很多与西方同类型近现代工业建筑的特征较为一致，如化工、面粉、纺织、机器加工等的生产车间。第二类为工业辅助建筑，包括企业办公、车站、宿舍、住宅、入口大门、科研机构、教育建筑等，虽然与生产活动无关，但是这些建筑属于广义工业遗产的组成部分，这一类型建筑多数都没有生产建筑在造型上简洁的特征，也没有大跨度钢、木桁架等的结构特征，例如办公建筑往往选择西洋风格，给人以宏伟、高贵的感觉，成为当时有实力的企业显示自己财富所认同的形式，有的企业生产车间位于郊区，企业办公楼却选在城市中心的高地价地段，这些办公楼与洋行、公馆、领事馆、政府机关或市政办公楼毗邻，屹立于海河两岸，成为身份的象征，在建筑风格上与这些近代建筑并无区别。

此外，近代天津还出现了众多中小型民间资本产业，规模不大，多为轻型工业，如电报、食品加工、造胰等行业，这些企业的生产车间、销售的店面有时也合而为一，沿街形成"前店后厂"的形制。当时全国各大城市陆续出现了在繁华街道立面装饰丰富的入口或作出夸张山花的建筑，其功能有的为住宅，有的为店面，"前店后厂"式中小型企业也多采用上述形式，店面特征突出、形式感较强。还有企业的生产车间极为简陋，如清末民初旧式民房一般。这一类工业遗产建筑虽有生产功能，但也罕有工业生产车间的特征，应属于单独的一类。

# 第二节 天津近代工业遗产建筑的风格特征

## 一、工业建筑中的生产建筑

天津近代工业遗产建筑中的生产建筑按风格特征不同可分为如下几类。

### （一）具有近代大型厂房特征的工业厂房

双坡溜肩屋顶、三角形木桁架、砖砌立面、高侧窗、山墙入口是西方近代大型工业厂房的典型特征，最早由西方传入我国的工业厂房就采用了上述形式，

图 2-1 北洋水师大沽船坞轮机车间
图片来源：塘沽文化局

图 2-2 劝业铁工厂
图片来源：《周学熙传》

图 2-3 英租界工部局电灯房
图片来源：《近代天津图志》

图 2-4 永利碱厂的生产车间
图片来源：《图说滨海》

也是天津近代工业生产建筑中最为常见的形式。北洋水师大沽船坞中的轮机车间（图 2-1）、北洋银元局中的生产车间、劝业铁工厂的厂房（图 2-2）、英租界工部局电灯房（图 2-3）、永利碱厂的生产车间（图 2-4）等都采用了上述形式。这一建筑形式在西方传入天津的过程中，还经历了中国匠师自主学习，探索其如何营建的历程。

　　1867 年兴办的天津机器局是中国北方第一座近代工业，由于是在原有的海光寺行宫扩建出的，而当时的行宫又主要由清代建筑世家样式雷家族负责，因此，样式雷也参与设计了机器局部分。样式雷的设计显示出如何在中国传统建筑修建经验的基础上营造西方典型工业建筑，从保留至今的海光寺机器局立样图（图 2-5）中可见，建筑立面采用西洋建筑特征，多为壁柱与圆券窗的组合，形成连续的韵律感，山墙的立柱从两侧向中心逐渐升高，柱顶伸至山墙檐口，或将柱子等高承托屋顶檐口，还有圆券窗与圆窗组合，这些做法显然与西方古典建筑的做法并不吻合，如同中国建筑刚传入西方时出现的状况极为相似。西洋样式建筑早至明万历年间就传入中国，至清代郎世宁、蒋友仁、王致成等欧洲传教士参与圆明园西洋楼的建设[1]，设计师多为欧洲人。海光寺机器局是样式雷家族参与西洋风格建筑中较早的工业建筑案例。从立样图中的天窗外露出承托的结构可见采用传统的抬梁式结构，而非当时西方工业厂房中常用的三

① 史箴，吴葱，戴建新.16-18 世纪中西建筑文化交流要事年表 [J]. 建筑师，2003（102）.

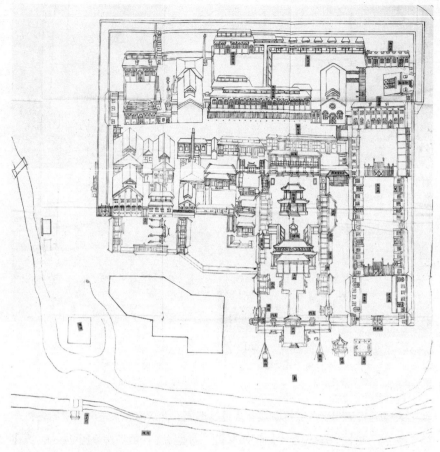

图 2-5　海光寺机器局立样图
图片来源：原藏故宫博物院，摘自华夏建筑意匠的传世绝响——清代样式雷建筑图档

角形木桁架。该图纸应该仅为初步方案，建成后的生产车间立面取消了柱式与圆券窗的组合，立面更加简洁，样式雷图中天窗外露出的抬梁结构从建成的照片（图 2-6）看并未采用，与图纸对比，建成的机器局更接近西方近代工业厂房特征，机器局在建造过程中聘请了英国人司徒诺为总工程师，具体建筑深化可能主要由其负责。

　　度支部造币总厂的熔化银铜所（图 2-7）为单层厂房，砖墙承重、人字形天窗、三角形木桁架、方形大窗，窗上木梁承重，木梁之上施并不承重的砖券，建筑立面较为简洁，没有多余装饰。机器大厂为二层厂房，L 形平面，砖柱承重，天窗有人字形与老虎窗两种形式，L 形平面短边的屋顶上采用人字形天窗，长边的屋顶采用老虎窗，窗、木梁与砖券的形式与熔化铜银所相似，但由于墙面露出砖壁柱，形成的立面较熔化铜银所更具韵律感，表现出处理不同大小体量工业建筑的立面处理手法。

图 2-6　海光寺机器局建成照片
图片来源：网络

图 2-7　度支部造币总厂的熔化银铜所
图片来源：造币总厂

图 2-8　仁立毛纺厂生产车间与
动力车间
图片来源：《天津近代图志》

仁立毛纺厂建筑群的历史照片中近代大型厂房特征的生产车间与动力车间显而易见（图 2-8），其中生产车间为二层厂房，墙面红砖砌筑，开竖向券洞式窗，动力车间为双坡屋面砖墙砌筑的建筑。

## （二）具有现代主义建筑特征的工业厂房

现代主义建筑特征在近代天津的工业厂房中大量出现于 20 世纪 20 年代。这些厂房立面简洁，除局部保留的线脚外几乎没有多余装饰，布局随工艺流程展开，平面总体较为灵活，与传统建筑的对称布局相差较远。从目前收集到的资料分析，天津近代各行业中纺织工业的生产建筑是采用现代主义建筑特征最多的行业之一。

从六大纱厂的生产建筑来看，并非纺织工业的生产车间都设计成锯齿状天窗，仅供纺织女工手工操作的部分由于采光的需求而多设计锯齿状天窗。以机器生产为主的清花车间、梳棉车间、整经车间、粗纱车间、细纱车间、

图 2-9　东亚毛呢公司厂区全景
图片来源：《天津近代图志》

图 2-10　北洋纱厂全景
图片来源：《天津近代图志》

织造车间乃至动力发电车间虽然很多需要天窗散热，但多为矩形或梯形天窗。对于设置织物业的企业，其织场与纺场部分则需要锯齿状天窗。从东亚毛呢公司的照片（图 2-9）可见现代主义建筑特征的近景建（构）筑物上有水塔和类似锅炉房、动力车间的辅助车间，这几座建筑与照片远景中带天窗的毛纺主要生产车间在建筑特征上有较大区别。北洋纱厂的机器车间（图 2-10）外观为二层框架结构，柱间开两个方窗，窗下、窗间部分用红砖砌筑，山面为曲线屋顶，内部可能为钢桁架，屋顶上开矩形天窗；动力车间为单层建筑，砖柱双坡屋面；动力车间与机器车间之间建直径 5m、高 40m 的大烟囱，办公、生产、动力等不同功能的建筑性格各异，易于分辨。总体看来，这些近代大型纺织企业的生产车间与动力车间都采用现代工业建筑形式，适于工业生产，又能降低建筑造价。

虽然都是现代主义建筑风格，但是由于使用材料的不同导致建筑外观特征相差极大。大丰面粉公司的建筑显然是砖结构，开窗面积较小，墙面厚重（图 2-11）；福星面粉公司从建筑的外观看应该使用混凝土，整个建筑显得较为轻巧（图 2-12）。而企业的整个生产区都采用现代主义风格建设的天津近代企业是东亚毛纺厂。

图2-11  大丰面粉公司生产车间
图片来源：《天津近代图志》

图2-12  福星面粉公司生产车间
图片来源：《天津近代图志》

图2-13  天津机器局东局子
图片来源：《工业遗产保护初探》

图2-14  度支部造币总厂的校准所
图片来源：造币总厂

## （三）具有传统民居特征的工业厂房

与海光寺机器局几乎同时建设的天津机器局东局子，虽然采用西洋式人字屋架，其建设却由中国工匠进行施工，密妥士描绘天津机器局东局子兴建的情形时这样写道："现在每天雇着1000~1200名中国小工和泥瓦匠、木匠在赶建厂房"[1]，从厂房枭混线、屋脊等细节都可以看出北方传统民居的做法。作为洋务派兴办的军工产业，其中大量的工业厂房仍然采用了较为节约成本的民间营建技艺，仅木屋架部分由于跨度因素的影响与传统民居不同（图2-13）。

除天津机器局东局子外，度支部造币总厂也是部分工业生产建筑采用传统民居特征的官办产业，校准所就是其中一座，该建筑如京、津一带的民居，面阔三开间、前出廊、圆券窗、硬山屋顶（图2-14）。

利生工厂的各类建筑围合在一处大型院落中（图2-15），建筑特征有如北方传统民居，但院落格局与北方四合院层层进深展开的格局大相径庭，应该更多地考虑到工艺流程，院落内不同功能如生产、居住、办公在建筑特征上看不

① 摘自密妥士同治七年（1868年）四月十八日《致英国总领事摩尔根备忘录》。

图 2-15　利生工厂
图片来源：《近代天津图志》

图 2-16　度支部造币总厂的化验成色所
图片来源：造币总厂

出太大区别。虽然该企业的生产车间并非是宏大、宽敞的厂房，但是作为中国第一家体育用品生产企业，其产品质量、生产工艺在国内领先，生产车间的形制很可能与生产工艺对建筑的要求不高有关。

（四）具有西方古典特征的工业厂房

度支部造币总厂的化验成色所（图 2-16）由于以实验为主，不需要加工、生产，建筑特征更接近于办公建筑，其外观为单层欧式建筑，度支部造币总厂的官员办公与住宿区均为此风格。

## 二、工业遗产建筑中的辅助建筑

村松伸和禅野靖司在《亚洲近代建筑的评价、保护与再利用》一文中对东亚、东南亚的建筑按风格特征进行分类，具有代表性的类型有如下 10 类：

殖民地风格（"Colonial" Type），西洋建筑文化与亚洲建筑文化的碰撞产生的建筑和城市，"外廊式殖民地建筑"即包含于此。拟洋风（"Pseudo-Western" Type），亚洲建筑模仿西洋建筑，由此产生的各种建筑。混合式建筑（"Hybrid" Type），对应功能的变化而产生，混合使用各种各样的技术和表现产生的各种建筑、城市。雇佣建筑（"Modern Adaptation" Type），

① 村松伸，禅野靖司．亚洲近代建筑的评价、保护与再利用 [C]//张复合．中国近代建筑研究与保护（三）．北京：清华大学出版社，2006：6-8.

雇佣外国建筑家设计的当地政府、商业资本的建筑和城市。内部自发的进化建筑（"Emerging Nation State"Type），为了适应社会的变化，内部自发产生的建筑、城市。帝国主义建筑（"Imperialist"Type），帝国主义列强、帝国主义的宗教势力在亚洲的殖民地建造的建筑和城市。东方主义建筑（"Orientalist"Type），帝国主义列强建造的殖民地建筑文明的复古样式。学习建筑（"Educated"Type），亚洲建筑家通过学习创造的诸建筑、城市。国家主义建筑（国民国家建筑）（"National"Type），亚洲国民国家的自我表现产生的诸建筑。冷战建筑（"Cold War"Type），在美国和苏联冷战的影响下产生的诸建筑。①

上述 10 种类型中拟洋风、雇佣建筑和帝国主义建筑是天津近代建筑最为常见的，但是多数近代建筑并没有做到完全符合西洋的各种风格与样式做法，很多部位也进行了简化或变形处理，直接用"古典主义""巴洛克风格"等形容并不合适。因此，本文并未对这些建筑直接冠以风格，而是从现存的图像资料更详细地概括出天津近代工业遗产建筑中的辅助建筑的各种特征。

（一）西方古典特征

天津近代建筑中具有西方古典特征的建筑一般为政府行政办公或洋行类的金融机构，在体量、比例和构图上具备西方古典特征，对称、庄重的立面是这类建筑的性格表现。在工业遗产建筑中具备西方古典特征的建筑一般为官办或官督商办产业的办公楼。能够按照古典的比例和构图进行建筑设计的，多数是受过专业训练的建筑师进行设计的。在建筑的细节处理上都能运用具有古典特征的细部，如比例和细节处理到位的柱式、圆券窗、线脚等，材料加工精细，设计水平较高。官督商办的开滦矿务局天津办公楼（图 2-17）、天津电报总局（图 2-18）是天津现存两处具有古典特征的建筑。开滦矿务局天津办公楼建筑为"横三纵三"构图，立面为四层（含一层地下室），二、三层为爱奥尼巨柱

图 2-17　开滦矿务局天津办公楼
图片来源：《近代天津图志》

图 2-18　天津电报总局
图片来源：《近代天津图志》

式柱廊，古典比例把握到位，整个建筑除了檐口部位的线脚和柱式外十分简洁。民间资本产业中的久大精盐公司天津办事处也是一处明显具有西方古典特征的企业办公楼，久大精盐公司在民间资本企业中实力雄厚，与开滦矿务局天津办公楼都位于城市的黄金地段，目前这三座办公楼保存完好。

## （二）巴洛克特征

鸦片战争后，西方建筑大量传入中国，而具有巴洛克特征的近代建筑是数量较多、分布较广的，是当时国人易接受的一种文化，在同期中国业已兴建的所谓"洋式"建筑中，巴洛克及变体占了主流。[①] 巴洛克特征在工业辅助建筑中也大量出现。

天津近代工业建筑中的巴洛克特征多表现在过度的装饰与戏剧、夸张的效果而没有体现出西方巴洛克建筑中的动势、光影、体积感等特征，有时巴洛克特征同时和其他风格特征共同出现在一座建筑中，这种做法多施于企业的入口大门，如度支部造币总厂的头门（图2-19），采用中西合璧的形式，正立面共三开间，欧式方形壁柱古典构图，女儿墙为中国传统城墙的样式，入口券洞的圆券采用双心圆券，是中国清代城门入口券洞常用的形式，应该是具备中国传统技艺的工匠进行施工的。入口两侧各有一个巨大的巴洛克特征的大涡卷装饰。

华新纱厂入口大门（图2-20）券柱采用凯旋门构图，山花部分采用了具有巴洛克特征的装饰。天津电话北局（图2-21）的巴洛克特征表现在正立面的门廊上，山花突出墙体部分较大，光影强烈、体积感突出都是巴洛克特征的

① 朱永春.巴洛克对中国近代建筑的影响[J].建筑学报.2000（3）：47.

图2-19　度支部造币总厂头门
图片来源：《百项中国第一》

图2-20　华新纱厂入口大门
图片来源：《近代天津图志》

图 2-21　天津电话北局
图片来源 :《近代天津图志》

图 2-22　仁立实业公司办公楼
图片来源 :《近代天津图志》

表现，三角形山花在下部采用断山花的手法，门廊柱子采用外方内圆的双柱，两个柱子共用一个柱头。

### （三）Art-deco 特征

20 世纪 20 年代末法国盛行的 Art-deco 风格，随后在天津近代建筑中蔓延，如较为著名的天津法国俱乐部，建于 1931 年，具有典型的 Art-deco 风格。仁立实业公司办公楼（图 2-22）是工业遗产类建筑中目前发现的唯一一座具有 Art-deco 特征的建筑，该建筑在简洁的立面、转角玻璃窗等现代主义建筑风格的基础上装饰 Art-deco 特征的线条。类似的做法在天津的工业遗产类建筑中并不常见。

### （四）半露木构架式特征

半露木构架式建筑在中世纪的英国、德国均出现过，至今保留完好的原天津印字馆就具有这种特征（图 2-23）。该建筑位于英租界内，修建于 1886 年，是一家由英商建立的铅字印刷厂。建筑由英国永固工程师库克（Cook）和安德森（Anderson）设计，砖木结构，红砖外墙，正面外墙饰以麻石表面，三层以上用白色竖向石材装饰条纹作出半露木架的特征。

### （五）现代主义建筑特征

现代主义建筑特征不仅多用于生产建筑，20 世纪 20 年代以后，天津的很多企业办公楼也采用了该风格。东亚毛纺厂办公楼就是一座具有典型现代建筑特征的办公楼（图 2-24），十分简洁的立面没有任何装饰，仅窗间墙换成红砖砌筑，大面积的玻璃窗与简洁出挑的雨棚，建筑现代感极强。永利碱厂 1934 年修建的大公事房也是一座现代主义风格建筑，整座建筑没有任何装饰，但窗户比例协调。

图 2-23　原天津印字馆（左）
图片来源：《近代天津图志》
图 2-24　东亚毛纺厂办公楼（右）
图片来源：《近代天津图志》

图 2-25　教育制造所
图片来源：《明信片中的老天津》

（六）外廊式特征

1902 年，袁世凯在天津推行“新政”，委周学熙兴办直隶工艺总局，兴学办厂、推广实业，直隶工艺总局下设的教育制造所具有明显的外廊式建筑特征（图 2-25），值得注意的是，教育制造所虽然是“外廊式”建筑，但并非简单的“殖民地外廊式”建筑，清政府在“新政”之后自上而下主动兴建西洋风格建筑，其中包括“外廊式”建筑，教育制造所正是在这样的背景下修建的，在天津这样寒冷的北方城市采用“外廊式”建筑就不稀奇了。

（七）英式建筑特征

英国工业革命后，城市中出现了大量类似塘沽南站（图 2-26）的建筑，这一形象适用于工业厂房、车站等类型，建筑平面一般呈“一”字形展开，或呈“▬”形。三角形山花如放大的老虎窗，将整个立面均分成几个部分。瘦长高耸的烟囱与水平展开的立面显得并不协调。作为车站，建筑前多带有外廊，在墙的转角或者窗户的两侧用隅石加以装饰。这类建筑在英国并非高等级建筑，应属于工业建筑类型，在工业革命后曾一度遍布英国，天津的老龙头火车站也是上述特征的英式建筑。

图 2-26　塘沽南站
图片来源：《近代天津图志》

图 2-27　开滦矿务局唐山办
公楼（左）
图片来源：《近代天津图志》
图 2-28　劝业会场二门（右）
图片来源：《明信片中的老天
津》

## （八）异国情调特征

　　天津近代工业遗产建筑中还出现了几座异国情调特征的建筑，如考工厂入口大门和开滦矿务局唐山办公楼。开滦矿务局唐山办公楼（图 2-27）是一处具有俄罗斯建筑特征的建筑，窗户采用马蹄形券或简化的火焰券，葱头穹顶以及细部线脚，这些建筑特征或多或少地对俄罗斯建筑的细部特征进行借鉴。

　　另一处具有异国情调的建筑是劝业会场二门（图 2-28），该建筑下部基座为凯旋门式古典构图，科林斯柱式，凯旋门之上的部分柱子较细，可能采用钢结构，铁艺栏杆，穹顶有印度建筑的特点。

## （九）折中特征

　　不仅工业遗产类建筑，当时的各类民用建筑也出现了折中现象，很多元素如西方古典语汇、中国吉祥符号、近现代装饰艺术、地方特色的装饰题材相互混合，姑且称之为具有折中特征的工业遗产类建筑。久大精盐公司的老建筑正立面中心突出入口而采用壁柱，入口上的山花制作较为随意，看不出明显风格，山墙面却采用中国传统的马头墙（图 2-29）。劝业会场内的劝工陈列所的建筑外观也采用折中风格，构图上略有"横三纵五"的古典构图，但立面建筑语言多装饰化（图 2-30）。

图 2-29　久大精盐公司某建筑
图片来源：天津碱厂展览馆提供

图 2-30　劝工陈列所
图片来源：《近代天津图志》

图 2-31　度支部造币总厂
图片来源：造币总厂

## （十）传统民居特征

　　度支部造币总厂除生产区外，采用了中式多进四合院格局，以东西向箭道间隔贯通，砖木结构，硬山顶。正房面阔五间，前出廊或"勾连搭"式（图 2-31）。厢房面阔三间，平面多为"凹"字形。在官员办公与住宿中，西一排为三座南北并列安置的四合院，砖木结构、硬山屋顶，正房面阔五间、厢房面阔三间，正房前出廊或"勾连搭"式。西二排两座四合院之间安置一座有文艺复兴特征的欧式洋楼。最东部的工役住宿为十四排由南向北并列的中式民居特色的建筑。

### 三、工业遗产建筑中的其他建筑

工业遗产建筑中的最后一类在功能上兼具生产与销售，工业性质上多属于轻型工业生产，资本属性上一般为中小型民间资本产业，建筑风格与特征与第二类中的折中特征较为接近。

不能像官办产业、官助商办产业以及大型民间资本产业那样将建筑建造的宏伟、壮观，这些中小型民间资本产业就想方设法让自己的企业看上去与众不同。将当时建筑创作中新奇的元素加到自己的建筑之上，特别是入口门廊与山花等部位，对这些中小型民间资本产业并非难事，各种可能的元素，不分中外都糅杂在其中，有的建筑也在不同的部位采用不同风格特征的装饰。天津造胰公司整个建筑除去山花，建筑的现代感十分强烈，窗子占墙面的比例较大，应该在一定程度上受现代建筑的影响（图2-32）。北洋第二火柴厂入口山花既有仿巴洛克涡卷的特征，又有传统民居砖砌的手法，山花比例接近入口高度的一半，显得非常突出，但特征上属于折中特征（图2-33）。周学熙创办的实习工厂的山花采用花瓣式，显然是建筑师的形式化处理，在山花内绘制吉祥图案。

此外，天津近代工业发展到20世纪二三十年代，民间资本产业达到空前的繁荣，其中很多中小型的半工业化产业的生产场所比手工作坊进步并不太多，

图2-32 天津造胰公司
图片来源：《近代天津图志》

图2-33 北洋第二火柴厂
图片来源：《近代天津图志》

生产的场所往往与居住区混杂，民房兼作生产车间。以纺织工业为例，除六大纱厂外的天津近代纺织产业千余家企业中不乏小型企业，其中很多企业无论从建筑质量、安全隐患还是生产环境、设施、卫生条件等方面都无法与六大纱厂相比，甚至在无法达到基本要求的情况下仍然生产，"所谓影响于工程者，如开办之始，其工厂计划不得不因陋就简，除机械马达地轴挂脚等不能节省外，其他通风装置、给湿装置、防火装置等，凡可以节省者，则随在可免；厂屋则以能耐动力为度，采光则以不碍工作为归，栈房则以原料货品不受潮湿为限，机间则以损坏机件堪能修理为佳，如此尚于工程上无太妨碍也。"对于这类工业遗产类建筑就不作深入介绍。

## 第三节 天津近代工业遗产建筑的结构特征

### 一、西式屋顶结构的传入

近代随着西洋建筑技术的传入，有别于中国传统木屋架结构体系的西式木屋架传入中国。该类木屋架与中国传统木屋架存在较大差异，有学者概括为"檩式屋架"（purlin roof）与"弦式屋架"（spar roof）之别。西方弦式木屋架通过桁架搁置在墙体上，屋架各构件之间尽管也互相咬接，但结合处多借助其他连接构件，如螺栓、铆钉等，弦屋架可以利用较小尺寸的构件，通过拼合成为较大构件满足大跨度等要求。在施工方面，弦屋架是一榀一榀地在地面上组装好而后吊装上去，并通过纵向斜撑和檩条、桁条等组合成整个屋架。因此弦屋架施工程序经常涉及大型屋架的吊装，但其加工技术相对简单，材料的来源更为广泛，利用金属连接件拼装小型构件达到大跨度要求的做法更适合现代化的施工方式。

中国最早使用这种结构体系的建筑类型主要为教堂和工业建筑，这两类建筑均是中国近代早期新出现的，亦是与西方关系最为密切的建筑类型。

工厂中的厂房和仓库，在传统中国建筑体系中基本无相应的建筑类型，在造型和观念上，可以摆脱中国传统建筑观念的束缚。工厂建筑又以实用和高效为先，现代性的生产流线对其使用空间提出了特殊要求，无论是在跨度上还是在高度上，都必须有足够的保障。故而尽管早期率先使用西式木屋架的建筑类型并不止于厂房建筑，但真正大规模大范围使用却集中在厂房及仓库这一类建筑中。[1]

① 赖世贤，徐苏斌，青木信夫.中国近代早期工业建筑厂房木屋架技术发展研究[J].新建筑，2018（6）：19-26.

## 二、天津近代工业建筑典型屋顶结构分析

### （一）海光寺机器局

作为军工厂，海光寺机器局各厂房往往跨度较大，又为熟铁厂、锅炉厂、轧铜厂等高温作业项目，基于采光通风的需求，多用天窗。立样图中的天窗，外露出承托的结构，采用传统的抬梁式结构。由此可见，样式雷世家在进行海光寺机器局的设计时，建筑的立面语言作为建筑"词汇"可以轻易改变，但是结构上依然采用传统的结构（图2-5），而且工匠对于传统的结构类型易于把握。对于各分厂厂房内部的结构形式，样式雷也极可能打算采用抬梁式结构。此外，1904年竣工的海晏堂建筑群，外观为青砖砌筑，海晏堂结构体系仍是传统的抬梁式木构架（图2-34）。[①] 然而，这种结构形式显然并不太适合于天窗，我们可以看出照片中建成的天窗并非设计的那样采用抬梁式结构。同时，建筑的屋顶形式也与设计有很大区别，应是之后进行多次修改的结果。[②]

### （二）天津机器局东局厂房

天津机器局东局子厂房总跨约12m，三角形木屋架高度为3.36m，屋架两侧1/3跨度处各有一根支撑木柱，木柱直径约25cm，屋架下弦杆尺寸为22cm见方，中竖杆同样是22cm宽的木料，另外一边竖杆尺寸为17cm见方，斜撑为18.5cm左右（图2-35）。厂房剖面的构造节点设计呈现出以下几个特点：一是两根上弦与屋架中柱直接搭接，上承脊檩，未作任何榫卯或者齿接处理。二是室内两根支撑柱上穿至屋顶三角屋架上弦杆的位置，颇显中国传统穿斗式屋架的结构和细节特点。下弦杆因木材长度不够而作拼接处理，与西方当时成熟的木屋架"接榀法"相似，但接头处并非齿接，而是"榫接＋铁曲尺（角铁）＋贯铁钉（螺栓）"的"中西合璧作法"，表现出其构造方式上的不确定性。三

① 左图．中海海晏堂 [J]．紫禁城，2005（6）：133，137．
② 季宏，徐苏斌，青木信夫．样式雷与天津近代工业建筑——以海光寺行宫及机器局为例 [J]．建筑学报，2011（S1）：93–97．

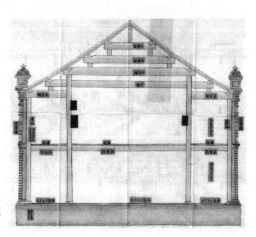

图2-34　中海海晏堂主楼大木立样
图片来源：海晏堂四题，《中国近代建筑研究与保护（三）》

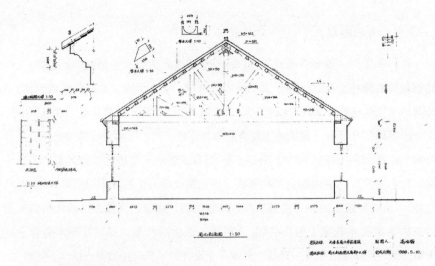

图 2-35　天津机器局东局子厂房屋架
图片来源：《中国近代建筑总览——天津篇》

是中国传统屋架一般不用金属构件，但此时屋架开始大量使用铁曲尺（角铁）、
贯铁钉（螺栓）等五金配件，足见一些简便西式作法业已得到认同。四是西式
木屋架一般采用方檩，而该厂房使用圆檩。西式木屋架上弦杆为方木，故采用
止桁木解决该问题，且屋架使用类似铁钉的构件，更趋中式屋架作法。五是基
础采用木桩贯入地基，上承石板，石板上再承柱或墙体。

　　该屋架形式反映了设计者对西式木屋架认识过程中早期的蒙昧状态，较
晚时期建成的天津机器局东局子内的一栋厂房则呈现不同情况。该厂房采用
三角形木屋架，外墙青砖实体砌筑，厚达 85cm。木屋架跨度为 14.50m，屋
架高 4.85m，高跨比 H/D=1/33，上弦杆断面 33cm×15cm，下弦杆断面
30.5cm×41cm，中竖杆断面 30.5cm×21cm，其他构件尺寸如图 2-35 所示。
这些构件的断面适中，且为方便加工建造，尺寸开始趋于统一。

## （三）北洋水师大沽船坞轮机车间

　　轮机车间为洋务派兴建的北洋水师大沽船坞的生产建筑遗存年代最早的建
筑，建于 19 世纪 80 年代。轮机车间南北长 55.6m，东西宽 19.8m（图 2-36）。
外以砖墙砖墩承重，内以木柱承重并配木屋架屋顶，分为东西两跨间，每跨间
距 9.9m。屋顶为双坡顶，采用矩形天窗，分上下两段。

　　大沽船坞轮机车间屋架以红松木、黄华松木、美国大纹松作材料，有 14
榀桁架，每榀桁梁间距 3.9m，除南侧第二和第三榀桁架间因作阁楼而有变化外，
其他各榀作法均一致。屋架为梯式木屋架，天窗为上凸窗架形式。构造做法方面，

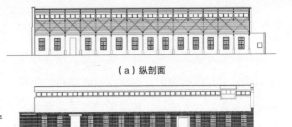

（a）纵剖面

图2-36 北洋水师大沽船坞梁架
图片来源：天津大学中国文化遗产
保护国际研究中心

（b）侧立面

梯形木屋架各杆件的连接部位多采用榫卯与铁件加固相结合的方式。下层屋面两侧各有11根木檩，间距约为0.78m，天窗屋架上有7根檩条，间距约为0.85m。该屋架跨度为19.8m，跨度之大，在同期木屋架中实属罕见。但仔细分析发现其实际跨度即一侧墙体至木屋架中点木柱的距离却在10m以内，类似于两屋架组合。这种处理使厂房内部更显宽敞通透，屋架外观整体一致，形式上也更为美观。

### （四）塘沽南站主体站房

1887年，奕譞《请准建津沽铁路折》从海防需要出发上奏朝廷，建议将唐芦铁路经大沽延伸至天津。1888年3月，该铁路延伸修建到塘沽，新河和塘沽站建成。塘沽南站于同年建成，1907年重修。其主体站房建筑年代尚待确认，从其屋架形式判断，属于较早期的屋架形式。其木屋架采用两种形式：一种为建筑面宽方向两端部采用的三角形屋架（单柱枪架），另一种为其他部分采用的三角形屋架，该三角形屋架形式奇特，既有单柱枪架的外观，又判以更简单的二坡屋架（人字屋架）作法，同时在下半部采用钢筋代替木柱的悬吊式作法。站房两屋架跨度分别为9.4m、8.9m，均为三角形木屋架适宜跨度。屋架木构件尺寸主梁厚14cm×15.5cm，两桁架间距为2.45m、2.56m，檩条间距为0.68m、0.82m。木构件之间的连接方式与大沽船坞轮机车间作法相同（图2-37）。

图2-37 塘沽南站主体站房梁架及仰视图
图片来源：天津大学中国文化遗产保护国际研究中心

（五）恒源纺织厂

纺织工业建筑因生产任务的不同，建筑特征差别较大，以机器生产为主的车间多以框架结构为主，也有少数做成砖混结构，柱网尺寸、建筑高度往往需要和设备配合，平屋顶、坡屋顶均可满足要求，屋顶多带有天窗，依照工艺流程布置功能，建筑可为多层。纺织女工手工操作的织场与纺场多为锯齿状天窗；动力发电厂房多为单层砖柱双坡屋面，钢木桁架，附近建造高大的烟囱。

1962年，经天津市纺织工业局同意，天津市公私合营恒源纺织厂改造为精梳毛纺织厂，改造后的平面图与设计说明结合改造前恒源纱厂总平面图，为我们了解改造前纱厂主要生产车间的功能构成、结构、采光形式等纺织工业建筑的特征提供了可能。根据改造的设计说明，我们可以得知恒源纱厂原主要生产车间的结构及细部构造。原纺场厂房"为砖木结构，开间南北方向6m，东西方向3.82m，南北18跨，东西23跨，纺场地坪至梁底净高4.2m，三角屋架下弦底净高4.6m，天窗双层玻璃窗，净高1.7m"。[①]可以看出，原纺场为单一的大空间，内部为规则排列的柱网，改造图纸中原纺场的结构并没有变化，与设计说明中的"南北18跨，东西23跨"吻合，仅增加部分隔墙以适应新的功能（图2-38），去掉隔墙就可恢复原纺场的空间形态。原纺场屋顶结构"自外向里依次为大红筒瓦2cm、草泥6cm、土板3.8cm"。[②]原织场的改造情况与原纺场相似，也是将单一的大空间划分成不同的功能空间，原纺织厂房"为混凝土结构，柱网开间南北6.1m，东西7.6m（两边跨各为4.9m与4.2m），南北向18跨，东西向9跨，高度由地面至梁底净高3.2m，三角屋架下弦底净高3.8m，天窗为双层钢窗，与水平倾斜74°30′，天窗垂直净高1.5m"，与原纺场不同的地方是原织场层高较低，而天窗采用了斜天窗，可能是满足工人操作时采光的需求。原织场屋顶结构"自外向里依次为油毡沥青五层作法，万利板4cm、空气层15cm、石棉瓦0.8cm、空气层20cm、土板2cm"。[③]原清花车间在原纺场的南部，厂房的空间形式分为两类，一类为边跨较小，中间跨度较大，可以在中间一跨放置大型设备的厂房；另一类为柱网均匀布置的厂房，不同类型的空间可能是为了满足不同尺寸设备的放置需求，设计说明中记载原清花车间为"平顶混合结构，占地965平方公尺，柱网不规则"。

可以看出，以恒源纱厂为代表的近代大型棉纺织工业建筑一般功能较简单，主要生产车间为纺场、织场，这类生产车间为较大空间，车间内有规则的柱网，设备根据工艺流程的需要放置在纺场、织场的不同位置，而并不需要将生产工艺的各个环节单独划分成独立的车间。织场由于生产需求而设置斜天窗，斜天窗并非所有的纺织工业都需要设置。

① 恒源纱厂改造设计说明.天津市档案馆：X154-C-6148、6149.

② 同上.

③ 恒源纱厂改造设计说明.天津市档案馆：X154-C-6148、6149.

图 2-38　恒源纱厂改造后生产车间平面图

图片来源：作者摹自天津市档案馆

第三章　清末天津的军工产业

# 第一节　天津清末军工产业兴办的背景

近代中国主动引入西方技术与设备始于洋务运动，清末天津兴办的军工产业呈现出典型的自主特征，洋务派试图通过"练兵制器"达到国富兵强的目的，所谓"自强以练兵为要，练兵又以制器为先"。清末天津及天津周边的旧直隶范围陆续兴办了天津机器局（1867年）、轮船招商局（1872年）、开滦矿务局（1877年）、电报总局（1880年）、北洋水师大沽船坞（1880年）、唐胥铁路（1881年）、津沽铁路（1888年）等一系列军工产业，成为天津近代工业的开端。

## 一、两次鸦片战争后洋务派的觉醒

鸦片战争后林则徐就提出"师夷长技以制夷"的观点，但未得到重视。直至曾国藩、李鸿章在镇压太平天国运动的过程中领略了西方军事武器的威力后才逐渐推行"洋务运动"。

咸丰十一年（1861年）七月十八日曾国藩在《覆陈购买外洋船炮折》中提到"购买外洋船炮，则为今日救时之第一要务"[①]，此后不久，曾国藩就在安庆设立了"安庆内军械所"（1862年），该所虽仿制外洋船炮，但仍为手工生产，并主要依靠中国技术人员，可以说"不甚得法"。李鸿章于1862年到上海主持军务。见洋枪洋炮的品质精纯，遂写信给曾国藩，建议采用学习。次年，李鸿章在《上曾相》中再次描绘了与太平天国交锋中西方先进武器的威力。随后，曾国藩、李鸿章在江苏陆续设立了三所小型军工厂，引进西方武器，并运用西法训练淮军。李鸿章在1864年春的《致总理衙门函》中详细介绍了长炸炮、短炸炮、炸弹的性能，汽炉机器的产量，李鸿章指出要"专设一科取士"以培养"制器之人"：

① 军机处·洋务运动档.第一历史档案馆.

鸿章以为中国欲自强，则莫如学习外国利器；欲学习外国利器，则莫如觅制器之器，师其法而不必尽用其人。欲觅制器之器与制器之人，则或专设一科取士。士终身悬以为富贵功名之鹄，则业可成，艺可精，而才亦可集。京城火器营，尤宜先行学习炸炮，精益求精，以备威天下、御外侮之用。①

李鸿章兴办军工厂、设立相应军事学堂的设想在清末军事发展中得到推广。1865 年《置办外国铁厂机器折》中，李鸿章奏明了在上海筹办机器局的具体方案，命丁日昌购得上海虹口洋人机器铁厂，将之前设立的两处军工厂合并，正式成立"江南制造总局"。《置办外国铁厂机器折》中还提到"前奉议饬以天津拱卫京畿，宜就厂中机器，仿造一分，以备运津，俾京营员弁，就近学习，以固根本。现拟督饬匠目，随时仿制，一面由外购求添补"。②可见天津由于自身军事地位的重要性，一直需要一个能够制造洋枪洋炮的近代军工厂。

早在道光之后，内忧有太平天国和捻军叛乱，外患有列强觊觎。英法联军于 1858、1860 年两次从天津大沽口攻入，太平天国和捻军与清政府的重兵亦交锋于此，天津作为京师最后防线，军事地位陡然上升。至 1900 年八国联军侵华期间，各大官员的奏折中反复强调天津乃"畿辅重地"，因此，天津很早就开始了西法练兵。"1862 年 1 月，清廷相继选派旗、绿营宫兵一千多名（京营旗兵 496 名，天津大沽等绿营官兵 620 名），集中在天津大沽练兵，聘英国军官为教官，以西法练兵，操练西洋阵法，练习西洋枪炮、炮车和马队等兵器与技术，并教练制造枪炮和炮位之法，成为中国军队近代化的开端，在国内产生了重大影响。是年 7 月，上海和福建也仿照天津练兵之法试行练兵，随后，广东、江苏、湖北、贵州、云南、陕西、甘肃也争相聘请英法教官练兵。"③该年，崇厚在天津"试铸英国得力炸炮，加工精造炸炮子"，④8 月已经造成炸炮两尊，因效果猛烈，于是在一个月内陆续造成十尊。⑤虽然当时天津练兵所需军火主要是由国外购入，但天津仿制西式军火在全国也是领先的，江苏设局之后，天津设立机器局成为大势所趋。

李鸿章在 1865 年《筹调洋枪炮对赴津兼筹制造片》中说："臣仍饬潘鼎新到直隶后察酌情形，禀商崇厚等，如应设局制造，即妥议章程，再由臣饬商丁日昌酌派该局熟练之员，带领匠役器具，有轮船赴津，开局铸造炸弹，以资应用。"⑥

1866 年总理各国事务衙门恭亲王等《请在天津设局制造军火机器折》奏明了天津设局的重要性与必要性：

臣衙门于本年七月初六日具奏直隶筹饷练兵事宜附片内，曾经奏明一切机器尤应设局募匠，先事请求，或在都城，或在天津，派员专司制造，请一并饬议施行。本日军机大臣奉旨："览。钦此。"现在兵部会议章程练

① 军机处·洋务运动档.第一历史档案馆.

② 军机处·洋务运动档.第一历史档案馆.

③ 陈振江.天津近代新政运动的历史地位 [G]//纪念建城 600 周年文集.天津：天津人民出版社，2004：142.
④ 中国史学会.中国近代史资料丛刊，《洋务运动》第 3 册 [M].上海：上海人民出版社，1961：449.
⑤ 三口通商大臣崇厚奏.崇厚奏稿（抄件）.中国社会科学院经济研究所藏.

⑥ 军机处·洋务运动档.第一历史档案馆.

兵需用军器条内，亦有由直隶派员在天津设局制造之议。

臣等因思练兵之要，制器为先。中国所有军器，固应随时随处选匠购材，精心造作。至外洋炸炮、炸弹与各项军火机器，为行军要需。神机营现练威远队，需此尤切。中国此时虽在苏省开设炸弹三厂，渐次卓有成效，唯一省仿造究不能敷各省之用。现在直隶既欲练兵，自应在就近地方添设总局，外洋军火机器成式，实力讲求，以期多方利用。设一旦有事，较往他省调拨，匪惟接济不穷，亦属取用甚便。中国原不少聪明颖悟之资，特事当创始，不能不于洋人中之熟习机器者暂为雇觅数人，令中国人从事学习，务使该洋人各将优娴之艺，授以规矩，传其秘窍。该学习人等若能劳身苦思，究其精微，逐渐推求，久之即可自为制作。在我可收临阵无穷之用，在彼不致有临时挟制之虞。

臣等公同商酌，拟即在天津设局总局，专制外洋各种军火机器。或雇何项洋人作教习，或派何项员弁作局董，拣选何项人物学习，或聚一局，或分数局教习，学习人等名数若干，薪水若干，材料匠役及杂项用费若干，应由三口通商大臣崇厚悉心筹划，妥立章程，咨明臣衙门会商定议。其一切款项，即由三口通商大臣酌定支发，准于关税项下作正开销。设局以后，所有随时考试能否，以定优劣之赏罚，以示劝惩，亦应酌立定章。总期力求实效，尽得西人之妙，庶取求由我，彼族不能擅其长，操纵有宾，外侮莫由肆其焰。[1]

① 军机处·洋务运动档.第一历史档案馆.

可以看出，在此之前中国仅在江苏建有军工厂，如有事发生，到江苏调用军火，实在不方便。"练兵之要，制器为先……现在直隶既欲练兵，自应在就近地方添设总局"是天津设立机器局的主要原因。

天津重要的军事地位以及作为通商口岸、北洋大臣驻地，同时是直隶总督府所在地，各方面的城市定位等诸因素都成为天津机器局兴办的动因，天津机器局于1867年批准兴建。

## 二、海防大讨论后清廷的动作

天津机器局的兴办满足了陆军"练兵"需要的军火物资，但是来自海上的威胁仍然是中国最大的"边患"。

明治维新之后，日本在对外政策上确立了"开疆拓土"的总方针，中国台湾成为其对外扩张的首选目标。1871年发生日本侵略台湾事件，清政府最终与日本政府于1874年10月31日签订了《北京专条》，赔偿日本白银50万两。日本第一次对外扩张的目标即为中国台湾，暴露了当时海防的空虚，给清政府敲响了警钟。恭亲王奕䜣等在《海防亟宜切筹武备必求实际疏》提出了"练兵、简器、造船、筹饷、用人、持久"等六条紧急机宜；江苏巡抚丁日昌《拟海洋水师章程》建议建立北洋、东洋、南洋三洋海军，分区设防、统一指挥；李鸿章则提出暂弃关外、专顾海防等观点。

同治十三年（1874年）十一月初二日《筹议海防折》中详细描述了加强海防建设的各种措施，其中数项论及天津各类军工产业，同时，也再次提到天津大沽口的重要性：

一、原奏练兵一条……前督臣曾国藩于同治十年（1871年）正月覆奏筹备海防摺内，谓沿海之直隶奉天山东三省，江苏浙江两省，广东福建两省，沿江之安徽江西湖北三省，各应归并设防。

一、原奏简器一条……并令津沪各局先购林明登造子机器，仿制子药铜卷以便接济。……德国克鹿卜后门钢炮击败法兵，尤为驰名。臣逐年购到克鹿卜大小炮五十余尊，分置大沽炮台、天津防营……

沪津各局现只能仿造其粗者，而电机、铜丝、铁绳、橡皮等件，仍购自外洋。须访募各国造用水雷精艺之人来华教演，庶易精进。至火器尽用洋式，炮子、火药两项亦系要需。津局有造药机器四副，日出二千余磅，已可敷用，惟枪炮多而子弹尚少……且闽沪津各机器局逼近海口，原因取材外洋就便起见，设有警变，先须重兵守护，实非稳著。嗣后各省筹添制造机器，必须设局于腹地通水之处，海口若有战事，后路自制储备，可源源运济也。

一、原奏造船一条。防海新论有云："凡与滨海各国战争者，若将本国所有兵船径往守住敌国各海口，不容其船出入，则为防守本国海岸之上策。其次莫如自守，如沿海数千里，敌船处处可到，若处处设防，以全力散布于甚大之地面，兵分力单，一处受创，全局失势，故必聚积精锐只保护紧要数处，即可固守"等语，所论极为精切。中国兵船甚少，岂能往堵敌国海口，上策固办不到。欲求自守，亦非易言。自奉天至广东，沿海袤延万里，口岸林立，若必处处宿以重兵，所费浩繁，力既不给，势必大溃。惟有分别缓急，择尤为紧要之处，如直隶之大沽北塘山海关一带，系京畿门户，是为最要；江苏吴淞至江阴一带，系长江门户，是为次要。盖京畿为天下根本，长江为财赋奥区，但能守此最要次要地方，其余各省海口边境略为布置，即有挫失，于大局尚无甚碍……而中国船厂仍量加开拓，以备修船地步。至拟设兵船数目，如丁日昌所称，北、东、南三洋各设大兵轮船六号、根拨轮船十号，合共四十八号，自属不可再少。除将中国已造成二十号抵用外，尚短二十八号。窃谓北、东、南三洋须各有铁甲大船二号，北洋宜分驻烟台旅顺口一带；东洋宜分驻长江外口；南洋宜分驻厦门虎门，皆水深数丈，可以停泊。一处有事，六船联络，专为洋面游击之师，而以余船附丽之，声势较壮。

原奏筹饷一条。臣近于直之南境磁州山中议开煤铁，饬津沪机器局委员购洋器、雇洋匠，以资倡导，固为铸造军器要需，亦欲渐开风气以利民用也。

一、原奏用人一条，拟派统帅责成经理，及遴派得力提镇将领为之分统。查南北洋滨海七省，自须联为一气，方能呼应灵通。惟地段过长，事体繁重，一人精力，断难兼顾。各督抚未必皆深知洋务兵事，意见尤不能尽同。若责成统帅调度，既恐扞格不行；若会同各省商筹，又恐推诿贻误。从前办粤捻各贼，何尝不屡简统帅。臣亦曾备位其间，深知甘苦。饷权疆政非其所操，不过徒拥空名，而各督抚仍不能不问兵事。畛域分则情形易隔，号令歧则将士难从，是欲一事权而反掣也。何况有事之际，军情瞬息变更，倘如西国办法有电线通报，径达各处海边，可以一刻千里，有内火火车铁路，屯兵于旁，闻警驰援，可以一日千数百里，则统帅尚不至于误事，而中国固急切办不到者也。今年台湾之役，臣与沈葆桢函商调兵月余而始定，及调轮船分起装送，又三月而始竣，而倭事业经定议矣。设有紧急，诚恐缓不及事。故臣尝谓办洋务、制洋兵，若不变法而徒骛空文，绝无实济，臣不敢明知而不言也。窃计北洋三省设一统帅，即才力倍于臣者，尚虑不能肆应，南洋四省口岸更多，似亦非一统帅所可遍及。[1]

1875 年 5 月清政府下令由沈葆桢、李鸿章分任南北洋大臣，建设南北洋水师。沈葆桢认为"外海水师以先尽北洋创办为宜，分之则难免实力薄而成功缓"，清政府考虑到北洋水师负责拱卫京师，遂采纳沈葆桢的建议，先创建北洋一军，待北洋水师实力雄厚后，再化为三洋水师。李鸿章通过总税务司赫德在英国订造"镇东""镇西""镇南""镇北"4 艘炮舰，划归北洋；1879 年又向英国订造巡洋舰"扬威""超勇"；1880 年向德国船厂订造铁甲舰"定远""镇远"。在北洋水师兴建的过程中，北方需要建造一座能够满足日益扩大的舰队使用的船坞。李鸿章在奏折中写道：

北洋海防兵轮船舰日增，每有损坏，须赴闽沪各厂修理，程途窎远，往返需时。设遇有事之秋，尤难克期猝办，实恐贻误军需。遂饬前任津海关道郑藻如候补道许钤身同署璀琳在大沽口选购民地，建造船坞一所。[2]

随着天津机器局、北洋水师大沽船坞等军工产业的兴建，煤铁需求量大增，而所需煤铁均购自国外，成为清政府一大负担。1871—1880 年，每年中国平均进口洋煤达 15 万吨以上。[3] 自主兴办矿业显得十分紧迫，北洋水师的建设

① 军机处·海防档. 第一历史档案馆.

② 军机处·海防档. 第一历史档案馆.

③ 转引自高鸿志. 李鸿章与甲午战争前中国的近代化建设 [M]. 合肥：安徽大学出版社, 2008：124.

也需要有相应的矿业资源作为支持以保证所需的物资，不至于发生战争时物资供给被切断，同时，李鸿章还考虑到"一旦有事，庶不为敌人所把持，亦可免利源之外泄"。开平矿务局就是在这样的背景下修建的。

铁路的修筑缘起于开平煤炭向天津运输，后与海防息息相关，1887 年，《天津等处试办铁路以便调兵运械疏》中说道：

> 臣会纪泽出使八年，亲见西洋各国轮车铁路，于调兵运饷、利商便民诸大端，为益甚多：而于边疆之防务，小民之生计，实无危险窒碍之虞……至调兵运械，贵在便捷，自当择要而图，未可执一而论……且北洋兵船用煤，全恃开平矿产，尤为水师命脉所系。开平铁路若接至大沽北岸，则出矿之煤，半日可上兵船。若将铁路由大沽接至天津，最便，可收取洋商运货之资，籍充养铁路之费……①

① 军机处·海防档.第一历史档案馆.

我们也可看出，铁路的修筑还可方便商人运货，充养铁路之费。天津民间资本产业的发展也见证了该说法，对工商业的发展起到了很大的促进作用。但从根本上讲，铁路的修建是基于海防形势所迫。

电报的创立发展和铁路的修筑相辅相成，铁路于海防为"调兵运械，贵在便捷"，那么电报于海防为"用兵之道，必以神速为贵"，是当时传递军事信息最为迅速的手段。从日本出兵台湾的事件中，清廷洋务派中已经有人意识到电报对于调兵的重要性，并在 1874 年的《筹议海防折》中提出。直至 1877 年，李鸿章架设直隶总督府至天津机器局东局子之间的电报线，成为全国自主架设电报的开端。1879 年架设北塘炮台与天津之间的电报线，1880 年在天津设立电报总局。李鸿章于 1880 年的《南北洋电报》中说明了沿海沿江发展电报的意义：

> 再，用兵之道，必以神速为贵，是以泰西各国于讲求枪炮之外，水路则有快轮船，陆路则有火轮车，以此用兵，飞行绝迹。而数万里海洋欲通军信，则又有电报之法。于是和则以玉帛相亲，战则以兵戎相见，海国如户庭焉。近来俄罗斯日本国均效而行之，故由各国以至上海莫不设立电报，瞬息之间，可以互相问答。独中国文书尚恃驿递，虽日行六百里加紧，亦已迟速悬殊。查俄国海线可达上海，旱线可达恰克图，其消息灵捷极矣。即如曾纪泽由俄国电报到上海，只需一日，而由上海至京城，现系轮船附寄，尚需六七日到京；如遇海道不通，由驿必以十日为期。是上海至京仅二千数百里，较之俄国至上海数万里，消息反迟十倍。倘遇用兵之际，彼等外国军信速于中国，利害已判若径庭。且其铁甲等项兵船，在海洋日行千余里，势必声东击西，莫可测度，全赖军报神速，相机调援，是电报实为防务必需之物。

同治十三年（1874年），日本窥犯台湾，沈葆桢等屡言其利，奉旨饬办，而因循迄无成就。臣上年曾于大沽北塘海口炮台试设电报以达天津，号令各营顷刻响应。从前传递电信，犹用洋字，必待翻译而知；今已改用华文，较前更便。如传秘密要事，另立暗号，即经理电线者亦不能知，断无漏泄之虑。

现自北洋以至南洋，调兵馈饷，在俱关紧要，亟宜设立电报，以通气脉。如安置海线经费过多，且易蚀坏。如由天津陆路循运河以至江北，越长江由镇江达上海安置旱线，即与外国通中国之电线相接，需费不过十数万两，一半年可以告成。约计正线、支线横亘须有三千余里，沿路分设局栈，长年用费颇繁。拟由臣先于军饷内酌筹垫办，俟办成后，仿照轮船招商章程，择公正商董招股集赀，俾令分年缴还本银，嗣后即由官督商办，听其自取信赀，以充经费。并由臣设立电报学堂，雇用洋人教习中国学生，自行经理，庶几权自我操，持久不敝。如蒙俞允，应请饬下两江总督、江苏巡抚、山东巡抚、漕、河总督，转行经过地方官，一体照料保护，勿使损坏。臣为防务紧要，反复筹思，所请南北洋设立电报，实属有利无弊，用敢附片缕陈。[①]

① 军机处·海防档.第一历史档案馆.

1881年天津和上海之间的电线架成，之后的十余年间，电报线已遍及全国沿海各地。天津由于地理位置的重要性，成为北洋军事中心，是中国电报和铁路的枢纽城市。

综上所述，天津近代军工产业如北洋水师大沽船坞与天津机器局在天津选址修建有着相似的原因：第一，作为京师的门户，地理位置重要；第二，距离最近的军事基地也远在上海，设遇有事之秋，恐贻误军需。虽然两者一为陆军练兵需要，一为海军修船需要，都选择天津作为兴办地。而铁路、电报的兴办也有着相似的原因。总体看来都与天津在海防中的重要位置密不可分。

## 第二节　天津机器局的兴办

### 一、天津机器局的历史沿革

1866年恭亲王奕䜣奏请在都城或天津设机器局，1867年天津机器局由崇厚主持兴办，曰"军火机器总局"，设东西两座机器局，东局位于城东贾家村，西局位于城南海光寺。1870年，因天津教案，崇厚出使法国，李鸿章任直隶总督，接办军火机器总局，改名为"天津机器局"。1871年，西局子海光寺机器局撤销，划归李鸿章管辖的淮军，全称为"北洋行营制造局"，仍俗称天津西局或南局。

天津机器局东局子在李鸿章主管的 24 年间，经历了五次扩建，生产的军火供应直隶、热河、察哈尔、奉天、吉林、黑龙江、西北边防各军和淮系各地驻军使用，同时也是北洋海军军火的重要来源，用"天津机器局"已不能涵盖其功能，1895 年时任直隶总督的王文韶奏请更名为"北洋机器局"：

> 天津机器局创自同治六年，初用关防文曰军火机器总局，嗣于九年改刊文曰总理天津机器局之关防溯查。初设时机器不多，仅是供应天津驻防。各军其后工厂日增，海口之炮营防营之军火，他省防剿之挹注，神机营之调取要，皆取给于此关防。但用天津字样似觉名实不符，拟请改为北洋机器局另刊关防文曰总理北洋机器局之关防……①

① 军机处·海防档.第一历史档案馆.

天津机器局东西二局于 1900 年在八国联军入侵天津后彻底破坏，其中东局子被法军占领，作为法国兵营，西局子被日军占领，作为日本兵营。

## 二、天津机器局的选址与设置

在奕訢与崇厚奏请兴建天津机器局的奏折中，未提及选址的原因，仅说明选择城南海光寺与城东贾家沽一带。关于福州机器局的选址有"其机器枪子二厂，建设在水部门内人烟稠密之处，存储军火，大非所宜，不如西关外制造局地面宽大，不近民居"②的说法。可见，机器局的选址一般位于郊外人烟稀少之地，广州机器局、山东机器局、四川机器局、吉林机器局等亦是如此选址，天津机器局东、西局子选择城外，符合这类军工产业选址的原则。

② 军机处·机器局档.第一历史档案馆.

作为大型军工厂需要的重型设备多由国外购入，接近河流则"输运便利，于建厂相宜"，从天津机器局每年生产军火的产量可以看出，生产所需的大量物资材料和大批军火产品的运输也有赖于河流，上述因素都是机器局选址需要考虑的。城东贾家沽一带，有河流经过，提供了便利的物资运输条件。

从福州机器局"建设在水部门内"也可看出依附原有建筑兴办或扩建的方法，在这类建筑的选址中经常采用。1876 年，张之洞在兴办广州机器局的奏折中说道"广东筹建水师、陆师学堂，并于堂外建机器厂一座，铸铁厂一座，烟筒一座"③也是出于同样的考虑。在郊外空旷之地，已建成的寺庙、朝廷设立的部门，往往成为区域的中心、视觉感知的焦点，具有一定场所感，兴建建筑多会依附于此，毗邻建设。海光寺正是南郊空旷之地中的视觉中心，成为天津机器局西局子选址所在地。类似的选址还有北洋银元局依附于大悲院以及北洋水师大沽船坞依附于海神庙，当然北洋水师大沽船坞依附于海神庙还有祭海等原因。

③ 军机处·洋务运动档.第一历史档案馆.

此外，海光寺机器局的选址是否和天津城防有关还有待进一步考证，但是，海光寺机器局正处于外濠南门海光门旁，建成后为外濠防御提供军事补给。南营门和海光寺是八国联军侵华攻打天津城时的主战场之一，不管其目的是否出于城防建设，但建成后的海光寺机器局承担了重要的城防任务。

## 三、海光寺机器局的设计与建造

关于天津机器局的研究，很多历史学家做了大量工作，由于历史档案、奏折中未对东、西二局子加以区分，往往统称天津机器局，因此目前对天津机器局的研究经常混淆两者，或干脆统称为天津机器局。而淮军的"北洋行营制造局"，也有学者误认为是除东西局子之外的另外一处军火制造局。深入些的研究也仅知城东十八里贾家沽一代为东局火药局，城南关外海光寺为西局，生产现代枪炮，而二局子厂房的构成与生产的产品往往混为一谈。这里需要指出的是，海光寺机器局于 1871 年撤销，改做淮军的"北洋行营制造局"，此后李鸿章的奏折中提到的天津机器局均指东局子，北洋行营制造局就是海光寺机器局。

中国国家图书馆藏天津海光寺机器局及行宫地盘样和故宫博物院藏天津海光寺机器局及行宫立样，为清代著名建筑世家样式雷家族绘制。该图的存世为我们了解天津机器局西局子的功能组成、格局、建筑特征及结构特征提供了可能。也为深入研究和区分东、西二局子的功能设置、建筑组成提供了证据。[①]

天津机器局于 1867 年批准兴建，从样式雷图档保留的天津海光寺行宫地盘样与立样图纸看来，这项任务应该是样式雷家族参与完成的，从 1866 年奏请建设到 1870 年初具生产规模，期间的设计可能是由雷思起与雷廷昌父子主持的。

### （一）海光寺概况

海光寺位于天津城南，始建于 1706 年，原名普陀寺，康熙帝赐名海光寺。乾隆帝曾多次来此，并相继留有诗文，海光寺成为天津著名的佛门圣地。"津门十景"中的"平桥积雪"就是指寺北的西平桥，海光寺也是风景绝佳之地。

第二次鸦片战争期间英法联军于天津城外设南北二营，北营设于河北望海寺，南营就位于海光寺，这是海光寺第一次被外国侵略军占领。1858 年 6 月清政府与英、法、俄、美四国在海光寺签订了《天津条约》。战争之后，为防御外国侵略，于 1860 年在天津城外距城三至五里不等地方挖筑护城濠墙一道，俗称墙子，设正门四座，即东、西、南、北营门。天津城南郊津郡筹防濠墙南营门恰好设立在海光寺附近，该营门因此命名为"海光门"，距天津城三里。

① 季宏，徐苏斌，青木信夫. 样式雷与天津近代工业建筑——以海光寺行宫及机器局为例 [J]. 建筑学报，2011（S1）：93-97.

## （二）海光寺行宫及机器局总体布局

从样式雷图中可以看到，海光寺机器局的设计包括海光寺行宫和机器局两部分，行宫在原有寺庙基础上进行改建和扩建，再从寺庙东、西、北三侧建机器局。

从天津海光寺机器局及行宫地盘样（图3-1）中可以看出，海光寺机器局及行宫可划分为中路海光寺行宫区、行宫东侧和北侧办公房、东西北三侧围绕的工厂区三部分（图3-2）。整个建筑组群以海光寺行宫为中心，这样的布局显然与福建马尾船学堂（1866年）、北洋水师大沽船坞（1880年）相同，军工产业选址在寺庙、行宫附近或整个兵工厂的中心布置衙署、办公房等管理用房。由于海光寺本为佛教建筑，因此，整个行宫部分可划分为前后两部分，即南侧的佛殿与北侧的行宫。

行宫由南侧山门进入。工厂区面积较大，西侧设总南门和大门，南侧中部设二门，东侧木工厂有独立出入口。行宫东西侧与工厂紧贴，北侧留有院落，

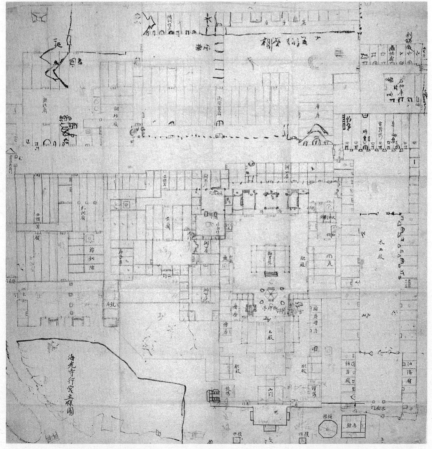

图3-1 天津海光寺机器局及行宫地盘样
图片来源：原藏中国国家图书馆，摘自华夏建筑意匠的传世绝响——清代样式雷建筑图档展

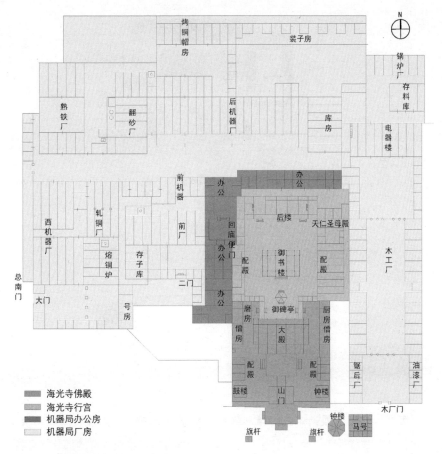

图 3-2　天津海光寺行宫及机器局分区
图片来源：作者据图 3-1 改绘

可通过便门进入工厂区。

### （三）海光寺行宫的修缮与扩建

从 1860 年前后拍摄的海光寺未扩建的历史照片可以看出，海光寺在样式雷家族进行修缮和扩建前已经有相当规模，海光寺机器局及行宫地盘样中行宫部分中轴线上的山门、大殿、御碑亭、御书楼与后楼皆备，只是不知是否为样式雷图中所绘的功能。样式雷首先对海光寺行宫进行修缮与扩建，将原海光寺寺庙从大殿之后划成行宫区，前后区之间设便门，便门与便门旁的廊很有可能为加建的。行宫部分的扩建与改造（图 3-3）还包括：

海光寺山门之前仅存西侧幡杆，样式雷图中增补东侧幡杆，并在旗杆东侧加建一处钟楼和马号。

海光寺大殿原为重檐歇山顶，样式雷图中在大殿南侧加建一勾连搭五开间卷棚抱厦。

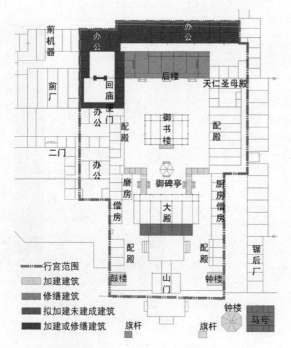

图 3-3　海光寺行宫部分修缮及加建分析
图片来源：作者据图 3-1 改绘

　　海光寺东西配殿前本无钟楼、鼓楼，样式雷绘制的地盘样中加建钟楼、鼓楼，并在鼓楼地盘样旁绘出立样，这是地盘图样中仅绘制立样的部分，可能是表达对加建建筑的构思。

　　地盘样中后楼部分进行内檐装修的初步绘制，床、花罩、壁纱橱、楼梯都清晰可辨，这是中路建筑中唯一绘制室内细节的，由此判断其为重新装修的部分。

　　此外，海光寺西侧一路配殿，地盘样中西侧一路为办公房，从样式雷立样图也可看出为中国传统合院样式建筑，地盘样中从第三进院落以北部分绘制较为详细，与后楼北侧办公房连为一体，此部分详细绘制出开门位置，是加建或修缮尚不能断定，有待考证。但是，将传统建筑的侧路作为办公房的做法也出现在后文将要介绍北洋水师大沽船坞的海神庙侧路建筑中，这种布局应该不是巧合。

　　样式雷对海光寺行宫部分的修缮与扩建，依据建成后照片（图 3-4）比对可知建成配殿前的钟楼、鼓楼，东侧旗杆以及山门前的钟楼，马号与大殿南侧加建的抱厦均未建成（图 3-5）。钟鼓楼沿中轴对称，为重檐歇山顶，山门前的钟楼为八角攒尖顶，后来德国克虏伯兵工厂铸造的大钟便放置于山门前的钟楼内，被称为"海光寺大钟"（图 3-6）。

图3-4 天津机器局建成照片
图片来源：网络

图3-5 海光寺外景照片
图片来源：《中华百年看天津》

图3-6 海光寺大钟
图片来源：《中华百年看天津》

### （四）海光寺机器局的设计

周馥随醇亲王于1886年至天津视察海防时所做的巡阅北洋海防日记中记录了西局子建成后生产时的情形：

> 局有八厂，共屋百余间，环于海光寺外，匠徒七百余人，每日可造哈乞开司枪子万粒，呋嗜士得枪子五千粒，其余炮车、开花子弹、电线、电箱及军中所用洋鼓吹，皆能仿制……时伏水雷九具，于寺外积潦中一一试放，雷内装火药四十八磅者，水飞五六丈。盛杏孙观察复觅电光灯、织布机器两事设于局中，并请王试观……[1]

对照样式雷图，海光寺机器局工厂区部分由八个分厂组成：行宫西侧依次有西机器厂、轧铜厂和前厂；行宫北侧为后机器厂；后机器厂西侧有熟铁厂与翻砂厂，后机器厂东侧有锅炉厂；行宫东侧为木工厂，不知是否保留传统文化中的"五行"观念，将木的加工放在行宫东侧一路。设计的木厂门与山门相平，整组建筑由南向北中轴对称布置，依照传统的布局形式，如同海光寺东侧配殿一路建筑，形制整齐。各分厂之间多有院落分隔，各自成区，之间设传统样式的五间六柱栅栏门。这些均与图中所绘相符合。

值得一提的是，在周馥的日记中称呼海光寺机器局为淮军"北洋行营制造局"，与前文判断相符。

① 周馥. 醇亲王巡阅北洋海防日记 [J]. 近代史资料，1982，47（1）：13-14.

海光寺机器局图是目前所见的样式雷图档中唯一的兵工厂图纸，也是样式雷图中较早绘制西方样式的一张。与建成后照片比较，可以看出海光寺机器局各分厂的格局与地盘样基本一致，但是建筑结构与外观特征，与图纸相差甚远，这套图纸仅为前期方案。但是，它提供了样式雷设计的过程，为理解样式雷构思工业建筑及表达方法提供了可能。

地盘样图中绘制出各厂房建筑的轴线，多为进深较大、开间较小，反映了工业建筑的空间特征。出入口部位都绘制出立面的门，普通过梁式和券洞式加以区分，有些立面复杂的部位还画出窗。同时，在地盘样中也简要绘出屋顶和天窗，反映了样式雷绘制地盘样时对立面的构思，这是样式雷绘制复杂屋顶时常用的方法。与立样图比较，完全吻合。样式雷地盘样中用作绘制水井的符号，在工业建筑中用来绘制烟囱，图中外方内圆的符号就是烟囱，其位置也与立样完全吻合。

考虑到作为厂房建筑，防火问题应该关注，因此各个功能之间保持一定的分隔。仔细观察，机器局从南向北总体分为三个部分，前厂、后厂、木工厂，考虑到防火木工厂独立设置。前厂、后厂之间有院落分隔，前后厂内部各厂之间也由狭长院落分隔。后厂装子房与后机器厂之间也有较大院落。整个机器局由南向北为子弹加工区、枪支加工区、组装区。

清末张德彝描绘海光寺机器局："烟筒高迥，一如外邦铁厂，黑烟直吐，颇有上海之风。"（图 3-7）[1]

① 张德彝. 随使法国记 [M]. 长沙：岳麓书社，1985：318.

## 四、天津机器局东西二局比较

样式雷图档中详细记录的海光寺机器局的功能组成，为我们区分东西二局子的功能组成和生产的产品提供了可能。

图 3-7　遭受战火的海光寺机器局
图片来源：天津档案馆

### （一）东西二局功能构成及建筑比较

天津机器局东西二局最初规划东局为火药局，海光寺西局生产现代枪炮。海光寺西局枪炮生产属于机器制造，其工艺主要在金属的加工方面，功能构成如样式图中所标注的锅炉厂、木工厂、机器厂、轧铜厂、熟铁厂、翻砂厂、烤铜帽房等。锅炉厂、木工厂、机器厂、轧铜厂、熟铁厂、翻砂厂是当时机器加工所需的主要组成部分，与北洋水师大沽船坞、北洋银元局以及北洋劝业铁工厂等产业的主要厂房基本一样。

东局子最初仅生产火药。1870 年李鸿章接任直隶总督后，深知"天津机器局为北洋海防水陆各军根本，关系重要"[1]，遂大力扩充、精心经营，并加入了枪炮生产。东局子先后经过 5 次扩建，集枪炮、火药生产于一身，"屋宇机器全备，规模宏大"（图 3-8），"世界最大的火药加工厂"显然是针对东局子而言的。其功能较海光寺机器局完善的多，其中硫酸厂、碾药厂、饼药厂、栗色火药厂、无烟药厂等显然是火药生产必备的功能组成，这些都是海光寺机器局不具备的（表 3-1）。

军工厂内设置学堂，学习、实践可相互提高。广州机器局、福州马尾船政、刘公岛基地、旅顺军港均设有水师学堂。天津机器局东局子于 1876 年设电气水雷学堂，1881 年设北洋轮机学堂，1882 年并入北洋水师学堂，当时大沽船坞尚未建成。北洋水师学堂了开设数学、天文、地理、测量、驾驶等课程，为北洋水师提供军事人才。

由枪炮、火药两种主要功能组成的机器局，有的将两功能分设两处生产，有的合二为一。类似天津机器局这样将枪炮、火药生产分开设局的还有吉林机

① 中国史学会主编. 中国近代史资料丛刊，洋务运动（四）[M]. 上海：上海人民出版社，1961：277.

图 3-8　北洋机器局
图片来源:《中华百年看天津》

天津机器局东西局生产车间比较　　　　表 3-1

| 功能 | 天津机器局西局<br>（海光寺机器局） | 天津机器局东局子 | | | |
| --- | --- | --- | --- | --- | --- |
| | 枪炮生产 | 炮弹制造 | 火药生产 | 洋枪制造 | 水雷制造 |
| 生产<br>构成 | 锅炉厂<br>木工厂<br>机器厂<br>轧铜厂<br>熟铁厂<br>翻砂厂<br>烤铜帽房 | 1870 年以前：<br>机器房（厂）<br><br>1872 年：<br>铸铁厂<br>熟铁厂<br>锯木厂<br><br>1893 年：<br>炼钢厂 | 1870 年以前：淋硝<br>制造间<br>磨磺制造间<br>烧炭制造间<br><br>1874 年：<br>铅室法硫酸厂<br>碾药厂<br>洋枪厂<br>枪子厂<br>火药库<br><br>1875 年：<br>饼药厂房<br>锯水厂房<br>轧制铜板配造拉火<br>厂房<br>栗色火药厂<br><br>1881 年：<br>淋硝厂<br><br>1882 年：<br>硫酸厂<br><br>1896 年：<br>无烟药厂 | 1870 年以前：铜<br>帽厂<br>1875 年：<br>机器房分出一半<br>改建成枪厂，铜<br>帽厂分出一半改<br>建成枪弹厂 | 1876 年：<br>电气水雷局 |
| 备注 | 均建成于 1868<br>年以前 | 海光寺西局铸<br>铁厂移并东局<br>（1873 年） | 栗色火药厂建有汽炉<br>房、汽机房、分磨房、<br>压药房、筛药房、分<br>药房等厂房 | 1875 年改造的枪<br>厂、枪弹厂用作<br>制造林明敦后膛<br>枪、枪弹 | |

（注：海光寺机器局厂房构成来自样式雷图，天津机器局东局子厂房构成记录在李鸿章历年的天津机器局奏折中。）

资料来源：据来新夏《天津近代史》一书中相关内容绘制，第 104-106 页

器局，该局由天津机器局协助兴办，采取了同天津机器局同样的模式分设两处。总局建于省城以东 8 华里松花江左岸一带，并在松花江右岸的僻静地带选定为火药局局址。福州机器局最初分设两处，但后来合二为一，"盖制造枪炮，与制造子弹，本系一事，与其分厂而费大，不如合厂而费省。乃饬二厂一律暂行停造，归并制造一局"。[1] 天津机器局虽分设两处，但在后来的发展过程中也是重点建设东局子，从李鸿章 5 次扩建东局子和将西局铸铁厂移并东局等事件也可以看出。此外，西局还承担东局的修配等任务。

密妥士对天津机器局东局子兴建时的情形这样描绘：

① 军机处·机器局<br>档.第一历史档案馆.

图 3-9　天津机器局
图片来源：《明信片中的老天津》

① 摘自密妥士同治七年（1868 年）4 月 18 日《致英国总领事摩尔根备忘录》。

② 中国近代兵器工业编审委员会．中国近代兵器工业——清末至民国的兵器工业 [M]. 北京：国防工业出版社，1998：76.
③ 中国近代兵器工业编审委员会．中国近代兵器工业——清末至民国的兵器工业 [M]. 北京：国防工业出版社，1998：61.
④ 中国近代兵器工业编审委员会．中国近代兵器工业——清末至民国的兵器工业 [M]. 北京：国防工业出版社，1998：77.
⑤ 海军司令部编辑部编著．近代中国海军 [M]. 北京：海潮出版社，1994. 转引自近代中国看天津——百项中国第一 [M]. 天津：天津人民出版社，2008：33.

现在每天雇着 1000~1200 名中国小工和泥瓦匠、木匠在赶建厂房。大半的小工正在垫高四尺的地基，上面拟铺设轨道（铁轨），把厂地上的各个建筑和大门外的船坞联结起来，也有工人在挖大门外的船坞，泥瓦匠和木匠正在建筑一个仓库，以及外国技师与中国官吏的住宅。①

可见东局子虽采用西洋式屋架形制，但其建筑却由中国工匠进行施工，从厂房枭混线、屋脊等细节的做法还可看出传统做法（图 3-9）。

### （二）东西二局产品比较

由于定位不同，天津机器局东西二局主要生产的产品存在着很大的区别（表 3-2）。但是，天津机器局无论是生产技术还是军事产品在中国近代军事史上都具有重要地位。

东局 1870 年建成的日产 140~180kg 的黑火药厂，是中国第一个以蒸汽为动力，用机器生产黑火药的工厂，后又进行扩建，1874 年前后日产量提高到 900 余公斤。②1874 年前后，徐寿、徐建寅分别在龙华火药厂、天津机器局无烟药厂，建成中国最早的铅室法硫酸厂。1876 年生产前装开花弹 6.8 万发，是全国产量最大的兵工厂。③天津机器局于 1887 年建成的栗色火药厂，是中国最早建成的栗色火药厂。④西局海光寺机器局 1880 年试制成功的水底机船被认定为中国最早研制的潜水艇。⑤

天津机器局东局子由于水师学堂教学的要求，翻译并出版了很多军事著作（表 3-3）。其中《陆操新义》《整顿水师说》等都是当时重要的教材。

| | 天津机器局西局（海光寺机器局） | | 天津机器局东局子 | | | |
|---|---|---|---|---|---|---|
| 类型 | 枪炮 | 其他 | 炮弹 | 火药 | 洋枪 | 水雷 |
| 产品名称 | 1868 年：<br>重铜炸炮<br>炮车<br>炮架<br>花子弹<br><br><br><br><br><br><br><br>1880 年：<br>水底机船<br><br>1890 年：<br>"铁龙"轮船 | 1868 年：<br>轮船零件<br>机器零件<br>挖泥船<br>电线<br>电机<br>铁舰<br>快船<br>鱼雷艇<br><br><br><br><br><br><br>1895 年：<br>钢质炮弹 | 1870 年：<br>铜帽<br><br>1875 年：<br>林明敦枪<br>炮弹<br><br>1876 年：<br>前装开花弹<br>劈山炮<br>后膛镀铅来<br>福炮弹 | 1870 年：<br>黑火药<br><br>1874 年：<br>无烟火药<br>硝强水<br>硝酸钾<br><br>1876 年：<br>硫酸<br><br><br>1881 年：<br>栗色火药<br>棉药火药<br>1896 年：<br>无烟药厂 | 1870 年：<br>后膛枪<br><br>1875 年：<br>林明敦枪 | 1876 年：<br>水雷 |

资料来源：参考《中国近代化学工业史》《洋务运动与中国近代企业》及《中国近代兵器工业》三书

天津机器局出版专著　表 3-3

| 书名 | 著者（国籍） | 译者 | 出版日期 |
|---|---|---|---|
| 陆操新义：四卷 | 康贝（德） | 李凤苞 | 1884 年 |
| 水雷图说：十一卷 | 施立盟（英国） | | 1884 年 |
| 艇雷纪要：三卷 | | 李凤苞 | 1884 年 |
| 船阵图说：二卷 | | | 1884 年 |
| 鱼雷图解秘本 | | | 1885 年 |
| 机炉用法：七卷 | | | 1885 年 |
| 整顿水师说 | | 李凤苞 | 1885 年 |
| 北洋机器制造局各厂机器图（照片）：四卷 | 朱恩绂 | | |
| 兵船汽机 | | | |
| 鱼雷图说 | | | 1890 年 |

资料来源：天津机器局出版专著据中国国家图书馆及第一历史档案馆藏档案绘制

　　随着天津机器局的壮大，北京神机营和朝鲜先后派送员工到局学习制造军火技术。1876 年李鸿章的《妥筹朝鲜武备折》指出"朝鲜为东北藩服，唇齿相依。该国现拟讲求武备，请派匠工前来天津学造器械，自宜府如所请，善为指引。"[1] 为此机器局专门建立了习艺厂和朝鲜馆。1882 年，李鸿章还调拨一批军火供朝鲜使用，其中包括"旧制十二磅开花铜炮十尊……运送朝鲜借练军之用……轮船陆续运往，由吴长庆转交朝鲜国。光绪八年十月初一"。[2]

① 中国第一历史档案馆编. 光绪宣统两朝上谕档 [M]. 南宁：广西师范大学出版社，1996：218-219.

② 军机处·机器局档. 第一历史档案馆.

## 第三节　北洋水师大沽船坞

### 一、北洋水师大沽船坞历史沿革

北洋水师大沽船坞从 1880 年始建，经历了由清末洋务派创办的军事产业至 1906 年，大沽船坞更名为"北洋劝业铁工厂大沽分厂"，委派周学熙为总办，此时已是官助商办的近代产业。1913 年，大沽船坞划归北洋政府海军部管辖。1937 年被日本占领，直到 1945 年抗日战争胜利，才收回由交通部接管。在此过程中经历的重要事件包括：

1880 年，建立北洋水师大沽船坞，始建甲坞。

1884 年，兴建乙、丙坞。

1885 年，兴建丁、戊坞。船坞有打铁厂、锅炉厂、铸铁厂、模件厂，陆续建成甲、乙、丙、丁、戊船坞。

1890 年，大沽船坞开始生产枪、炮等军火。

1891 年，大沽船坞仿造德国一磅后膛炮 90 余门，除修船外还开始制造枪炮、水雷等，实际上成了一座军火工厂。

1892 年，在船坞院内设修炮厂兼造水雷，从此，大沽船坞成了一个修船、造船、生产枪炮军火的综合军事基地。

1900 年，八国联军入侵大沽口，大沽船坞被俄国霸占，设备惨遭洗劫。

1902 年 8 月 30 日，清政府外务部正式向俄国提出要求交还大沽船坞，俄国才于 12 月 19 日将大沽船坞交还。12 月奉直隶总督袁世凯之命绘制详图，将各坞、各厂损坏坍塌情形呈报在案，兴工修理。

1906 年，袁世凯在天津大沽口船坞创办宪兵学堂（后改名陆军警察学堂）。同年，开办北洋劝业铁工厂，设分厂于大沽船坞，大沽船坞改名为"北洋劝业铁工厂大沽分厂"。委派周学熙为总办。

1913 年，大沽船坞划归北洋政府海军部管辖，改名为"海军部大沽造船所"。

1937 年，日本发动全面侵华战争，国民党爱国将领张自忠将军调 224 团 2 营进驻大沽口，7 连守卫大沽造船所。后被日本人占领，大沽造船所变成"军事劳工监狱"。日本人先后成立了塘沽运输公司、天津船舶运输会社等机构，其造船部在大沽有东、西两厂。东厂系新建，西厂即是大沽造船所，为军管工厂委托经营。

1945 年抗日战争胜利，由交通部接管大沽船坞。

现为"天津船厂"。[1]

① 本文中关于北洋水师历史沿革来自"北洋水师大沽船坞遗址纪念馆"，其中部分内容来自王毓礼《北洋水师大沽船坞历史沿革》。

## 二、北洋水师大沽船坞的选址

  北洋水师大沽船坞的选址，由于没有详细记载，而李鸿章在旅顺军港的大船坞选址中详细记录其借鉴了西方建造船坞的经验："西国水师泊船建坞之地，其要有六：水深不冻，往来无间，一也；山列屏障，以避飓风，二也；陆连腹地，便运粮粮，三也；土无厚淤，可浚坞澳，四也；口接大洋，以勤操作，五也；地出海中，控制要害，六也。"[①]以往研究都借上述六点来说明大沽船坞的选址。但是《李鸿章全集》中没有任何记录说明大沽船坞的选址也依据上述六点。经过研究笔者认为，大沽船坞的选址与上述第一、二、三、五点均不吻合。[②]表现在：大沽船坞的水位不深且冬季会出现冰冻；周围没有群山可以作为屏障；周围并没有煤炭储蓄，因此李鸿章修建了唐山与天津之间的铁路，以运输煤炭；并非口接大洋，北洋水师也并未在此操练。

  而符合上述六点经验的应该是威海卫刘公岛和旅顺军港。"胶州澳形势甚阔，但僻在山东之南，嫌其太远；大连湾口门过宽，难于布置。唯威海卫、旅顺口两处较宜，与以上六层相合。"[③]

  至此，我们也可以看出，李鸿章除了忙于将天津建设成为一个军事基地之外，他还将注意力集中到整个渤海湾的军事部署。与大沽船坞几乎同时施工建设的旅顺军港（1880年）在水位条件、群山屏障、口接大洋、控制要害等方面的优势则表现得更为突出。旅顺船坞建成后取代大沽船坞成为更为重要的铁甲舰的修理之地。北洋水师的军队部署也是以威海卫基地、旅顺军港为主。大沽船坞更多的是作为修船、造船的场所和军火供应地，它是李鸿章在海防紧急的情况下，在京师最后关卡天津建设的北洋水师"天津基地"的重要组成部分。在之后的战役中，与威海卫刘公岛、旅顺军港呈掎角之势拱卫京师。

  大沽船坞选址于大沽口海神庙附近，除了李鸿章驻节天津、大沽口有炮台对其加以保护这两个因素外，还有两个因素应该特别值得注意：第一，在清代，大沽口海神庙附近是船舶停靠的集中之地，在记录海神庙场景的绘画中可以看到这里的繁荣景象。另有1862年的塘沽区地图，此时距离1880年建造大沽船坞尚有一段距离。图中大沽船坞周围清晰可见有六个类似船坞的槽状物，可能为便于船舶停靠之所，说明此地适合建造船坞，甚至有将这种便于船舶停靠的槽状物改造成船坞的可能。第二，从1907年大沽铁工分厂图（图3-10）和1941年大沽造船所平面图（图3-11）都可以看出，整个大沽船坞各厂房、船坞、宿舍等以海神庙为中心建设，中国历来有将重要建筑放置于中心的传统。据中国传统，造船、修船、新船下水、出海都要举行祭海神、龙王等仪式[④]，与工业生产相关的民间信仰祭祀活动不单造船要祭海神一处，纺织业要祭祀蚕

① 李鸿章.李鸿章全集.海军函稿（卷1）[M].海口：海南出版社，1997：17.

② 季宏，徐苏斌，青木信夫.工业遗产的历史研究与价值评估尝试——以北洋水师大沽船坞为例[J].建筑学报，2011（S2）：80-85.

③ 李鸿章.李鸿章全集.海军函稿（卷1）[M].海口：海南出版社，1997：17.

④ 姜彬.东海岛屿文化与民俗[M].上海：上海文艺出版社，2005：137-158.

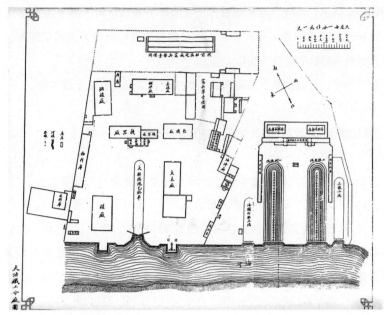

图 3-10 大沽铁工分厂图
图片来源：《直隶工艺志初编》

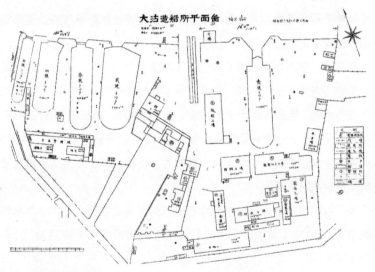

图 3-11 大沽造船所平面图
图片来源：中国第二历史档案馆

神，开窑挖矿要祭祀窑神，井盐要祭祀井神，等等。大沽船坞建设结合海神庙，不是巧合，它反映了近代工业文明与传统祭海文化的结合，福州马尾船政的天后宫、威海卫刘公岛上的龙王庙的建设都与这种文化相关，开平矿务局为我国最早采用近代技术进行煤炭挖掘的军工产业，仍然保留了祭祀窑神的活动。此外，在天津机器局选址中有在空旷地域中依托既有建筑建设军工产业的选址习惯，海神庙在该区域不管是建筑体量还是祭祀活动，都能起到中心的作用，具有很好的场所感。同时，海神庙曾作为总督的行辕和接待外国使节之所，而从大沽船坞的总体布局中也可看出，办公部分正是结合海神庙西配殿布置的，与海光寺机器局的布局极为相似。

综上所述，可以说多方面原因共同构成了大沽船坞选址于海神庙。

① 马戛尔尼.1793乾隆英使觐见记[M].天津：天津人民出版社，2006：15.

## 三、建坞前后天津的军事建设与机构设置

1861 年，第二次鸦片战争后，清政府设立总理衙门，其下又设三口通商大臣，驻天津，管理天津、牛庄（后改营口）、登州（后改烟台）的与外通商事务。1870 年改为北洋通商大臣，管理直隶、山东、奉天三省对外通商、交涉事务，兼办海防和其他洋务。北洋通商大臣于 1870 年始由直隶总督兼任，同年直隶总督府由保定迁往天津，时任直隶总督的李鸿章又兼北洋大臣之衔。1885 年设立海军衙门，1885—1895 年十年间李鸿章一直为海军衙门会办，旨在统一全国海军的行政管理。李鸿章对北洋海军管理具有重大权力，以天津为基地，开始实施其军事计划。

作为一个军事基地应具备各种军事功能。中国近代最早兴办的福州马尾船政的功能构成主要包括：船政衙门、船政学堂、船坞、炮台、宗教建筑、军火库、医院、宿舍等。旅顺军港的提督衙门下设船澳及泊岸工程、炮台工程、旅顺电报局、旅顺水雷营、水陆医院、拦水坝、小铁路等机构；威海卫刘公岛的提督衙门下设有船坞、炮台、水师学堂、龙王庙、电报局、机械局、弹药库等机构。

由此可见，一个近代海军军事基地一般除了修船造船所必需的功能组成外，还有衙门、学堂、炮台、宗教建筑、医院等，唯独北洋水师大沽船坞仅建设与修造船工艺相关的设施。

但是，我们可以看一下整个天津在清末的军事建设情况，在北洋水师大沽船坞建立（1880 年）前后，天津先后建设了天津机器局（1867 年）、天津电报总局（1880 年）、北洋水师学堂（1881 年）、武备学堂（1885 年）、天津储药施医总医院（1893 年）、天津铁路总局、天津支应局等机构，其中部分机构还是大沽船坞的协助机构，为其输送人才，如北洋水师学堂等。而天津机器局后也更名为北洋机器局，隶属北洋。至此我们可以看出，与北洋水师相关的衙门、学堂、炮台、医院分布在天津各地，而直隶总督府正是北洋水师"天津总司令部"，旅顺军港与威海卫刘公岛的提督衙门皆听命于直隶总督府。北洋水师三大基地各机构的相互关系就十分清楚了。

为了便于指挥，直隶总督府与天津机器局东局之间于 1877 年架设电报线，后来延伸至大沽、北塘、山海关等地，到 1885 年，沿海、沿江各省已全部架

设电报线。电报线的设立为李鸿章在直隶总督府直接管辖北洋水师各机构和威海卫、旅顺提供了可能。威海卫刘公岛、旅顺军港上均设有电报局，中日"甲午战争"爆发时李鸿章也是以天津为基地，以电报方式联系威海卫刘公岛和旅顺。

## 四、北洋水师大沽船坞的建筑

### （一）大沽船坞时期的建设（1880—1906 年）

大沽船坞于 1880 年奏请兴办，1906 年作为北洋劝业铁工厂大沽分厂，"大沽铁工分厂图"为目前所知关于大沽船坞最早的历史图。图中详细绘制了 1907 年前后的建筑组成、河岸轮廓、厂区范围等，并绘有比例尺、图例、指北针。

大沽船坞属于机器加工业，其功能组成与铁工分厂所需的功能基本一致，因此保持大沽船坞的格局，保存完好的建筑及内部设备，为铁工分厂的建设提供了资源。该图反映的厂房功能应该与大沽船坞的建设情况一致。

《海军实记》描绘了当时大沽船坞的状况：

> 坞口向北临河，坞之东，有煤厂、物料库；坞之西，有起重架；坞之后，建汽机房、抽水机房、锅炉房；轮机厂居中。熟铁厂在其左；监工房，一号炮厂在其右。再后，则中设模样厂、查工室、铸铁厂、枪炮检查室。厂前设熔铁炉、铜厂，又有铁路通于起重架，以供料件之运输；其左侧绘图楼，楼后工务处员司住室及所长办公室。后为四号枪炮厂；其右侧三号枪炮厂、二号枪炮厂、铆工厂、电机房、锅炉、烟筒设备。再西靠海神庙，其前左为司员住室、稍出为客厅、各员办公室。迤北至于海滨活码头而止。按坞在海神庙东北，面积长三百二十尺，宽九十二尺，深二十尺。其海神庙西北尚有西坞一所。迤西乙丙丁三坞。乙坞面积长三百五十尺，宽八十尺，深十七尺。丙坞面积长三百尺，宽八十三尺，深十六尺。丁坞面积长三百尺，宽八十三尺，深十四尺。以外尚有土坞数所，以备舰艇避冬之用。[①]

① 池仲佑辑．海军实记[M]．中国国家图书馆古籍善本影印本，1930年．

《北洋水师大沽船坞历史沿革》中记载：

> 大沽造船所，原以北洋船坞建设，提议与光绪六年（庚辰正月），北洋大臣、直隶总督李鸿章奏准。以天津制造局东设立水师学堂，是年，（庚辰二月）购用民地一百二十亩，建筑各厂、各坞，为便利北洋水师各轮修理之用。三月，聘用英员葛兰德为船舶总管，安的森为轮机总管，斯德浪为收支委员。四月，委罗丰禄为大沽船坞总办。五月，甲坞兴工建筑，由天津四合顺包揽工程，创盖轮机厂房、马力房、抽水房。由外洋购到床机二十余台，马力机，水机、卧形锅炉各一具。次盖大木厂及码头、起重机、

绘图楼并各办公房，相继兴工，经年告成。模样厂原设于库房楼上。铸铁厂设于楼下。熔炉吹风，皆为人力。库料处原设于铸铁厂，后更迁焉。熟铁厂因筑工未竣，原址搭盖厂棚一处，熔炉七八只，熟铜厂设于绘图楼下。锅炉厂因工未竣，搭棚与木厂东檐，是时已开工制造矣。全厂工人六百余名，工匠三百余名，均皆广东、宁波、福建等籍，本地临时者居半。月支经费五千两，由天津支应局支领。十一月竣工。①

将上述两文献与 1907 年大沽铁工分厂图中各厂房名称比较，可以看出王毓礼的《北洋水师大沽船坞历史沿革》较多反映的是工厂的建造顺序，而池仲佑的《海军实记》（1931 年成书）中的各厂房名称与 1907 年大沽铁工分厂图中的名称完全吻合。也就是说，该图虽为大沽铁工分厂，但完全保留了大沽船坞的建筑诸功能，也可以看出池仲佑的《海军实记》较多反映的是北洋水师大沽船坞规模成熟时各厂房分布情况。将《海军实记》中各厂房名称绘制于 1907 年大沽铁工分厂图（图 3-12）中，有利于读者更好地了解大沽船坞当时的状况，并将王毓礼的《北洋水师大沽船坞历史沿革》中所述的诸厂房建造顺序反映在图纸中（图 3-13），建造顺序依次为深灰色区域、灰色区域，浅灰色区域代表当时未建成的厂房，留空的厂房文中未提建造顺序，而黑色区域代表炮厂，根据历史记载应该是最后完成的。

建设的先后反映出大沽船坞各组成部分的重要与急需程度，最先建成的甲坞、轮机厂房、马力房、抽水房无疑为修船造船最重要的功能，这几个部分建成后便可修船造船。锅炉厂、熟铁厂与物料库重要性次之；大木厂、办公楼为辅助性用房；炮厂是衍生的功能。

①《北洋水师大沽船坞历史沿革》系原大沽造船所公务科员王毓礼之稿本，约写于 1931 年。1947 年，经天津社会科学院和社会部新河船厂共同整理，发表于 1980 年第 9 期《天津历史资料》。该稿本内容起 1880 年，讫 1931 年。摘自张侠等编著. 清末海军史料 [M]. 北京：海洋出版社，1982：156.

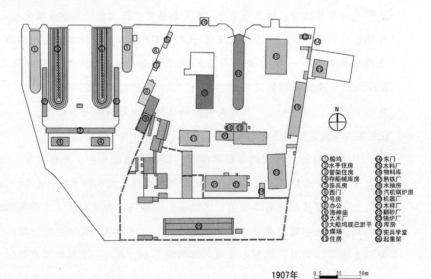

图 3-12　文献中描述的厂房名称
图片来源：作者改绘于图 3-10

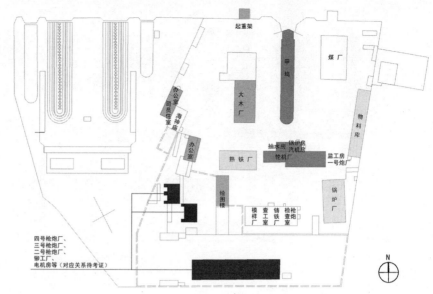

图 3-13　文献中描述的厂房建造顺序
图片来源：作者改绘于图 3-10

### （二）大沽铁工分厂时期的功能构成（1906—1913 年）

《北洋水师大沽船坞历史沿革》一文中记载："……三十年（甲辰），委周学熙为北洋劝业铁工厂总办，兼大沽船坞更名铁工分厂总办，驻津办事。"文中光绪三十年，即 1904 年。

1907 年，正值袁世凯委任周学熙在大沽创建北洋劝业铁工厂大沽分厂后的一年，因此图纸名称为"大沽铁工分厂图"。按图纸所示比例缩放，叠加于现状图上，海神庙、轮机车间、船坞等皆差距较大，说明本图并非为十分精确的测绘图。

"二十七年（辛丑），俄炮舰战役损坏各件颇多，来坞加工兴修。各厂机件经俄兵拆卸者颇多，各坞坍塌淤塞者亦不堪入目。

"二十八年（壬寅）……遂奉直隶总督袁世凯饬绘详图，将各坞、各厂损坏坍塌情形呈报在案，勘估兴工修理。……

"三十三年（丁未）二月，……海军因各舰战役失利，多归南洋避险，坞门、坞底淤塞旨平；……乙、丙两坞，'飞鹰''飞霆'两驱逐舰，因战时工程未竣，机件多被俄人拆卸失去，不能行驶。……四月，甲坞、'飞霆'不堪应用。"[①]

由上述文献可见，从 1901 年俄兵占领大沽船坞至 1907 年，甲、乙、丙三坞都处于淤塞时期，无法生产，直至"宣统元年（己酉）七月，'飞霆'、甲坞工竣，呈请验收"。[②] 与 1907 年大沽铁工分厂图中所示"大船坞现已淤平"吻合。这张

① 张侠等．清末海军史料 [M]．北京：海洋出版社，1982：156．

② 同上．

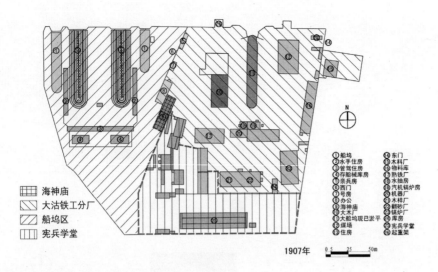

图例部分：
海神庙
大沽铁工分厂
船坞区
宪兵学堂

图例（右侧）：
①船坞　　　　⑭东门
②水手住房　　⑮木料厂库
③管驾住房　　⑯熟铁厂
④存船械库房　⑰水抽房
⑤亲兵房　　　⑱汽机锅炉房
⑥西门　　　　⑲机器厂
⑦号房　　　　⑳木样厂
⑧办公　　　　㉑翻砂厂
⑨海神庙　　　㉒锅炉厂
⑩大木厂　　　㉓库房
⑪大船坞现已淤平　㉔宪兵学堂
⑫煤场　　　　㉕起重架
⑬住房

1907年　　0 5  25   50m

图 3-14　大沽铁工分厂功能分区图
图片来源：作者改绘于图 3-11

图在当时更重要的意义是反映当时的建筑状况，以便于大沽铁工分厂使用。

图中的其他文字说明也证实了上述的结论，"从前船坞炮厂宪兵学堂借用""从前船坞办公房宪兵学堂借用"表明除船坞外，其他厂房并没有全部为大沽铁工分厂所用。因此，1907 年前后的大沽船坞被划分为四个主要部分：北洋劝业铁工分厂、废弃船坞、海神庙和宪兵学堂。由此可以推测此图应是大沽铁工分厂厂区用地范围图或厂房再利用分区图（图 3-14）。

图 3-14 中右上角斜线区域推测为大沽铁工分厂的用地范围，这个区域在大沽铁工分厂图（图 3-10）中有东门、西门，南部与宪兵学堂交界部分有虚线分隔，图例中为"界线"。该范围内建筑之上标明其功能，如熟铁厂、机器厂、煤厂等，这些名称应为更名"大沽铁分厂"之前大沽船坞各建筑名称，后文重要建筑考证部分会对其详细介绍。图 3-14 右下角竖线区域为宪兵学堂占用区域。1907 年 1 月 27 日，袁世凯在给清廷《试办宪兵学堂将次毕业请饬部立案折》中叙述"臣近鉴南洋兵巡冲突之弊，远酌欧瀛军事警察之规，谨于上年五月间就大沽水师营房，酌量修葺，开办宪兵学堂"。大沽铁工分厂图中"宪兵学堂借用"表明了宪兵学堂设立的时间、地点与文献吻合，应是袁世凯在大沽创办的宪兵学堂的组成部分。

从以上资料也可以看出，从 1903 年袁世凯对大沽船坞进行测绘到 1906年在此设立宪兵学堂及大沽铁分厂，再到 1913 年大沽船坞归属北洋政府海军部更名为"海军部大沽造船所"（图 3-15），大沽船坞一直归袁世凯管辖，作为其重要军事基地。

图 3-15　海军部大沽造船所
图片来源：《近代天津图志》

（三）日军占领时期（1937—1945 年）

日军占领时期于 1941 年绘有"大沽造船所平面图"，为我们了解这一时期大沽船坞的状况提供了可能。图中详细绘制了建筑组成、建筑面积、河岸轮廓、码头及船台、厂区范围等并绘有图例、比例尺、指北针、总面积，图中文字皆为日文。按图中所示比例缩放，按指北针调整方向，叠加于现状图上，轮机车间和海神庙部分与现状图的形状、大小完全吻合。甲坞由于改造为混凝土船坞，作为定位证据略有不足，但大沽造船所平面图中甲坞与现状轴线基本吻合，且图中各建筑物均标有面积，因此可以证明"大沽造船所平面图"为较为精确的测绘图。

图中厂区轮廓基本完整，西南侧尚可见河渠、桥梁。五座船坞由东向西依次命名为一、二、三、四、五号船坞。从图中建筑标注的名称可以看出 1941 年前后甲坞周围厂房依然作为修船造船的厂房，如铁船工场、镏锻工场、电气工场、木工场等。海神庙于 1922 年被毁，但图中山门部分仍然完整，轮廓清晰，与现状考古发掘图完全吻合，应是大火后保留较好的部分。海神庙西北原用于办公的房间，日军占领期间称为"本馆"，仍为办公之意，在日语中是重要建筑的含义。厂区西侧建筑作为"日本守备队"。此外，尚有数间房屋未标明用途。整个图纸以本馆为中心，主要功能划分为船坞区、工厂区、守备队（图 3-16）。与日本在大沽成立天津船舶运输会社功能相吻合。日本守备队是否为"军事劳工监狱"有待进一步考证。图中右下角标明图例，国旗揭扬柱、系船柱、电柱、船渠、桥梁、建筑物等一应俱全。国旗揭扬柱置于首位，可见其重要性。此外，系船柱的位置都绘制得十分翔实。

（四）历史图对比

对两张历史图纸（图 3-17）进行比较可以得出 1907—1941 年间大沽船坞厂房、构筑物、码头等的变迁。1907 年图纸中的灰色部分为 1941 年图纸中不存在的建、

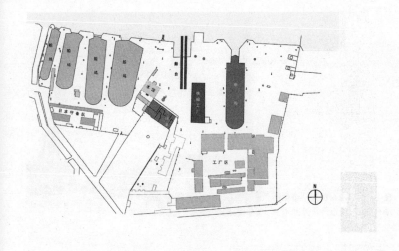

图 3-16　大沽造船所功能分区
图片来源：作者改绘于图 3-10

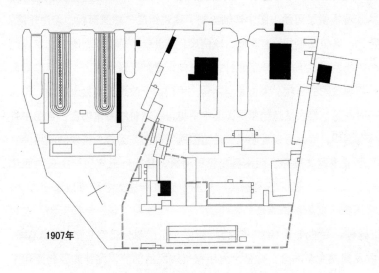

1907年

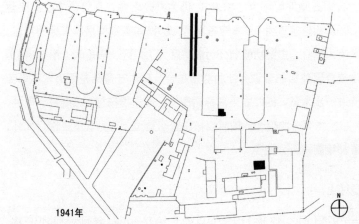

1941年

图 3-17　大沽船坞历史图比较
图片来源：作者改绘于图 3-10、图 3-11

构筑物，1941 年图纸中灰色部分为 1907—1941 年间增加的建、构筑物。

此外，还可以看出，1907 年图纸中反映的四部分格局在 1941 年图纸中已经不存在，在 1907 年图纸上分析出的原大沽铁工分厂的范围界线已经消失，特别是"西门"部分，没有了严格的界线。

### （五）大沽船坞的船坞数量

由于大沽船坞内众多坞名称记载的混乱，为确定船坞数量增加了难度，如历史文献中的"西坞"始终无法落实到图纸中。既往研究一般认为北洋水师大沽船坞建造了六座木船坞和两座泥坞，六座木船坞是指陆续建成的从甲至戊五座坞加上西坞。而在两张历史图中大沽船坞厂区范围内都绘制有五座船坞，天津市文化遗产保护中心考古探测到两座泥坞，叠加到现有地形图，两座泥坞在防潮堤以东，原大沽船坞厂区边界以西，与历史记载的两座蚊炮船坞吻合，根据历史图与探测结果，共有七座船坞。具体船坞数量以及与船坞名称的对应关系尚待考证。

## 五、大沽船坞重要建筑考证

### （一）祭祀建筑——大沽口海神庙

海神庙始建于 1695 年，康熙视察大沽，敕造此庙，经两年建成，并御题"敕建大沽口海神庙"匾。1807 年，李如枚在筹款兴修海神庙的奏折中写道："海神庙内有御碑亭三座，山门殿宇到底六层，连东西配殿、庙外戏楼共八十余间"，可见其规模。据 2007 年考古发掘得知，海神庙山门宽 12m，与 1941 大沽造船所平面图完全吻合，结合 1941 大沽造船所平面图可以得出海神庙山门连同西配殿通面阔为 40.7m。

从《津门保甲图说——东大沽图》（图 3-18）可以看出，海神庙由两组轴线组成：由幡杆、山门、碑亭和观音阁组成的主轴线建筑部分和西配殿建筑群。幡杆、山门、碑亭均与考古发掘吻合，可知李如枚奏折中"东西配殿"的说法可能为书面语，与实情不符。此外，中国古代祭祀建筑一般有相应的规制：建有神龛、戏楼或戏台、看楼、雨亭与香炉等。[①] 海神庙作为皇家祭祀海神的场所，自然有相应的配套设施，李如枚奏折中"庙外戏楼共八十余间"也证明了这一点。

1793 年，英国特使马戛尔尼（Macartney）率"狮子"从英国来到大沽口，迎接仪式在大沽口海神庙。"海神庙者，总督之行辕，且用以接待吾辈者也……抵庙门，总督亲出欢迎礼貌极隆：旋导余至一广厅，坐甫宇，有其属员及侍从多人，至厅由恭立站班，亦有分列两行，做'八'字式，站于堂下者。中国俗尚，

① 林然.福建民间信仰建筑及其古戏台研究 [D].华侨大学，2007：48.

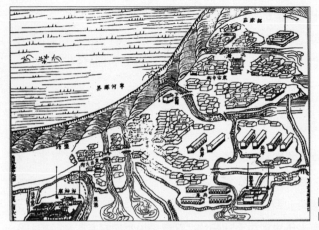

图 3-18  津门保甲图说
图片来源：《天津通志》

客至必进茶，吾辈进茶后，总督又导余至一陈设精美之室中小坐。自一厅全此室，中间经一天井，四面均有房屋围之。此天井四周之墙壁。有五彩画图极可娱目，余初意此壁必为木制，木外复加以油漆，绘成人物宫室之形，乃逼近观之。全体均属瓷瓦。其花纹乃自窑中烧出；则东方之瓷业。洵白足为吾辈艳羡者在也……"[1] 文中描绘的广厅、天井，极有可能是位于西配殿轴线上的建筑，用来作为总督的行辕和接待外国使节。

1922 年，海神庙观音阁失火，大庙化为灰烬，成为遗址。

### （二）构筑物——船坞

两份历史文献中记录了五座船坞的建造年代，其数量在前文有所介绍，名称与实物的对应关系、建造技术等有待考古发掘和进一步考证。

### （三）生产建筑

#### （1）轮机车间

今天称为"轮机车间"的建筑在大沽铁工分厂图中称"大木厂"，且图北侧有院落，是否为储存货物之用尚有待考证。大沽造船所平面图中称"铁船工厂"。称为"轮机车间"应是 1949 年后的事情。李鸿章建立北洋水师大沽船坞时另设有"轮机车间"，图中标有当时的轮机车间位置。

现为轮机车间的建筑始建于 1880 年 5 月，砖木结构，中柱一列，测绘数据为开间 19.77m，进深 14 间 55.26m。

#### （2）炮厂

大沽铁工分厂图中标明了炮厂的位置，具体对位尚有待考证。据历史记载，大沽船坞于 1890 年开始生产枪、炮等军火，逐步成为北洋水师供应军火的后方基地。

① 马戛尔尼 . 1793 乾隆英使觐见记 [M]. 天津：天津人民出版社，2006：15.

1905 年引进日本宪兵制度，袁世凯在天津大沽口利用原老炮队的旧营房创设宪兵学堂，大沽船坞的炮厂就改为宪兵学堂。应该是我国出现最早的一支成建制的宪兵队，日本籍顾问川岛速浪是总教习。

（3）办公建筑——办公楼（玻璃厅）

绘于道光年间的《津门保甲图说——东大沽图》中，海神庙西配殿的西北方并无任何建筑，而 1907 年大沽铁工分厂图及 1943 年大沽造船所平面图中，海神庙西配殿西北方向都有较大体量建筑，与《海军实记》中描述："再西靠海神庙，其前左为司员住室、稍出为客厅、各员办公室"吻合，说明该建筑建造于北洋水师大沽船坞建坞之后，为司员居住、办公之用。民国海军部大沽造船所的照片（图 3-15）中牌坊后面的大体量建筑就是该楼。日军占领期间称为"本馆"。据现天津船厂王可有厂长回忆：该建筑二层，南侧是居住空间，北侧一层为客厅，二层为办公室，内部装修有西洋特征，当时被称为"玻璃厅"。根据 1943 年大沽造船所平面图可知，办公楼开间 20.3m，进深 29.7m。

## 六、大沽船坞的军事成果

1881 年起，大沽船坞开始修船造船，20 余年共建造大小舰船 38 艘，1891 年又开始制造军火。具体军事成果见表 3-4。

大沽船坞军事成果                                     表 3-4

| 修船 | 造船 | 军火 | 其他 |
|---|---|---|---|
| 1881 年：<br>镇海、操江<br>镇中、镇边<br>康济、静海 | 1883 年：<br>飞凫<br>飞艇 | 1891 年：<br>德国一磅后膛炮<br>大沽造手枪 | 兵营雷电炮械与照明等工程 |
| 1885 年：<br>镇东（避冻）<br>镇西（避冻）<br>镇南（避冻）<br>镇北（避冻） | 1886 年：<br><br>遇顺<br>利顺<br><br>1889 年：<br>飞龙 | 1917 年：<br>德国新式马克沁重机枪<br><br>1927 年：<br>意式捷克轻机枪（捷克<br>ZB26 式轻机枪） | 1897 年：<br>水雷<br>铁架 |
| 1895 年：<br>飞霆、飞鹰<br><br>1898 年：<br>海龙、海犀<br>海青、海华<br><br>1900 年：<br>飞凫、飞艇 | 快顺<br><br>1890 年：<br>宝筏<br>捷顺 | | |
| | 将一艘英国造夹板船改造为"敏捷"号练船 | | |

资料来源：修船造船各舰名称参考王毓礼《北洋水师大沽船坞历史沿革》一文，军火各产品名称参考《中国近代兵器工业——清末至民国的兵器工业》一书

# 七、非物质遗产——生产工艺流程

大沽船坞的厂房格局及名称为我们研究清末船舰制造、修理的生产工序提供了可能。

在船舰加工过程中，舰体内部需要大量的木材作为构架，这些是由木工厂加工。而船身铁甲及零件都为金属制品，诸厂中的熟铁厂、熔铁炉、铜厂、铸铁厂、模样厂都是金属加工的车间。当时金属加工需要先做木模，模样厂根据绘图楼设计出的图纸做出模样，这些模样有用来在钢板上比照着下料的木板，如铁甲的制作，有用于翻砂制作的木模，如零配件的制作。按模样生产的金属板材再送入铆工厂加工。而零配件的制作则相对复杂，需要将熔化的金属浇入铸好的砂型空腔中，冷却凝固后获得船舰制造的零配件。砂型的原料以砂子为主，为了在砂型内塑成与铸件形状相符的空腔，必须按设计在模样厂生产木模。有了木模，就可以翻制空腔砂型，这是翻砂厂的工作。砂型制成后，浇筑铁水。冷却后的铸件还要经过除砂、修复、打磨等过程，方能合格。熟铁厂、熔铁炉、铜厂则为零件生产提供铁水等。

轮机是船舶动力机械的通称，由主机即蒸汽机、副机、锅炉组成。锅炉主要是用来产生蒸汽，推动机器，并将蒸汽产生的热能转变为各种动力。轮机可以说是船舰的心脏。我国自主制造的第一台船用蒸汽机是1871年在马尾船政轮机厂生产的。《海军实记》中提及的大沽船坞的轮机房、汽机房、抽水机房、锅炉房等诸厂房就是生产船舰主要动力设备的。

生产好的金属板材、零件、汽轮机、锅炉、抽水机等设备一并运至船坞，在船坞中完成组装，这便是造船的生产工艺，并无流水线，是组装而成的。

海光寺机器局中枪炮的生产运用同样工序，熔铜炉、熟铁厂、轧铜厂、翻砂厂主要加工枪炮的金属零配件部分，木工厂辅以木料加工，最后组装成成品。由此可见，机器局诸厂功能与造船工艺接近。

现在天津船厂的车间构成及内部设备的放置顺序，经过船厂老师傅介绍[1]，生产车间主要分为两类：机加工车间和铆加工车间，各种设备都是按类型、型号大小放置。机加工车间有机床，先将金属原材料加工成装配零件，再运到铆加工车间由钳工装配成组合船舶的构件。机加工车间内没有固定的生产流程，每个机床均独立工作，机床的摆放方式是将同种类型和同一型号的机床摆放在一起，以便于操作。屋架上架设天轴，早期用蒸汽机，现在为电动机带动，再由皮带传动给机床。设备机床按类型分为两大类：普通皮带床和异形床。普通皮带床根据其尺寸大小又分为大、中、小三种型号。普通皮带床的功能是将金属原材料加工成圆形，异形床再对其进行进一步加工。

[1] 在天津船厂王可有厂长和刘主任的帮助下，船厂老职工详细介绍了目前的造船工艺，并指出清末大沽船坞的造船工艺与现在大致相同。

## 第四节　电报与铁路

电报与铁路的修筑不仅体现了近代军工产业创办的艰辛，更代表了中国近代思想史上一个重要的历史时期，反映了清廷对电报与铁路这类军工产业从反对到主动兴办的过程，也是天津近代工业自主性的一种方式。

### 一、清末保守派对修筑电报与铁路的反对

电报与铁路、蒸汽机车在清末都被视为"奇技淫巧"，自其在清廷提出就受到强烈的反对，可以说都是在曲折的道路中成长起来的。

首先，保守派将电报与"忠""孝"联系在一起，架设电线则"不忠不孝"。工科给事中陈彝在奏折中认为电线可以"用于外洋，不可用于中国"：

> 铜线之害不可枚举，臣仅就其最大者言之。夫华洋风俗不同，天为之也。洋人知有天主、耶稣，不知有祖先，故凡人其教者，必先自毁其家木主。中国视死如生，千万年未之有改，而体魄所藏为尤重。电线之设，深入地底，横冲直贯，四通八达，地脉既绝，风侵水灌，势所必至，为子孙者心何以安？传曰："求忠臣必于孝子之门"。藉使中国之民肯不顾祖宗丘墓，听其设立铜线，尚安望尊君亲上乎？[1]

其次，洋务派最初对电报的意义也认识不足，对架设电报线的建议屡屡以无用而拒绝，奕䜣、曾国藩、崇厚、左宗棠、刘坤一等都曾表示坚决反对，认为是劳民伤财的无益之举。[2]

对于修筑铁路一事，保守派更将其与"卖国"联系在一起。1881年，王家璧指责刘铭传、李鸿章倡议兴办铁路"似为外国谋而非为朝廷谋也……人臣从政，一旦欲变历代帝王及本朝列圣体国经野之法制，岂可轻易纵诞若此"。周德润、刘坤一、刘锡鸿、李福泰、崇厚、曾国藩、张家骧都上奏折反对修路。其中刘锡鸿的《罢议铁路折》《仿造西洋火车无利多害折》以自己在国外多年的生活阅历证明"火车实西洋利器，而断非中国所能仿行也"：

> 盖由火车洋匠之觅生理者立说相煽；而洋匠之怀叵测心而布散之，华人之好奇喜新，不读诗书，而读新闻纸者附和之。洋楼之走卒、沿海之黠商、捐官谋利者，见此可图长差，以攮莫大之财也，遂鼓其簧舌，投上司所好，而怂恿之，辗转相惑，以致上闻也。[3]

刘锡鸿更为详细地论述了修路的危害，"臣窃计势之不可行者八，无利者八，有害者九"，有害者九中较为重要的有以下几点："一、修铁路有利于外敌入侵；二、修路扰民；三、商民丧失生计；四、毁坏地脉、破坏风水；五、劳民伤财。"

① 雷颐.李鸿章与晚清四十年 [M].太原：山西人民出版社，2008：227.

② 同上.

③ 军机处·洋务运动档.第一历史档案馆.

清廷做出最后决定："铁路火车为外洋所盛行，若以创办，无论利少害多，且需费至数千万，安得有此巨款？若借用洋款，流弊尤多。叠据廷臣陈奏，佥以铁路断不宜开，不为无见。刘铭传所奏，著无庸议。"

由此可见，电报与铁路的兴办是在曲折的道路中诞生的。见证了传统思想向接受先进文明的开放思想的转变。

## 二、电报与铁路的修筑历程

虽然保守派对兴办洋务持有强烈的反对意见，但是这些近代设施在军事方面表现出来的优势，让紧张局势下的海防建设不得不接受。清廷的态度也逐渐从反对到接受，最后主动兴办。

### （一）电报线的修筑

1877年，直隶总督府与天津机器局（东局）之间架设电报线（图3-19），由于试办，该线仅长16里。1879年，李鸿章感到传统邮驿传递不能满足大沽、北塘炮台等海防急需的信息传递，便在大沽、北塘的海口炮台设电报线，连接到天津总督衙门。最初是动用淮军饷银等款垫办，由丹麦大北电报公司承包架设。获得成功后，李鸿章于1880年始筑南北洋电报。

1880年，李鸿章在天津设电报学堂，聘请丹麦工程师任教。1881年津沪线开通后，在天津设立电报总局，在紫竹林、大沽口、济宁、清江、镇江、苏州、上海设7所电报局。1882年，津沪线改为官督商办，由盛宣怀负责总办。

大沽口、北塘至山海关，营口至旅顺一直是北洋沿海扼要之区，袁保龄早在1883年即禀报李鸿章请设电报：

> 旅顺扼渤海咽喉，西接津沽，北固辽沈，为北洋第一重紧要门户……陆路距津二千余里，即轮舟开驶亦必须二十三四点钟乃能至大沽。现值海防吃紧之际，军情敌势瞬息万变，设有缓急，无由禀承钧命。……由津过山海关、营口一路直达旅顺，速为设立电报，以通消息。[1]

① 袁保龄.《阁学公集》公牍卷二.项城袁氏1911年刊本.

图3-19　天津架设电报线
图片来源：明治三十三年清国事变海军战史抄，日本外交史料馆藏

1884 年中法战争引起朝廷惊慌，遂批准赶办山海关、营口至旅顺口沿海陆路电线以通军报。此线由天津府城官电总局经管，架设至紫竹林、山海关、奉天、营口、旅顺等处设分局。翌年该线展延至奉天（沈阳），成为东北电信史上第一条电报线。因当时的藩属国朝鲜经常有事，清廷需派员调解或派兵镇压，1885年又架了东北地区最早的国际电报线以便联络，从旅顺通至朝鲜汉城。

天津最为京师门户，责无旁贷地承担起电报联络枢纽的职责，成为清末电报枢纽城市。

## （二）津唐铁路的修筑

开平煤矿于 1879 年开始凿建煤井，1880 年 10 月，唐廷枢禀报李鸿章要预筹运道为明春出煤解决运输问题。胥各庄至芦台已开挖了一条长 70 里的运河以供运煤，后称"煤河"。而唐山至胥各庄间长约 20 里路段，不便开挖运河，于是便修筑铁路，即"唐胥铁路"。唐胥铁路从策划到修建，是唐廷枢和李鸿章两人决策的，直至 1881 年铁路建成后，李鸿章才正式奏明唐胥铁路的建设。在奏折中，李鸿章将唐胥铁路说成"马路"，即"马车铁道"，对此普遍认为唐胥铁路出现用马拖车的现象是李鸿章面对朝廷保守势力的无奈之举。[①]也有学者认为该举措是模仿基隆煤矿小铁路，而当时开平矿务局的物质条件难以立即使用蒸汽机车，直到后来英籍工程师金达利用废旧锅炉自制了一台机车，马车铁路才变为火车铁路。[②]

当时开平矿务局总工程师为薄内（R.R.Burnett，？—1883），负责唐胥铁路的主任技师英籍工程师金达（Claude William Kinder，1852—1936），为修筑唐胥铁路、确立标准轨距、设计中国自制的首台机车作出了极大贡献，获清政府信赖。当时确定轨距，为了省钱有人主张采用 2 英尺 5 英寸轨，有人主张采用日本式的 3 英尺 6 英寸轨，唐廷枢接受了窄轨的建议。金达凭借自己丰富的经验[③]，坚持英国轨距：

> "……金达了解到这个问题必须力争的重要性。他认为这条矿山铁路的轨距必须放宽，这条矿山铁路一定要成为他日巨大的铁路系统中的一段，而且他也认识到当时是一个紧要关头，决定的轨距和将来铁路的发展有极重要的关系。……因而他决定在他能力所能阻正的情况之下，决计不让中国人蒙受节省观念的祸害，所以力劝采取英国标准（4 英尺 8 英寸半。按：合 1.435m）。经过一番顽强的斗争，他的意见通过了"。[④]

民国交通部编撰的《交通史·路政编 6》一书还记录了金达改造机车的情形：

① 雷颐《李鸿章与晚清四十年》与高鸿志《李鸿章与甲午战争前中国的近代化建设》中都持该观点。
② 潘向明．唐胥铁路史实考辨 [J]．江海学刊，2009（4）：185．
③ 英国杂志《工程》（Engineering）评价金达："金达非但是一个爱好铁路工程的人，而且在他来到中国之前，在英国、俄国、日本已有了建筑铁路的经验，所以他是具备从各方面得来的丰富经验而投入此次工作的。大家承认铁路建设得很好了，由于一些著名的工程师在此监护着铁路的利益，因而，对英国的债券持有人来说，不会再有别的想法了。正如我们多少地方所指出，金达不仅筑了铁路，他还制造了比买来的便宜得多的机车和车辆，而且质量可与欧洲最好的出品媲美……"转引自徐苏斌．中国自主型铁路的先驱——关内外铁路外国技师的研究 [C]//刘伯英．中国工业建筑遗产调查与研究．北京：清华大学出版社，2009：182．
④ 肯德著．中国铁路发展史 [M]．李抱宏，等译．北京：三联书店，1958：29．

"八年，金达氏乃利用开矿机器之废旧锅炉，改造一小机车，其力能引百余吨，驶行于唐胥间，是为我国驶行机车铁路之始。此机车由薄内氏之妻以英国第一机车之名名之，曰中国之洛克提（Rocket of China）。"[①]

① 民国交通铁道部，交通史编纂委员会：交通史5·路政编6，第1册[M].1930：11–12.

可见该机车最初被开平矿务局总工程师薄内的夫人命名为"中国火箭号"，以纪念乔治·斯蒂文森诞生100周年以及他那举世闻名的"火箭号"。开平矿务局的中国员工在机车两侧各镶嵌一条龙，把它叫作"龙号"机车。"龙号机车"是中国自主建造的第一台蒸汽机车，从此结束了用马拖车的局面。

建造唐胥铁路的过程中，遇到了保守派提出的"有碍民间车马及往来行人，恐至拥挤磕碰，徒滋骚扰"。[②]李鸿章提出了两种解决方案：一为"旱桥"；一为"设立栅门"。前者就是今天的立体交通，后者在通车时闭栅，阻止行人，待火车通过后开启的方法，今天仍十分常见。唐山老双桥里的西桥，是建于1881年的"旱桥"，桥上有1881字样，是中国最早的铁路立交桥，在兴建唐胥铁路时建造。

② 军机处·洋务运动档.第一历史档案馆.

可见唐胥铁路的修建开创了多个中国第一，其意义之重大不言而喻。美国驻天津领事苏克（J·C·Zuck）预言：这条铁路"在不远的将来，会成为中国建设一个庞大铁路系统的核心"。[③]

③ 美国外交关系文件1883年第200页，转引自高鸿志.李鸿章与甲午战争前中国的近代化建设[M].合肥：安徽大学出版社，2008：76.

1885年，中法战争后，清廷逐步认识到铁路对调兵运饷的重要性。醇亲王、左宗棠等转而支持修筑铁路。在醇亲王的协助下，兴办铁路最终划归海军衙门办理。1886年，李鸿章设立开平铁路公司，1887年，开平铁路公司改为中国铁路公司，唐胥铁路从胥各庄修至芦台附近的阎庄。海军衙门《请修津沽铁路折》中有：

臣会纪泽出使八年，亲见西洋各国轮车铁路，于调兵运饷、利商便民诸大端，为益甚多；而于边疆之防务，小民之生计，实无危险窒碍之虞。

……大沽口距山海关五百余里，夏秋梅滨水阻泥淖，炮车日行不过二三十里，且有旱道不通之处；猝然有警，深虞缓不济急。且南北防营大远，势难随机援应，不得不择要害，各宿重兵，先据所必争之地，以张国家阃外之威。然近畿海岸，自大沽北塘迤北，五百余里之间，防营大少，究嫌空虚。如有铁路相通，遇警则朝发夕至，屯一路之兵，能抵数路之用，而养兵之费，亦因之节省。今开平矿务局于光绪七年（1881年），创造铁路二十里，复因兵船运煤不便，复接造铁路六十里，南抵蓟河边阎庄为止。此饰北塘至山海关中段之路，运兵必经之地。若将此铁路南接至大沽北岸，北接至山海关，则提督周盛波所部盛军万人，在此数十里间驰骋援应，不啻数万人之用。若虑工程浩大，集赀不易，请将

① 军机处·洋务运动档·第一历史档案馆.

② 美国外交关系文件1888年第205页，转引自高鸿志．李鸿章与甲午战争前中国的近代化建设 [M]. 合肥：安徽大学出版社，2008：79.

阎庄至大沽北岸八十余里铁路先行接造，再将由大沽至天津百余里之铁路逐渐兴办。若能集款百余万两，自可分起合成。津沽铁路办妥，再将开平迤北至山海关之路，接续筹办……且北洋兵船用煤，全恃开平矿产，尤为水师命脉所系。开平铁路若接至大沽北岸，则出矿之煤，半日可上兵船……①

1888 年，唐胥铁路终于延伸到天津老龙头，途经北塘、大沽等海防重要地段，这段铁路称为津唐铁路或津沽铁路。

从唐胥铁路到津沽铁路是中国自主修筑的，修筑至芦台时就曾有德国考察团愿提供铁路贷款，被李鸿章谢绝。延展至津沽铁路修筑，又有美国旗昌洋行的代表史密斯和工程师威尔逊向李鸿章建议由美国提供贷款修筑此路，旗昌洋行派人担任公司经理，威尔逊为工程师②，遭到李鸿章拒绝。最终，李鸿章任命伍廷芳为总办，沈保靖与周馥为中国铁路公司督办，金达为工程师，最终完成了津沽铁路。津唐铁路完成后，出于海防的需要，清政府将该铁路延伸至山海关、锦州、营口并最终到达旅顺。

## 三、电报与铁路的建、构筑物

### （一）电报的建、构筑物构成

电报的兴办需要电报局和架设电报线，电报线可分为"旱线""水线"两种。清末全国共设 7 所电报局，仅天津就有两处：天津电报总局、大沽口电报局，可见天津军事地位的重要性。

天津电报总局旧楼于 20 世纪 20 年代遭到破坏，1924 年重新修建天津电话总局，后设东、西、南三个电话分局。

在陆地修筑的电报线为"旱线"，穿越河流的电报线为"水线"，设立"水线"还要建设"水线"码头。清末架设天津到大沽口电报线时，在塘沽区需要穿越海河，设立了中国最早的"水线"（图 3-20）。

### （二）铁路的建、构筑物构成

铁路的兴办需要铺设铁轨、建筑车站、架设铁路桥、兴办机车及修理厂等，还有铁路公司负责管理。唐胥铁路与津沽铁路作为中国自主修建的第一条标准轨铁路，其遗产构成主要有如下几类：

（1）天津铁路公司

1886 年，清廷批准在津组建开平铁路公司，1891 年李鸿章将铁路作为官办事业经营，开平铁路公司相继更名为天津铁路公司、中国铁路总公司（关

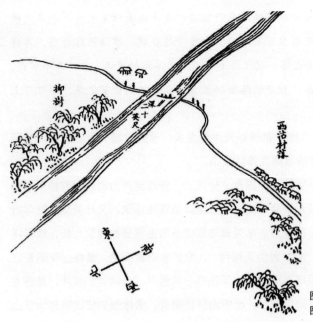

图 3-20　清末地图中的水线
图片来源:《图说滨海》

内外铁路总局），1894 年金达成为新的公司的总工程师。关内外铁路总局在天津法租界白河岸边设置了总部，当时设置了本部、运输课、会计课、庶务课、法科。

（2）火车站

津唐铁路中的重要车站有胥各庄火车站（1882 年）、老唐山火车站（1882 年）、唐山南站（1907 年）、塘沽南站（1888 年）、老龙头火车站（1888 年）。

其中老龙头火车站在八国联军侵华（1900 年）时被俄军占领，成为八国联军与天津义和团的主要战场，老龙头火车站毁于战火。胥各庄火车站、老唐山火车站、唐山南站毁于唐山大地震（1976 年）。目前仅塘沽南站保存完好。

（3）机车修理厂与材料厂

我国的第一个铁路工厂原设于胥各庄，称为胥各庄修车厂，1888 年迁至唐山，历经百余年发展成为今天的中国北车集团唐山机车车辆厂。唐山机车车辆厂包括技术本部、车辆部两部分职能，早期建筑毁于唐山大地震，现存建筑都为原址重建。

我国最早为修筑铁路而修建的材料厂是位于塘沽的新河材料厂，建于 1886 年。当时修筑铁路所需的钢轨、大桥钢梁为英美制造，枕木大部分采用日本硬木，石渣采用唐山产的石灰石，都为水运。新河材料厂就是这些材料的堆放地，位于海河旁，由码头、货场、办公房组成。

（4）铁路桥

津唐铁路中最为重要的铁路桥当属汉沽铁桥，该桥历经4次重建，分别是：

最初建于1887年，次年建成，1900年八国联军侵华时毁坏。对于该桥的记录有"汉沽铁桥到1893年为止是全国最大桥，全长720英尺，跨度30英尺的铁（桁）架5跨，60英尺的旋开桥一跨，50英尺的10跨，桥墩中的数个由于工程紧迫用木构造，其他为石头构成。当时中国人认为木头比较经济，但是设计者认为北方比较干燥木材收缩很厉害，还是推荐了钢铁材料"。[1]

可以看出，汉沽铁桥是中国最早的铁桥，也是最大的铁桥，而且使用了旋开桥的形式。

1901—1904年，德国工兵架设临时木桥，是汉沽铁桥的第二次修建。

第三次修建是1904年起重新修建的汉沽铁桥（图3-21），日本技师曲尾辰二郎（1868—？）从1905年7—11月负责监督汉沽铁桥的架设。"千九百四年铁桥架设动工，编者自身担任监督翌年七月竣工，十一月六日开通。"[2]

由曲尾辰二郎监督架设的汉沽铁桥为单轨铁桥，1943年在距离汉沽铁桥90m远又加设了一条单轨曲线钢桥。

1906年、1943年相继建成的两座汉沽铁桥在1976年唐山大地震后桥墩发生倾斜，之后陆续拆除并架设新桥，现存钢桥建成于1981年。

除了水面上修筑的铁路桥外，还有一种"旱桥"，1899年开平矿务局矿内修建的达道桥就是一座"旱桥"，是目前保存完好的最早的达道桥。

图3-21 日本技师监督建设的汉沽铁桥
图片来源：《天津志》

① 铁道时报，第8卷，1905年，第360号，清国关内外铁路（2），第5467页，转引自徐苏斌．中国铁路的先驱——关内外铁路外国技师的研究 [C]// 刘伯英．中国工业建筑遗产调查与研究．北京：清华大学出版社，2009：189．

② 铁道时报，第8卷，1906年，第364号，清国关内外铁路（5）第5532页，转引自徐苏斌．中国铁路的先驱——关内外铁路外国技师的研究 [C]// 刘伯英．中国工业建筑遗产调查与研究．北京：清华大学出版社，2009：189．

# 第一节 "新政"时期的天津工业

八国联军侵华后，天津的军工产业受到极大破坏，天津机器局东、西二局子相继被毁，庚子事变之后重建的北洋机器局选址于山东德州，北洋水师大沽船坞被俄国占领，大沽船坞虽于 1902 年归还清政府，但一直处于瘫痪状态，直至 1906 年转型成为官助商办的机器制造企业，军工产业此时在天津工业地位式微。"新政"时期天津兴办的两座造币厂是继兴办军工产业后天津最重要的近代产业，在近代中国造币业中具有举足轻重的地位。同时，民间产业在政府的协助和鼓励下较前一时期发展迅速，天津的城市定位逐渐开始由军事城市转变为工商业港口城市，直隶工艺总局推广实业教育、劝办企业等措施为这一转型奠定了基础。直隶工艺总局及其所属企事业单位作为实业教育的推广单位，其兴办在全国是率先的，通过主动学习日本的模式达到兴办的效果，具有明显的自主性。

## 一、"新政"时期的天津造币业的创建背景

清末全国范围的造币业存在着诸多问题，首先，货币制度混乱，清政府虽推行银本位，但民间制钱与银并用；其次，地方造币厂不受中央管辖，各造币厂成色参差不齐，有一两重十足成色银元、七钱二分银元等类型；最后，各省银元都铸上省名，难以在全国流通。庚子事变后，一方面，白银大量流失导致物价上涨，洋商和国内奸商铸钱币从中牟取暴利，"地方糜烂、圆法破坏、制钱缺乏"，"满市沙钱，商民交困"的钱荒，也引起了京师、天津等地银钱波动；另一方面，清政府还要筹集《辛丑条约》的巨额赔款。

在天津，直隶总督王文韶曾在天津机器局东局子建立了一座使用机器铸币的近代化造币厂以统一货币，八国联军侵华时被毁。同时，天津作为八国联军

侵华的主战场，各行业遭受了重创，钱庄被洗劫一空，造成"百业摧残，钱业之倒闭者百余家，此为钱业有史以来第一次打击"的局面。①

面对内忧外患的政治局面，清政府决定整饬金融并推行"新政"变革，改革涉及政治、经济、军事、教育和社会生活等领域。天津推行"新政"，始于北洋银元局的兴办。1902年，袁世凯出任直隶总督兼北洋大臣，整顿金融、筹措《辛丑条约》赔款、维系圆法、解决缺乏流通所需的钱币，兴办银元局成为要务之一，袁世凯一到任即札委周学熙总办北洋银元局。周学熙于光绪二十八年（1902年）六月庀工鸠材，择河北大悲院烬余故址，亲自度地，招募工匠。在没有底本的情况下，周学熙息借商款一百一十六万九千四百六十余两。②搜求机器，仅得东局灰烬之余及上海旧存锈蚀残缺之件。精心构思，设法修配，昼夜兼营。自八月度地仅三余月，房屋机器，一律告成。向来开办机厂，无如此之速者。③开工鼓铸，及项城归而新钱出。

兴办北洋银元局的显著成效一方面为袁世凯筹建户部造币厂提供了基础，同时也是周学熙兴办实业的起点。度支部在北洋银元局成功兴办后，于1903年在津设立银钱总厂（后更名为度支部造币总厂），该厂于1905年兴建完成并试铸铜币。

## 二、"新政"时期河北新开区的建设与实业推广

袁世凯为迎合清廷"新政"的意旨，在直隶推行了一系列措施，开辟新市区也是"新政"的内容之一。袁世凯模仿租界的模式规划河北新开区，建车站、马路、桥梁，栽植树木，架设路灯。④直隶总督府、度支部造币总厂、北洋银元局、直隶工艺总局及其下设的考工厂、工艺学堂、实习工厂等，都分布在河北新开区范围内。

周学熙兴办北洋银元局因诧其神速，推为当代奇才。⑤袁世凯后以一切工业建设相委，其中直隶工艺总局是对工商实行保护，旨在"括全省工学界之枢纽，以创兴实业"。1903年3月，周学熙受袁世凯委派赴日本考察工商业，在《东游日记》的跋文中写道：⑥

> 日本维新最注意者，练兵、兴学、制造三事。其练兵事专恃国家之力，固无论已，而学校工场由于民间之自谋者居多，十数年间，顿增十倍，不止其进步之速，为古今中外所见，而现在全国男女，无人不学，其日用所需洋货，几无一非本国所仿造，近且贩运欧美，以争利权。

周学熙认为，日本的"富强"，是由于搞"练兵、教育、制造"三事，中国如要"富强"，也必须从"军事、教育、经济"三个方面振兴效法日本，走

① 《天津之银号》第3页，转引自郝庆元.周学熙传[M].天津：天津人民出版社，1991：29.
② 中华书局编.中国近代货币史资料第1辑（下册）[M].北京：中华书局，1964：904.
③ 周学熙.周止庵先生自述年谱[G]// 周小鹃.周学熙传记汇编.兰州：甘肃文化出版社，1997：21.
④ 据1903年2月23日《北洋官报本省公牍》载，《河北新开市场章程》十三条如下：
一、勘定河北市场地界四址，东至铁路，西至北运河，南至金钟河，北至新开河。
二、该界内各户居民，应归地方官及工程总局管辖。
三、自出示之日起，该界内业主领一个月内，须到工程总局将地业印契呈验照章注册。
四、工程总局开通沟道及一切工程应须之地，即按官价发给地主。
五、该界内募设巡警、开筑道路、备设街灯等项均需巨资，应遵照嗣后工程总局所定章程纳捐。所有一切地亩分为三等征收地租，其现下已建有房屋或填平与马路毗连者作为一等，不近马路者作为二等；水坑地地作为三等。自出示之日起，第一等每亩为每年征收行平银七两五钱；二等五两；三等二两五钱。
六、该界内所有家墓限六个月一概迁移，分为三等办理：一凡遇族家用地多者应酌给地价，每棺给银十两；一无主之家应由工程总局会同地方官妥为迁移；一有主之家葬于义地者，每家给银八两。
七、所有界内一切水坑地，限一年内一律填平。附近该界内里内空地，不许擅自开坑取土。
八、该界内所有买卖租押地业等事，须先禀明工程总局方能交易。
九、界内开设道路方向均由工程总局绘图悬示，此项道路之上不准建造房屋并作别用。
十、该界内所有业主限于十个月内或建造或修理房屋，其工料价银每亩内至少不得在需银一千两以下。
十一、该界内凡建造房屋、栈房、机器房，均须绘图禀准工程总局方能兴工。
十二、凡遇窝积引火货物，如火药、灯药、火油等类，均须禀明工程总局，违者充公重罚。
十三、该界内业主倘有不遵以上章程，即将该地段拓〔托〕卖，所得之价先行扣出，备抵所欠公项及各费用，余还原主。倘无人买受即按官价收回。
⑤ 周叔媖.周止庵先生别传[G]// 周小鹃.周学熙传记汇编.兰州：甘肃文化出版社，1997：125—126.
⑥ 天津社科院历史所.天津历史资料13(内部资料)：1—2.

① 天津社科院历史所.天津历史资料13内部资料）：1-2.

明治维新的道路——兴学办厂。①周学熙于光绪二十九年（1903年）六月呈袁世凯请办工艺总局文中写道：

> 今宫保锐意振兴工艺，洵为直隶士民之福。窃以为宜就天津设立工艺总局，以津海关道总其成，选派曾游欧美熟习外洋商情之道员会同办理，所募工艺洋员，统归节制。考求直隶全省土产，及进口所销各货，凡有可以仿造者，力为提倡保护，不必官事制造，但厘定章程，专司考察，择取日本凭帖奖牌之类，鼓舞而奖励之。窃谓果能得其要领，三五年间必有勃然兴者。②

② 周叔媜.周止庵先生别传[G]//周小鹃.周学熙传记汇编.兰州：甘肃文化出版社，1997：125.

上述意见全部被袁世凯接受，最初选址于旧城东南的草厂庵，由教养局房屋改造的直隶工艺总局、直隶高等工业学堂搬迁至河北新开区，劝工陈列所、教育品陈列所、教育品制造所、劝业会场及铁工厂等企事业单位逐步纳入河北新开区的建设，劝业会场更选址于河北新开区的中心节点位置，使"工业推广中心"成为新开区的另一主要职能。可以说河北新开区是天津近代工业发展期的中心（表4-1）。

"新政"期间河北新开区的各类建设　　　　　　表4-1

| | 城市建设 | 工业教育与推广 | 工业 |
|---|---|---|---|
| "新政"时期的河北新开区 | 天津北站、道路、桥梁、树木、路灯、电车、垃圾回收装置等 | 直隶工艺总局、直隶高等工业学堂、考工厂、实习工场、教育品陈列所、劝业会场 | 北洋银元局、度支部造币总厂 |

## 三、"新政"时期造币业及实业教育的成果

北洋银元局一投产即在稳定物价、平定人心方面显示出其作用：

> 天津银价较他处专特制钱者每两增二三百文，民间获益匪浅。所铸数目，老厂每日可出三十三万枚。后添新厂，出数倍之。除发行街市，并经户部奏提搭放京伟，且以其余协济山东。当开创之始，库款支绌，无可筹措。一切经费，全由息借商款而来。后除还本息外，尚有余利……③

③ 周学熙.周止庵先生自述年谱[G]//周小鹃.周学熙传记汇编.兰州：甘肃文化出版社，1997：21.

北洋银元局还为周学熙兴办直隶工艺总局及工艺总局所属企事业单位的运行提供了支持，至1905年，银元局共提供30余万两白银。《袁世凯奏胪陈筹办工艺渐著成效折》中详细记录了各项费用：

> ……以上各事均附属于工艺总局，统由候补道周学熙分投筹办日起有功。共计开办经费用银十万九千两，常年经费需银十一万九千两，预备扩充需经费银九万五千两，皆经臣饬由铜（银）元局余利项下筹拨……④

④ 袁世凯：《养寿园奏议辑要》卷三十二，转引自天津社科院历史所.天津历史资料13内部资料）：46-47.

近代工商业的发展是城市近代文明的重要标志之一，直隶工艺总局首先通过实业教育推广工商业，所属学堂由初等学堂发展成高等实业学堂，引入日本

教育模式，培养出一批新人才和精干的建设者。工艺总局所属企业北洋铁工厂为天津及周边地区的工业发展提供必要的机器设备，铁工厂开工仅一年半，即制造出锅炉、汽机、汽剪、汽锤、汽碾、车床、刨床、钻床、铣床、起重机、抽水机、石印机、铅印机、压力机、织布机、造火柴机、造胰机、榨油机、磨面机、棉花榨机、消防水龙、喷道水车等。据劝业陈列所民国元年（1912年）九月的报告，当时开办的天津织染缝纫公司、天津造胰公司、丹凤火柴公司和三条石郭天祥、郭天顺机械厂的机器、车床，河北高阳的织布机，宝坻、香河的织毛巾机等，大多是劝业铁工厂提供的。北洋铁工厂、大沽船坞通过企业培训匠师，在华北机匠中形成津沽机匠之帮。

直隶工艺总局劝办学校及工场。1906年，河北关下北极寺内民立第一艺徒学堂和关下广济补遗社民立第二艺徒学堂在工艺总局的劝说下成立。1906—1907年，在直隶工艺总局、考工厂和实习工场的倡导下，共开办民立工场十一家。[1]截至光绪三十三年（1907年）十月，本省府、厅、州、县工艺各局、厂、所已开设六十五处；本省各属土产，工产一百四十余州县均有考查表册。直隶劝办学校及工场处当时全国首位，河北新区当之无愧为"工业推广中心"（表4-2）。

① 在直隶工艺总局、考工厂和实习工场劝办下开办的企业有：大直沽第一织布工场、大伙巷第二织布工场、双港村第三织布工场、葛沽第四织布工厂、第五织布工厂、水梯子芥园庙第六织布工厂、福德祠第七造胰工场、白衣庵第八木工工场、咸水沽第九织布工场、双口村第十织布工场、日本租界福星里第十一工厂。摘自《直隶工艺志初编》志表类卷上。

截至1907年全国各省开办的工艺局、所、厂　　　　　表4-2

| 省名 | 工业各局（个） | 工业各种传习所（个） | 劝工场（个） | 公私建设各工厂（个） | 合计（个） |
|---|---|---|---|---|---|
| 直隶 | 165 | 3 | 2 | 45 | 215 |
| 奉天 | 5 | 12 | — | 5 | 22 |
| 吉林 | 1 | 6 | — | 1 | 8 |
| 黑龙江 | 1 | 7 | — | 1 | 9 |
| 江苏 | 2 | 8 | 1 | 21 | 32 |
| 安徽 | 1 | 1 | 1 | — | 3 |
| 山东 | — | 116 | 1 | 14 | 131 |
| 山西 | 1 | — | — | 8 | 9 |
| 河南 | 1 | — | — | 12 | 13 |
| 陕西 | 14 | 12 | 1 | 12 | 39 |
| 甘肃 | 6 | 49 | — | 6 | 61 |
| 新疆 | — | 5 | — | — | 5 |
| 浙江 | 19 | 20 | — | 12 | 51 |
| 江西 | 7 | 76 | 4 | 10 | 97 |
| 湖北 | 1 | 7 | — | 26 | 34 |
| 湖南 | 1 | 2 | — | 2 | 5 |
| 广东 | 2 | 21 | 1 | 41 | 65 |
| 广西 | 1 | 14 | — | 2 | 17 |
| 云南 | — | 83 | — | 10 | 93 |
| 贵州 | — | — | — | 2 | 2 |
| 福建 | — | 8 | — | 10 | 18 |
| 四川 | — | 73 | — | 7 | 80 |
| 合计 | 228 | 523 | 11 | 247 | 1009 |

资料来源：引自彭泽益．中国近代手工业史资料，第二卷，第576页

## 第二节　北洋银元局与度支部造币总厂

### 一、北洋银元局与度支部造币总厂的兴办与发展

北洋银元局于光绪二十八年（1902 年）六月选址，八月建成。度支部造币总厂（银钱总厂）于 1903 年兴办，1905 年兴建完成并试铸铜币。度支部造币总厂建成后名曰"户部造币总厂"，隶属于户部，与各省造币厂不同。各省不过户部偶然调取，户部造币总厂须供户部常年之用，余利本系全归户部。[①]由此可见，户部造币总厂与北洋银元局存在很大差别，之前的研究中多有混淆，如误认为向天津瑞记洋行定购美国常生厂新式铸造银铜元通用机器的为北洋银元局，实为户部造币总厂定购美国新式铸造银铜元通用机器。在此期间，银钱总厂的兴办与北洋银元局的管理都是由周学熙负责的。[②]

北洋银元局之后即合并于户部，改称"户部造币分厂"。但是，由于以北洋银元局铸造铜货的盈利作为偿还直隶公债的基金，所以在有关公债偿还完毕之前，直隶总督有掌管之权。[③]1906 年户部易名度支部，户部造币总厂改名为"度支部造币总厂"，北洋银元局改名为"度支部造币津厂"。[④]

1912 年，度支部造币总厂与度支部造币津厂合并，更名为"中国财政部天津造币总厂"。度支部造币津厂称为西厂，专铸铜元；度支部造币总厂称为东厂，专铸银元。1914 年起铸造袁世凯头像银币为国币。1927 年北伐战争胜利后，改铸孙中山头像。该厂组织完备，机器精良，堪称全国造币厂之最。1940 年，造币总厂停业。

### 二、北洋银元局的建筑、工艺与设置

#### （一）北洋银元局的功能组成与生产工艺

清朝传统的钱币加工全部依靠手工。其加工工艺为："每炉额设炉头一人，其所需工价有八行匠役：曰看火匠，曰翻砂匠，曰刷灰匠，曰杂作匠，曰锉边匠，曰滚边匠，曰磨钱匠，曰洗眼匠，例给钱文。所需料价，曰煤，曰罐子，曰黄沙，曰木炭，曰盐，曰串绳。又有炉头银、红炉匠头银及自局解部车脚，俱例给银两。凡铸钱之法，先将净铜錾凿成重二钱三分者曰祖钱，随铸造重一钱六七分不等者曰母钱，然后印铸制钱。"[⑤]这种传统的手工制造的方法直到 1888 年才被机器铸钱取代。张之洞在任两广总督时曾用机器试铸钱币，《请用机器试铸制钱折》中说道：

> 臣比年以来，久欲整顿圜法，惟旧例办法亏耗过多，限于物力，未能

① 见银钱总厂简明章程八条。摘自中华书局编.中国近代货币史资料第 1 辑（下册）[M].北京：中华书局，1964：815—816.

②《周止庵先生自述年谱》中记载：光绪三十一年（1905 年），时朝廷以各省币制滥铸，成色花纹未能一律，曾由户部奏请以北洋银元局所办之造币厂，直隶户部，改名为户部造币北分厂。又扩充规模，建为总厂。以之整齐币制，使各省有所遵循。有余兼管厂务。至光绪三十二年（1906 年），始辞去此职。《周止庵先生自述年谱》中各项描述与历史记载吻合，1906 年，周学熙辞去此职可能与度支部的直接接管有关。

③ 天津市地方志编修委员会总编辑室编，候振彤译.二十世纪初的天津概况 [M].1986：173.

④ 天津市地方志编修委员会总编辑室编，候振彤译.二十世纪初的天津概况 [M].1986：919.

⑤《清朝文献通考》卷16，（商务印书馆十通本）：4998.

举办。上年，与广东布政使高崇基详筹熟商，博采众议，惟用机器制造，则钱精而费不巨。当经电致出使英德各国大臣，考究机器价值及铸造之法。选接使英大臣刘瑞芬函电，喜敦厂机器全副，每日做工十点钟，能铸造铜钱二百七十万个……①

开启了中国近代机器铸钱的序幕。

从《度支部造币北洋总厂铸造银币试办章程》中可知，北洋银元局主要的生产车间有熔化所、碾片所、撞饼所、光边所、烘摇洗所、印花所、较准所、化验所、银铜库、修机厂。

首先，生产所需的银送到银铜库，根据银色的高低，各选三四个过平后，交较准所送修机厂，每个各钻二钱交化验所化验成色，待化验完毕，交较准所照化验成色配合铜珠，为生产工序中的第一步熔化提供各种材料的比例。这是生产的前期工作。正式的银元加工是从次日开始的，生产的工艺流程依次是熔化所、碾片所、撞饼所、光边所、烘摇洗所、印花所。

熔化所的功能是将所铸造货币的材料进行熔化，当时北洋银元局以生产银元为主，熔化后用杵搅匀，倾成银条。该工序中，对工匠把握火候的要求较高。

碾片所将熔化所生产的银条碾成银片，该工序需要反复碾片数次，每次先将银片放置在铁盘上，以防炉火过度银片熔化，出炉待银片退热浸入水柜，冷却后取出重碾。该工序仍然要求工匠对炉火的把握不可过度。

撞饼、光边原仅为一撞饼所，现在分为两所，撞饼所将银片撞成银饼即交光边所光边。

烘摇洗所的功能就是对经过光边处理的银饼烘洗，洗毕由该所司事交到印花所，交接过程应书条载明个数、重数等。印花印毕即生产出银元。

可以看出熔化所、碾片所、撞饼所、光边所、烘摇洗所、印花所是机器生产银元的主要流程。辅助的生产车间还有较准所、化验所、银铜库、修机厂。

较准所工作有：第一，熔化所熔银所需铜珠的数量由较准所写条立簿，用余的铜珠也要登记在铜珠簿内，以校对用量；第二，熔化所化成的银条由较准所按每罐一条，钻取银屑二钱送化验所化验；第三，光边所生产过程中产生的边碎由较准所核算重量。

化验所的工作有：第一，生产前来银的化验；第二，对熔化所生产的银条按罐挑取化验，其成色必与配搭之成色相符，否则重熔。

银铜库负责来银及铜珠等材料的储存，修机厂负责钻取银屑等。②

此外，《度支部造币北洋总厂铸造银币试办章程》虽未提及，但在这类机器加工业中，锅炉房、汽机房、抽水房等是必须要设的，从银钱总厂购买美国常生厂设备与瑞记洋行签署的《天津德商瑞记洋行承订财政处购机合同》记载

① 《皇朝政典类纂》钱币 1，（商务印书馆十通本）：10-12.

② （清）北洋公牍类纂卷二十二．光绪三十八年刊本.

购入了与上述房间相关的设备。

周学熙在《东游日记》中详细记录了大阪造币局的生产工艺，周学熙认为大致与我局相同，唯器较利：

> 支配人庵地保导观熔化、碾片、撞饼、烘摇洗各法，大致与我局相同，唯器较利。熔炉方口，仅容七十号罐，每十钟熔六罐，每罐一千六百两，用焦炭七十五磅。倾板十四条，倾时用稻草饼覆罐，较麦麸为便。其铜匣宽三寸八分，厚四分半。撞饼机连三并撞，每分钟八十余下。其碾轴长尺八至三尺。烘饼用小铜盆，有盖，上覆湿煤末，视盆红即出，渍冷，贮铜篮置硫镪水中（以三十五至三十八度为宜），片刻提起，用清水喷冲，用大毛刷揉擦净，又入苏打水洗过（百分之五苏打），再入清水洗净，即现金色，然后入摇桶。又观倾铜砖、拉铜条、切铜板各法……
>
> 二十七早八钟半，往造币局，山县修导观极印场烘洗过秤印花法。金元用长方铁盒，双重铁盖，以土和火泥封固入炉；银则用长方铁盒，一层盖，不封即入炉。烘透取出，用硫酸三度洗后烘干，不经摇桶。其未烘之前，金元先用洋胰水洗去油腻，置盘焙干，银则直烘，不先洗。各印花机旁，备热盘，隔番布，将元饼烘热，再印花不伤模。又置小车床，磨刀石及磨模机各一，以备修理各事。白熔解以至烘洗，各场有秤，彼此均按分量交接，其边屑互计统报，及焙干后始过数。又一一过自动称量机，轻者重毁，重则有机略磋之，皆准，送部长覆秤，然后付印花，印成又秤，前后合符，即送地金课核收。又观精制场，系取杂金银而分提之，用镪水化分，较三菱电分法稍繁重。精炼场系取废弃土屑而重提之。用机碾末过水溜澄取金银，再熔炼。又观制作场，系修机等事，车、刨、钻及生铁炉俱全，凡银元小机器皆可自制。雕刻场系刻模工作，其法：以祖模压子模，子模坯中央甚高，屡压屡烧，凡五六次，始起手雕刻。烧法：用铁罐盛骨灰，以模数枚疏贮之，不令相傍，覆以铁盖，入炉烧透，取出，候冷一日方起罐。至刻成后再烧，减水，用盐镪洗之。此模，金银可印五六万，铜可印三万。凡模座矮者耐久。局长长谷川允我派工徒来学刻模。又言：凡银元机，有作山专吉者善制之。

可以看出，北洋银元局与大阪造币局在生产工艺中并无太大区别（图4-1），但是北洋银元局与大阪造币局在建筑形式上相差甚远。大阪造币局是一个新建的古典主义建筑（图4-2），在立面上除了高耸的烟囱可以看出有其工业特征，其他方面没有任何工业建筑的特征。大阪造币局在设计时参照了香港造币局的技术，1868年8月，香港造币局的造币机械以及图纸等成套地转卖给大阪造币局，同时英国商会还提供了在香港造币局工作的技术人员名单，

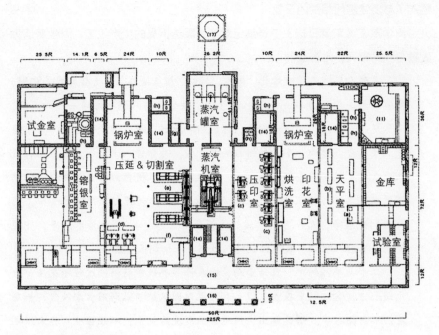

图 4-1　大阪造币局平面图
图片来源：包慕萍提供

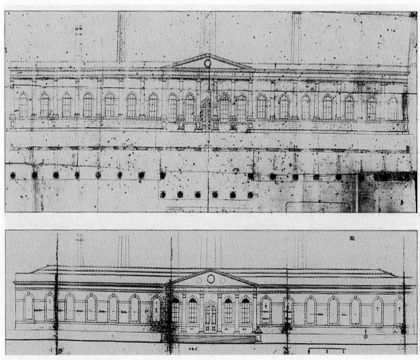

图 4-2　大阪造币局立面图
图片来源：包慕萍提供

① 包慕萍，村松伸．中国近代建筑技术史研究的基础问题——从日本近代建筑技术史研究中得到的启迪与反思[C]//刘伯英．中国工业建筑遗产调查与研究．北京：清华大学出版社，2009：198．

由明治政府出钱聘请他们来做技术顾问。① 特别是两者的生产工艺与建筑空间的关系，可以看出是完全一样的。大阪造币局的局长是香港造币局的英国人技师金达，同时金达也将香港造币局的英国技师、技术以及机器设备带到大阪造币局。

北洋银元局的生产工艺并非像大阪造币局那样集中于一座新建建筑，而是分布于数座厂房中（图4-3），这与当时的背景也有很大关系，周学熙兴办北洋银元局时存在着时间紧迫、资金短缺、无先进技术等因素的限制，只能在大悲院的周围维修旧有房屋，局部兴建一些厂房以满足生产工艺的需求。因此与香港造币局、大阪造币局新建的建筑大不相同（图4-4）。但生产工艺从脱离传统手工工艺到机器加工，是工业革命后造币业的巨大变革，带来的新的工艺在短时间内有巨大进步是很难的，因此周学熙比较北洋造币局与大阪造币局生产的各个环节都并无二致，而产量的大小与质量的高低取决于机器设备的优良。度支部造币总厂在购置设备时就订购了美国头等著名常生厂新式新法银元铜元通用机器、锅炉、汽机。②

② （清）北洋公牍类纂卷二十二．光绪三十八年刊本．

### （二）北洋银元局的设置以及与日本的关系

北洋银元局的设置和人员组成为：总办一名，会办二名，文案一名，收支委员三名，总稽查一名，总监工、副监工各一名，管库主任、煤库主任各一名，此外还有各种委员，技师等若干名。③

③ 天津市地方志编修委员会总编辑室编，候振彤译．二十世纪初的天津概况[M]．1986：173．

周学熙于1903年东游日本时记录了造币局的设置：

二十四早九钟，成田偕往造币局，晤局长从四位勋三等长谷川为治，导观全局规模。其制分三部：总务部管文书课、地金课（出纳挂）、用度课（调查挂、仓库挂、营缮挂、收支挂、杂务挂）、庶务课（监察挂、治疗挂）（挂即员——编者注）；铸造部管熔解场、伸延场、极印场、雕刻场、制作场；试金部管试验场、精制场、精炼场。其工匠上下工更衣，午饭自带，不出厂，规矩颇严肃。又观试验场技师甲贺宜政化学验银法。④

④ 周学熙．东游日记[G]//周小鹏．周学熙传记汇编．兰州：甘肃文化出版社，1997：89．

图4-3 图中右上角为造币局
图片来源：《明信片中的老天津》

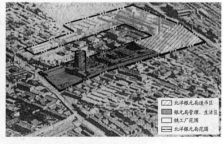

图4-4 造币局分区
图片来源：《明信片中的老天津》

可见，两者虽有一些相似之处，如收支委员与日本造币局的收支挂、总监工与日本造币局的监察挂等，但总体看来，并没有直接引入日本的造币局的"其制分为三部"的体制。

明确记载参仿日本办法的是周学熙在北洋银元局内设立的图算学堂。该学堂设立于1903年，《北洋银元局招考高等学徒示并章程》中记载：

> 批准（北洋银元局）附设图算学堂，添招高等学徒业经考选授课，现拟照章程添招第二班高等学徒，以宏造就。今将章程再为晓谕，为此示仰商民人等一体知悉，如有聪颖子弟，汉文明顺，愿遵照后开章程来局报名，听候示期考试，毋得观望，自娱切切，特示。[①]

① 周学熙.东游日记[G]//周小鹃.周学熙传记汇编.兰州：甘肃文化出版社，1997：89.
② 同上.

学堂先教授应用算学及图绘，半年后增加浅近化学、机理。[②] 该四门科目与造币密切相关。宣统二年度支部尚书载泽的奏折中就指出"币制与算法相关，考之算术，割圆则得弧角，量角亦析分厘。其圆以下各种辅币，应请分为三等：由圆十析则曰角，由角十析则曰分，由分十析则曰厘"[③]，可见币制与算法的关系。印花则与图绘密切相关，化学、机理与钱币铸造有关，前文对加工工艺已作详细介绍。

③ 中华书局编.中国近代货币史资料第1辑（下册）[M].北京：中华书局，1964：784.

周学熙在《东游日记》中记录了参观长崎三菱公司造船所"厂内设塾，学徒二百，教理、数，二年毕业，入厂习工作，诚良法也"。可能受此启发，在银元局内附设图算学堂。"该学堂参仿日本办法，选招聪颖子弟，半日在堂学习图算机理并浅近化学，半日在厂练习各种工作。"[④]

④ 周学熙.周止庵先生自述年谱[G]//周小鹃.周学熙传记汇编.兰州：甘肃文化出版社，1997：21.

## 三、度支部造币总厂的选址与建设

### （一）度支部造币总厂的选址

度支部造币总厂（即银钱总厂）最初选择京师作为设立地点，光绪二十九年（1903年）三月二十五日《京师设立银钱总厂》的上谕中说：

> 从来立国之道端在理财用人。方今时局艰难、财用匮乏，国与民交受其病。是非通盘筹划，因时制宜，安望财政日有起色。著派庆亲王奕劻、瞿鸿禨，会同户部认真整顿，将一切应办事宜，悉心经理。即如各省所用银钱式样各殊，平色不一，最为商民之累。自应明定画一银式，于京师设立铸造银钱总厂……[⑤]

⑤ 中华书局编.中国近代货币史资料第1辑（下册）[M].北京：中华书局，1964：814.

而数月后闰五月二十三日财政处折中说道遵旨设立银钱总厂并改以天津为设厂地点。该奏折详细分析了选址天津的原因：

> ……查银钱总厂之设，先以勘定合式地基为根据，而机器运用，尤以近水近煤为第一要义。京中地势虽不无可用之处，而水源多不数

① 中华书局编. 中国近代货币史资料第1辑（下册）[M]. 北京：中华书局，1964：814.

用，且距开平煤矿较远，运费亦必增加。似不如建设天津，经费较可节省。当经派该提调等前往天津详细复勘。旋据勘得河北民地一区，计一百二十八亩有零，濒临金钟河，即在新修马路之侧。形势极为高敞，且与火车站及北运河相距不过一二里，取水运煤尤其方便。臣等共同查阅，其地势尚属合用。当经商由直隶督臣袁，派员表明四至，饬传业户，呈验契据。现议定价值，每亩库平银二百一十两。其地内尚有应行迁移坟墓，拆让草房，为数不多，另行分别给价办理，以示体恤。拟待该地交割清楚，即令北洋熟习洋式厂屋之工人核实估计，将官员、工役办公及住宿房屋，先行择日动工。其安设各项机器厂屋，一待机器购定后，即行如式修造，以期迅速。①

从上文可以看出，"近水近煤"是度支部造币总厂选择天津的首要因素，可以节省原材料和能源材料的运费。其次，地势高敞，周边有金钟河、新修建的马路、火车站等条件，便于产品运输到各地（图4-5）。上述因素成为度支部造币总厂选择天津的主要原因。

图4-5 度支部造币总厂的选址因素
图片来源：原图摘自天津城市历史地图1913年（局部），作者改绘

度支部造币总厂于1905年设备安装完成，厂房如式建造，并试铸铜币：

> 窃臣等钦奉谕旨，设立铸造银钱总厂，业将建设天津缘由，并勘定地势，筹商建造情形，随时奏报在案。查铸造银铜各币，必须购置合宜机器，当经督饬该提调等，向天津瑞记洋行定购美国常生厂新式铸造银铜元通用机器全份，订立合同限期运津，并由该提调等会同升任天津道王仁宝将全厂工程催赶建造。嗣于本年春间工程修造报竣，该洋行所订各项机器，亦已催令陆续运齐，督饬华洋工匠随到郎行安设，现亦安配完竣。当即遴派员司招集工匠，于本年五月初八日开机先行试铸铜币。臣那桐、臣张百熙于本月先后前往天津，覆加察勘，各项机器尚属灵便堪用，厂房建造亦均如式。惟机器原定每日可出大小银铜各元共六十余万枚，现时甫经试铸，机器未免生涩，人手亦未熟谙，出数尚少。将来运用纯熟，自当日见增加。[①]

此外，上述内容除了详细分析了影响厂址选择的因素，从中还了解到造币总厂的机器厂屋的建造要依据机器设备的样式、大小进行设计，因此要"待机器购定后，即行如式修造"。

## （二）度支部造币总厂的设备构成与工业建筑

《天津德商瑞记洋行承订财政处购机合同》为我们了解度支部造币总厂的功能组成、各功能所需设备以及建筑设计与机器设备之间的关系提供了可能。现将《购机合同》中的设备分类后结合造币生产车间的功能，绘制于表（表4-3）。

在合同中还可以看出，最先进的机器设备对工业生产来说意义重大。度支部造币总厂当时购入设备的常生厂是"专承造美国国家银铜元械器乃欧美著名头等之厂"，而且要求购入的设备"系最新最坚固之货物"，如果瑞记"现存之图皆是数月前之图样，如目下向美国常生厂订购各种机器更有较新于前数月之图样者，即照新出之样式购办，以期精益求精"。[②]

同时，委托瑞记洋行向外洋延聘一名技师，先在常生厂监造机器。如有工料不精，该洋师可以退换，还可随时考察机器的生产工艺。然后随该机器一同来天津，指导工匠安装机器设备，用三个月时间教导工匠完成铸造各种银元的方法。

这类由如此多样、复杂的设备构成的工业建筑，厂房往往要依据设备的尺寸、安置的位置进行设计，《天津德商瑞记洋行承订财政处购机合同》中对如何配合设备进行厂房设计提出了要求：

> 议配造运动机器等件、转轴之长短、大小并机器地盘等件之形势、地位、尺寸必凭厂房配造，此乃一定理法也。其厂房或由外洋寄图建造，抑

① 中华书局编.中国近代货币史资料第1辑（下册）[M].北京：中华书局，1964：815.

②（清）北洋公牍类纂卷二十二.光绪三十八年刊本.

度支部造币总厂购入美国常生厂设备 表 4-3

| 功能 | 设备 |
|------|------|
| 锅炉房 | 新式锅炉（一百三十匹马力）二个、新式汽机（二百五十匹马力）一座、新式抽水进锅炉机器一座 |
| 熔化所 | 熔炉五副、最新模样银铜两条机器、铜模管八个二架、铁枓铁拑 |
| 碾片所 | 碾轴机器十三副、备用碾轴七副、剪片机器二副 |
| 撞饼所 | 造银铜两元胚子机器五架 |
| 印花所 | 大号印花机七架、中号印花机四架、起边机器随有校准花纹机五架、家伙割钢模用五个、压钢模印花机器随有钢印模胚子一百个一架 |
| 烘摇洗所 | 净洗及烘干银铜元器（具内烤银元箱、烤铜元箱、烘台、随有热凉镪水柜二全）火炉铁算铁件全一座、刷洗银铜元摇抖机器二副 |
| 较准所 | 显微平秤十五架、头号平秤银铜元条其用一架、二号平秤银铜元条二用一架、三号平秤二架、自行平秤（向德国厂购两余，如质量好再购二架） |
| 修机厂 | 墩头一个、老虎钳一个、家伙内系榔头钳子等件全副、手风箱一个、车床中心七寸三架内有增添一架、车床中心十四寸一架、车床中心二十四寸一架、刨床六尺长一架、钻床一架、磨碾子机磨石一块一架、做模样机器一架 |
| 其他（运动及联系所需各件） | 转轴、挂脚、上带轮、下带轮、各种宽窄厚薄皮带、小钻床一个、小刨床一个、小割齿轮床一架 |

资料来源：根据《天津德商瑞记洋行承订财政处购机合同》中的机器设备功能，对应到造币厂的房间中

由贵局自行变通绘图建造今尚未定，如一准有局绘图，务请于立合同后一个月内，将图发给瑞记寄往，照图上厂房配造转轴、挂脚等件，庶无贻误。若由外洋厂中寄图改造，厂房其配转轴并地盘等件之形势、尺寸至将来应如何做法，可均按外洋厂房图配造也。如要外洋寄图亦于立合同后一个月内示知瑞记，以便照办，缘转轴之大小长短并机器之地位既以厂房图为凭，则该图最为紧要，万不能用贵局之图造厂而按外洋之图造转轴等件，则相配必不合式也。[1]

工业建筑的规划布局与室内空间要满足两方面因素，其一为工艺流程，即工业建筑在总体布局上要方便工业生产；其二为设备安置，即工业建筑的内部空间要满足机器设备运转的需求。造币业的工业建筑在满足工艺流程的需求时可以有两种不同的选择方式，一种为集中式，将各个流程的机器设备统筹安置于一座大型建筑内；另一种为分散式，将各个流程的机器设备分散于多座工业建筑内，工业建筑之间通过运输设备进行联系，后者更适于大型工业。上述两种方式在近代机器铸币工业中都出现过，前者与英国造币业的关系似乎更密切。[2]

《户部造币总厂全图》42张历史照片（图4-6）的公开[3]，为全面了解近代造币工业的功能组成、格局、生产工艺提供了可能。与北洋银元局类似，户部造

① （清）北洋公牍类纂卷二十二．光绪三十八年刊本．

② 彭长歆．张之洞与清末广东钱局的创建 [J]．建筑学报，2015（6）：73-77．

③ 张俊英．造币总厂 [M]．天津：天津教育出版社，2010：1．

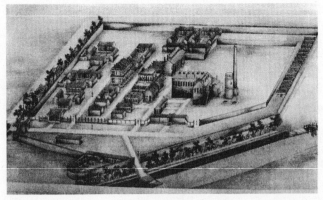

图 4-6 支部造币总厂
图片来源：造币总厂

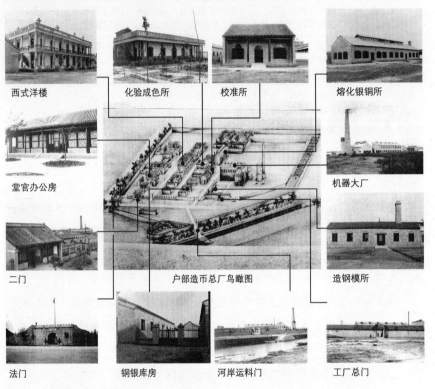

西式洋楼　　化验成色所　　校准所　　熔化银铜所

堂官办公房　　　　　　　　　　　　机器大厂

二门　　　户部造币总厂鸟瞰图　　　造钢模所

法门　　铜银库房　　河岸运料门　　工厂总门

图 4-7　支部造币总厂的建筑
图片来源：造币总厂

币总厂的工业建筑也采取了分散式的组织方式。这些工业建筑是按照"外洋厂房"之图建造，生产区由机器大厂、修理机器所、银铜库房、熔化银铜所、造钢模所、化验成色所校准所、烟筒水柜与东洋式井七座工业建筑构成，碾片、撞饼、光边、烘摇洗、印花等功能集中于机器大厂之内（图 4-7）。将机器铸币的工艺流程反映到生产车间中（图 4-8），工艺流程与工业建筑之间的关系清晰可见。[1]

光绪二十九年（1903 年）闰五月二十三日财政处折中有"拟待该地交割清楚，即令北洋熟习洋式厂屋之工人核实估计，将官员、工役办公及住宿房屋，

① 季宏 . 工业遗产视角下的户部造币总厂研究 [J]. 建筑学报，2016（2）：10-15.

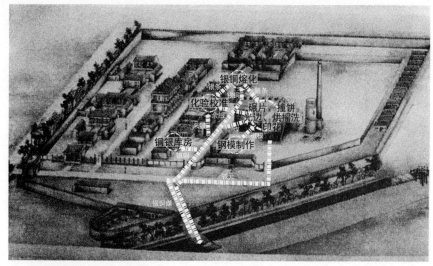

图 4-8　支部造币总厂的工艺流程
图片来源：作者改绘于图 4-6

先行择日动工"的记载，可见户部造币总厂主要功能构成除工厂外，还有官员办公与住宿、工役住宿等部分。户部造币总厂西南隅的头门是主要入口，进入头门是东西向的头门内马路，主要建筑都分布在头门内马路以北，马路以南有河岸运料门和空旷的临时堆场，河岸运料门之外有位于金钟河岸的物料码头。头门内马路北部办公区的二门与工厂区的总门均开向头门内马路，二门与工厂总门内是南北向内马路。支部造币总厂建筑的总体格局可视为由西向东的五排并列的建筑群，其中西一、二排为官员办公与住宿场所，中间两排主要是工厂的工业建筑，最东一排为工役住宿。

（三）货币本位制度的确立与度支部造币总厂

如何统一币制成为清末货币制度讨论的核心。而统一币制的主要内容是货币本位问题。

货币本位问题首先是货币材料的问题，概括起来主要有银本位、金本位、复本位等。其次，不同材料内部还有争论。如主张金本位的人中，有主张实金本位与虚金本位两种；主张银本位的人中，又围绕如何实施银本位展开了是用两为单位还是用元为单位的"两元之争"。[①]

清末本位币材料的问题于 1908 年落实为银本位：

> 窃惟今日五洲大通，币制尤关重要。论币制进化之趋势，则应用金本位；论中国之现形，则应用银本位；而论币制进化之理，则由用铜而进于用金，其中必历一用银之阶段，是中国今日之必当先用银本位者，理也，亦势也。[②]

① 张家骧，万安培，邹进文.中国货币思想史 [M].武汉：湖北人民出版社，2001：882.

② 货币汇编，第一册，第 176 页，转引自杨端六.清代货币金融史稿 [M].武汉：武汉大学出版社，2007：304.

关于本位币的重量问题，当时也是争论的焦点。张之洞、袁世凯等主张一两重十足成色银元，度支部尚书载泽则一直主张七钱二分银元。[①]《天津德商瑞记洋行承订财政处购机合同》中规定美国常生厂订购的设备要"每天十点钟功夫能造银元大小数目……一两重银元五万枚"[②]，可见度支部造币总厂当时仍将一两重银元作为主币，极有可能和袁世凯的主张有密切关系。

宣统二年（1910年）四月，度支部制定《货币则例》，"中国国币单位，著即定名曰圆，暂就银为本位，以一圆为主币，重库平七钱两分"。[③]至此，元两之争落下帷幕，进行了几十年的货币本位之争终于结束。

《货币则例》颁布后一个月，五月十六日度支部尚书载泽《拟定造币厂章程折》对全国的造币厂进行了改革：

> 本年四月十五日臣部具奏铸造国币应一事权，拟将各省所设银铜各厂分别撤留，所留之厂统归总厂管理一折，奉旨：依议。钦此。钦遵办理在案。惟是推行币制，铸造一项关系最为重要，当此改章伊始，所有总分各厂内部如何组织，权限如何划分，亟应明定章程，以资遵守。兹经臣部督饬贝司悉心规划，酌拟造币厂章程十八条，缮具清单恭呈御览。
>
> 宣统二年五月十六日奉旨：依议。钦此。[④]

在该奏折所附造币厂章程中规定了造币厂归度支部管辖，掌铸造国币一切事宜。造币厂设总厂于天津，设分厂于武昌、成都、云南、广州四处，并暂设奉天分厂一处，其分厂统归总厂直辖。[⑤]再次确认了天津造币总厂的地位。可以说造币总厂是确定货币本位之后执行统一的货币制造职能的管理机构，对货币制造行业起到重要决策的作用。

此外，该章程还详细规定了造币总厂的人员组成及职能[⑥]，为我们深入了解造币厂的设置提供了可能。可以看出，该章程规定的管理设置与日本大阪造币厂依然并无明显直接联系。

# 第三节 直隶工艺总局及其所属企事业单位

## 一、直隶工艺总局

### （一）直隶工艺总局的创建宗旨

1903年，周学熙兼银元局总办，又兼总办教养局附设工艺学堂（后称直隶高等工业学堂），兼办考工厂。可以看出最初的工艺学堂附设于教养局，而直隶工艺总局设于旧城东南的草厂庵，与教养局毗邻。工艺学堂也位于草厂庵

① 中华书局编.中国近代货币史资料第1辑（下册）[M].北京：中华书局，1964：727-758.
② 同上.

③ 同上.

④ 中华书局编.中国近代货币史资料第1辑（下册）[M].北京：中华书局，1964：819.

⑤ 同上.

⑥ 造币厂章程：第三条，总厂设正副监督各一员，由度支部开单请简，管理总分各厂一切事宜。各分厂各设总办一员，帮总办一员，厂设正坐办一员，副坐办一员，均由正副监督遴选妥员呈部核准奏派，秉承正副监督分理各该厂一切事宜。第四条，总分各厂应设工чер程长一员，由正副监督遴选妥员呈部核准派充，其余艺师艺士及各员司由各厂酌定员数呈部核定。第五条，度支部筹备铸币专款，发给总厂分派各厂应用，所有各省旧设银铜元厂机器房房材料，准总厂选择应用。第十八条，总分各厂办事细则由总厂拟订，呈由度支部核准遵行.摘自中华书局编.中国近代货币史资料第1辑（下册）[M].北京：中华书局，1964：819.

① （清）北洋公牍类纂卷十八. 光绪三十八年刊本.

及贡院，直至 1904 年 9 月设实习工场，仍选址于此。"教养局移交房屋数十间，近在工艺局大门之内，以设工场甚为合宜，拟即就此修理布置"。①

但是周学熙认为：教养局系收养游民，与工艺学堂及考工厂之造就人才，鼓舞商情，二者不同。欲兴工艺，非设专局不能收效。于是于六月条陈教养局、工艺学堂、考工厂三事之宜，请辞教养局总办，建议设工艺总局于天津。② 后直隶工艺总局、高等工业学堂和实习工场都迁至河北新开区。另外，河北新开区的建设尚未完成，随着河北新开区建设的展开，直隶工艺总局所属各企事业单位陆续迁至此处，河北新开区的属性之一即为集工业教育、实习、展览于一体的"工业推广中心"。这是 1907 年前后逐渐完成的。

② 周学熙. 周止庵先生自述年谱 [G]// 周小鹃. 周学熙传记汇编. 兰州：甘肃文化出版社，1997：22.

此外，教养局和习艺所对当时天津的工业都起到一定作用，习艺所内部设置与工业相关的小学校、工厂、仓库、工艺品陈列馆等设施；教养局为贫民、游民传授职业技能。而欲将工艺学堂建设成培养造就高等人才之地的周学熙很清楚地意识到将工艺学堂、考工厂与教养局分开的意义，直隶工艺总局的兴办，提供了这样的机会。工艺学堂与考工厂成为直隶工艺总局最初建成的两个机构。直隶工艺总局的创办宗旨也远非在教养局或习艺所中设立工业能企及的：

> 括全省工学界之枢纽，以创兴实业为宗旨。除管辖附属津埠各官办学堂、工厂外，凡本省各属之兴办工学皆有提倡保护之责，故名曰工艺总局。③

③ （清）工艺总局编. 直隶工艺志初编志 表类卷上. 北洋官报局，清光绪（1875—1908）.

## （二）直隶工艺总局的所属单位

直隶工艺总局最初由工艺学堂与考工厂两个附设机构组成，后逐渐发展为一个学堂、四个工厂和一个会场，分别是：高等工业学堂（原工艺学堂）、实习工场、劝工陈列所（原考工厂）、教育品制造所、劝业铁工厂、劝业会场。

发展完善的直隶工艺总局所属企事业大体可分为三类：第一，高等工业学堂和实习工场为教育及实习场所，两者毗邻而建，成为相互配合的系统；第二，劝工陈列所、教育品制造所、劝业会场为工业展览场所，甚至可以称为工业博物馆，劝业会场建成后，劝工陈列所、教育品制造所都迁至此处，可视为一体；第三，劝业铁工厂及内设的图算学堂为独立企业。这些所属企事业机构各自还承担其他功能。

## （三）直隶工艺总局的创办职能

直隶工艺总局及其所属企事业单位是当时的"工业推广中心"。其目的是由此"中心"来示范推广，传授技术，进而发动民间资力，以趋于工业化之途径。由公营示范引致民营，意在鼓励民间，自出新法，制造土货，变通改良，仿照成法，以敌洋货，而利民用。④

④ 周学熙一生的业绩，见《民国初年的几任财政总长》第 115 页，转引自天津社科院历史所. 天津历史资料 13（内部资料）：16.

直隶工艺总局通过以下方法以行使该中心的职能：

第一，劝兴工艺。光绪三十一年（1905年）九月，工艺总局发布《劝兴工艺示文》。[①]

第二，举办演说会。工商演说会借东马路宣讲所，每月初三、十八由各学堂专门教员及博通绅商进行演说。

第三，劝办学校及工场。

此外，直隶工艺总局所属企事业单位也是在工艺总局的支持下举办各类活动。如1905年考工厂颁发工商奖牌及后文中提到的开办纵览会、劝业博览会等。

## 二、直隶高等工业学堂与实习工场

### （一）高等工业学堂与实习工场的宗旨

直隶高等工业学堂以"教育培植工艺上之人才，注重讲授理发，继以实验；卒业后能任教习、工师之职，以发明工业为宗旨"。创办于光绪二十九年（1903年）二月，学堂最初为北洋工艺学堂，次年提升为高等工业学堂。

实习工场是高等工业学堂实习场所，"与工业学堂联络一气，兼以工场为工业学生试验、制造之所，而学堂各种教习，即为工场工徒讲课之师"。[②]实习工场以"募中外各专门技匠，招官费、自费工徒实地练习，制成各种品物，行销远近，以培植工业，推广各省，俾国无游民、地无弃才"为宗旨，故名曰实习工场。[③]

此外，实习工场还负责为社会培养各行业的工匠，提供自费实习、制成品物的场所。

高等工业学堂与实习工场都直接或间接受到了日本学制的影响，高等工业学堂由藤井恒久作为教务长，其影响显而易见。实习工场是癸卯学制颁布后设立的，可以说间接受到日本的影响。

### （二）高等工业学堂

#### （1）高等工业学堂与日本的关系

清末近代教育发展的可以分为两个阶段，以1898年百日维新中京师大学堂的开创为界，前一阶段的主要特点是随洋务运动的发展出现了众多洋务学堂。洋务学堂始于1862年京师同文馆的建立，20世纪初逐渐为新式学堂取代。

洋务学堂属于提供专门训练的专科性学校。根据培养方向大体分为三类[④]：第一类是以京师同文馆、上海方言馆、广州方言馆等为代表，主要培养翻译等方

① （清）北洋公牍类纂卷十六．光绪三十八年刊本．

② （清）实习工场试办章程．北洋公牍类纂卷十八．光绪三十八年刊本．

③ （清）工艺总局编．直隶工艺志初编志 表类卷上．北洋官报局，清光绪（1875—1908）．

④ 张新民．论清末职业教育体系的形成与特点 [J]．职教论坛，2005（6上）：61；本文参照张新民文中洋务学堂分类，并结合天津当时的情况加以说明．

① 张新民. 论清末职业教育体系的形成与特点[J]. 职教论坛, 2005（6上）: 62.

面人才的语言学堂，这类学堂在天津没有设立；第二类是以天津电报学堂、唐山铁路学堂为代表，主要培养造船、电报、矿业、铁路等一系列技术的学堂；第三类是以北洋水师、直隶武备学堂等为代表，为培养军事方面的人才而设的军事学堂。但是它们无统一的学制，无统一的招生对象，未形成规范的程度标准。① 同时，这类学堂中与工业教育相关的，多附属于相应的军工产业，具有很强的政治意义。

1901 年 12 月慈禧以光绪名义颁布上谕："兴学育才，实为当今急务，京师首善之区，尤宜加意作育，以树风声，前建大学，应切实举办"，次年开始筹办"新政"，新式学堂的建设列入其中。为对全国教育实行统一领导，派张百熙为"管学大臣"，拟定的学堂章程于 1902 年 8 月正式颁布，这就是《钦定学堂章程》，又称《壬寅学制》。这个学制尚未真正实行，就被次年的《奏定学堂章程》取代，《奏定学堂章程》是 1903 年张之洞、荣庆、张百熙共同主持修订的，又称《癸卯学制》，该章程于 1904 年元月颁布。1905 年 12 月，清政府成立学部，成为管理全国的教育行政机构，设 5 司 12 科，实业司主管实业教育，下设实业教务和实业庶务两科。这其中学制体系的建立、科目的设置等都直接受到日本的影响，特别是工学学科，基本引进日本体系（表 4-4）。

② 徐苏斌. 近代中国建筑学的诞生 [M]. 天津：天津大学出版社，2010: 56.

日本东京帝国大学工科大学科目与《大学堂章程》
工科大学科目的比较②                          表 4-4

| 1902 年日本东京帝国大学工种大学科目 | 1904 年《大学堂章程》工种大学科目 |
| --- | --- |
| 第一土木工学科 | 一土木工学门 |
| 第二机械工学科 | 二机器工学门 |
| 第三造船学科 | 三造船学门 |
| 第四造兵学科 | 四造兵器学门 |
| 第五电气工学科 | 五电气工学门 |
| 第六建筑学科 | 六建筑学门 |
| 第七应用化学科 | 七应用化学门 |
| 第八火药学科 | 八火药学门 |
| 第九采矿冶金学科 | 九采矿冶金学门 |

资料来源：1902 年日本东京帝国大学工科大学科目，见吴汝纶，《东游丛录》，1902 年 9 月，第 24-25 页。1904 年《大学堂章程》工科大学科目，转自多贺秋五郎，《近代中国教育史资料清末编》，日本学术振兴会，1972 年 3 月，第 251 页

北洋工艺学堂于光绪二十九年（1903 年）二月开办，其设立虽是推行"新政"的产物，但兴办时《奏定学堂章程》尚未颁布，待 1904 年颁布后，北洋工艺学堂更名为直隶高等工业学堂，但科目设置与其中《癸卯学制》要求的工科科目相差甚远。《奏定高等农工商实业学堂章程》（1904 年 1 月 13 日）高等工业学堂学科程度第四章第一节，高等工业学堂分为十三科：一、应该用化学科；

二、染色科；三、机织科；四、建筑科；五、窑业科；六、机器科；七、电器科；八、电器化学科；九、土木科；十、矿业科；十一、造船科；十二、漆工科；十三、图稿绘画科。[1]直隶高等工业学堂当时分正科和速成科两等，仅设立应用化学（正科）、机器学科（正科）、制造化学科（速成科）、意匠图绘学科（速成科）四门。[2]《奏定高等农工商实业学堂章程》高等工业学堂立学总义第三章第二节记载：所载各种学科，系就工业中应备之科目分门罗列，听各省因地制宜，择其合适于本地方情形者酌量设置，不必齐全。[3]这样就与《癸卯学制》相吻合了。

从《中国近代教育史资料汇编》实业教育、师范教育卷中查"前清学部立案各省高等实业学堂一览表"可知，仅湖北高等农业学堂（1898 年）、直隶高等农业学堂两处（1902 年）较直隶高等工业学堂早，两处均为农业学堂。其他学堂中，与直隶高等工业学堂同年开办的有邮传部立上海高等事业学堂、湖南高等实业学堂两处。至 1907 年，全国高等工业学堂仅 3 处。[4]因此，中国当时并无系统的关于工业学堂的教育模式可供参考。《奏定学务纲要》（1904年 1 月 13 日）中提到，各省办理学堂员绅宜先派出洋考察……欧美各国道远费重，即不能多往，而日本则断不可不到。此事为办学堂入门之法，费用万不可省。即边瘠省份，至少亦派两员。[5]

而直隶高等工业学堂的教育模式正是通过不断派教员赴日考察，以及教务长藤井恒久不断引进日本教习探索出来的。其课程设置、教学模式等方面距日本成熟的体系有很大差距。到光绪三十三年（1907 年）十月工业学堂也仅分化学科、机器科、化学制造科、化学专科、机器专科、图绘科等六科。[6]

在引进日本教习方面，藤井恒久起到关键作用。光绪二十八年（1902 年）六月，袁世凯聘用藤井恒久为工艺翻译官[7]，为兴办直隶工艺总局出谋划策。周学熙东游日本，藤井恒久又与之谈及工艺学堂购机器、延教习、匠目事。[8]最终高等工业学堂的十位教习中，有四位日本教习，一位英国教习，五位中国教习。[9]

在派教员赴日考察方面，高等工业学堂刚刚开办，庶务长赵元礼就率教员、学生 19 人赴日本参观考察。在此期间游览日本内国第五次博览会并于各处农业、工艺、商务、美术等周咨博采、详细考求等。因道经日本长崎、神户、大阪、西京、东京各名区调查学堂、工场、商品陈列馆等，于是年闰五月下旬回津。[10]其中教员详细记录并完成《东游日记》。之后工艺局又陆续委派工匠赴日本考察织布方法、造纸方法等，以资效仿。

在不断的探索下，逐步建立了工业学堂的办学体制并取得显著成效，高等工业学堂可谓"一时人才辈出"。

① 璩鑫圭，唐良炎编.中国近代教育史资料汇编 学制演变 [M].上海：上海教育出版社，1991：468.
② （清）北洋公牍类纂卷十六.光绪三十八年刊本.
③ 璩鑫圭，唐良炎编.中国近代教育史资料汇编 学制演变 [M].上海：上海教育出版社，1991：468.
④ 璩鑫圭，唐良炎编.中国近代教育史资料汇编 实业教育、师范教育 [M].上海：上海教育出版社，1991：51-53.
⑤ 璩鑫圭，唐良炎编.中国近代教育史资料汇编 实业教育、师范教育 [M].上海：上海教育出版社，1991：497.
⑥ （清）北洋公牍类纂卷十六.光绪三十八年刊本.
⑦ （清）工艺总局编.直隶工艺志初编 丛录类卷下.北洋官报局，清光绪（1875—1908）.
⑧ 周学熙.东游日记 [G]// 周小鹃.周学熙传记汇编.兰州：甘肃文化出版社，1997：106.
⑨ 直隶工艺志初编 志表类卷上中记录的工业学堂教习如下：机器教习德恩（英），化学教习中泽政太（日），图绘教习松长长三郎（日），英文机器算学教习何贤梁，制造速成科实验教习长岛忠三郎（日），英文算学教习徐田，英文算学物理教习杜大麟，日文地理历史教习宫崎良荣（日），汉文教习王映庚，体操教习陈万岗、牛大才.
⑩ （清）工艺总局编.直隶工艺志初编 报告类卷下.北洋官报局，清光绪（1875—1908）.

（2）高等工业学堂的教育方法

直隶高等工业学堂在教育方法上坚持"既习其理，又习其器"，注重实践和对机器的熟悉。同时，工业学堂考选学生赴日本深造。[①]以秉承"卒业后能任教习、工师之职，以发明工业为宗旨"。

从《工业学堂试造三匹马力卧机》中可以看出，工业学堂注重实践教育，同时意识到工匠辅助教员、学生工作的重要性，欲将工匠引入学堂指导机器的实习：

① 直隶工艺志初编 志表类卷上记载：三十年七月，派赴日本分入农、工、学学校学生十三名，现尚未回国毕业；三十二年八月，选派化学、机器两速成科学生分往日本西京、大阪等处各工厂实习十九名，内十四名于本年七月回国，尚有五名，应明年八月毕业。

　　……窃查学堂所设之机器科，预备普通学后即入专科，从前理论多而实验较少。自本年（1907年）订募机器教员英国头等机器师德恩之后，注重实验……自奉钧谕之后，当即与教务长藤井恒久及洋教员德恩、何教员贤梁再四筹商，以为曩者学生之进步稍迟者，大抵因习其理，而不习其器，则终无真切之心得。现拟督率该科全班学生，造三匹马力之卧机一副，所费工科不过五、六百金，而制造一完全之机器。则学生等能得初终之解识，及紧要之点的。此卧机制成之后，学生等即可举一反三，充其识力造他式之机器，不烦言而已解。较诸从前练习时，仅作零星琐碎物件占者，为有把握而得要领。此项学生资以深造，异日毕业之后，量真才具，或派充教员，或派充工师可得力。造端虽小，收效当宏，以此日培植人才之法规，作将来扩充机器之基础。……再查凡东西洋工业学校机器实验场，均有各项工匠辅助教员、学生工作；盖教员理论虽深，而厂内手技究须有干练之工匠，以为之佐，则制器乃易成就。故此次所估作卧机折内有工匠数名，即其本意……[②]

② 北洋公牍类纂卷十六。

## （三）实习工场

### （1）实习工场的设立

周学熙回忆，所以名实习工场者，因《奏定学堂章程》内载"高等工业学堂，应附设实习工场"，故取其名，以符其实云。[③]

《奏定学堂章程》于光绪三十年（1904年）元月颁布，当时的高等工业学堂仅为工艺学堂，指出初等、中等工业学堂应添置工业实习场。[④]而前文所述的高等工业学堂设立的十三科，学科之科目除建筑科外其余十二科均设置工场实习及实验[⑤]，可见，实习工场已成为当时兴办工业学堂的必备设施。而这样的方式，也是从日本的学制中借鉴的。制定《癸卯学制》前，清廷曾派多名官员赴日本考察，如罗振玉、吴汝伦、缪荃孙、胡景桂等，都留有考察期间的日记，为回国后编制学制提供了基础资料。罗振玉的《扶桑两月记》中就记录下东京高等工业学校详细的科目设置，并有"每科皆有实习工场"的记录。[⑥]这些直观的感受对日后在国内工业学堂设立实习工场起到推波助澜的作用。

③ 周学熙.周止庵先生自述年谱 [G]// 周小鹃.周学熙传记汇编.兰州：甘肃文化出版社，1997：25.
④ 璩鑫圭，唐良炎编.中国近代教育史资料汇编 学制演变 [M].上海：上海教育出版社，1991：465.
⑤ 璩鑫圭，唐良炎编.中国近代教育史资料汇编 学制演变 [M].上海：上海教育出版社，1991：468–470.

⑥ 同上.

直隶工艺总局于光绪三十年（1904年）九月遵照章程开办实习工场。实习工场的兴办应是这类高等工业学堂中较早的，其规模也是较大的。湖南高等实业学堂到1905年才拟请提拨公款设工场陈列器械，以供参观。所提及规模并不宏大，仅足陈列器械。

为了将工业教育的影响推[①]广到更大范围，周学熙一方面遵照《奏定学堂章程》，设立实习工场，为工艺学堂服务。为了让更多的人能受到训练，周学熙一方面又将实习工场功能扩大，将招选工徒推广至民间，真正达到"募中外各专门技匠，招官费、自费工徒实地练习，制成各种品物，行销远近，以培植工业，推广各省"。[②]

其科目最初设染色、织布、木工、金工、化学制造，随时体察情形再添他项。[③]待工场建设完善后，科目逐渐增多，最终达十一科之多，有机织科、提花科、织巾科、刺绣科、染白科、木工科、图绘科、窑业科、制皂科、制燧科（火柴科）、纸工科等。[④]这些科目大大弥补了高等工业学堂学科设立的不足，使工业教育不仅在高等教育层面培养高级工业人才，更推广至民间。其工徒资格既有招选的官费工徒，也有出资附学及各州、县申送，或由绅商送来的自费工徒。[⑤]

（2）实习工场的培养模式

实习工场设立之初也如工业学堂一样，没有可供参考的模式。实习工场设立第二年，"藤井教务长恒久、赵庶务长元礼等赴北京考察各学堂工厂，赵庶务长等复赴日本调查各学堂工厂，以资仿效"。[⑥]而高等工业学堂也将实习工场视为极其重要的实践场所。

> 科学与实业如影随形，为国而思握实业之霸权，必有通于各种科学之人才，然后，旧者可图改良，新者可期发达。此泰西富强各国之公例也。
>
> ……夫工艺之学，以理化为基础。中国物产、地质胜于泰西，而制造远出各国下，实由不知化学工艺之法。今培成此等专家出洋肆习，实我工艺将来发达之本源，且新堂附设实习工场，更可联络一气，以工场为学生之实验厂，即以学堂为工徒之研究室。考法国巴黎有中央工艺学堂，包括各项制造学问，所尤重者，在半日听讲，半日入厂习练，既领会理化之精微，又经历其实验，以故法国工艺之精巧，凌驾环球。所愿当事省得所效法，而于科学力求精进焉，庶有握实业霸权之一日也。[⑦]

上文中随提到法国巴黎有中央工艺学堂"半日听讲，半日入厂习练"的教学模式，但实习工场已于该文成文之前设立，因此设立实习工场未必效仿法国做法，仅说明这种教学模式值得借鉴。

同时，高等工业学堂的教习也是工场授课的教师，对于自费工徒，也由该教习担当。

① 熊希龄，湖南实业学堂推广办法呈抚院稿，转引自璩鑫圭，唐良炎编.中国近代教育史资料汇编 实业教育、师范教育 [M].上海：上海教育出版社，1991：78.

② （清）工艺总局编.直隶工艺志初编志 表类卷上.北洋官报局，清光绪（1875—1908）.

③ （清）实习工场试办章程.北洋公牍类纂卷十八。

④ （清）工艺总局续订实习工场章程，北洋公牍类纂卷二十二。

⑤ 同上.

⑥ 同上.

⑦ 同上.

本场（实习工场）备讲堂一处，工徒每日须分班讲习书课一点钟，其聪颖者，就工业学堂所有之各项科学，量才施教；其次者，仅令习书算，其功课均由工业学堂各教习兼理。[①]

最后，实习工场在培养学徒的过程中注重实地操纵、现场培训，在教习、匠目的指导下进行训练，制造各种产品，通过"讲授实兼理、化、美、术四科之长"，以"量其艺之高下，事之难易"。[②]

实习工场不仅与高等工业学堂共同培养了高级工业人才，还为民间输送了大批具有实践能力的工匠，其行业包括纺织、木工、造纸等轻、化工业。这些学有所成的工匠"拟合绅商开办各项公司，使所学者得所用，庶几风气日开，民生日裕"。[③]

（3）实习工场开办"纵览会"

光绪三十二年（1906年）八月，实习工场还开办"纵览会"，现场展示机器设备、生产工艺及产品，让观者近距离体验。直隶工艺总局详报《实习工场开办纵览会情形文》中描绘了这一"纵览会"：

> ……近日官绅客商入场观者络绎不绝，员司导引每日应接不暇，而民间尤以未得入览为憾……过东织布厂，来宾等见各机听织各色缤纷均叹赏不止，及观陈列成品，金谓化样新鲜，推为特色；过织巾科，谓所织各巾匀密、坚致，次至染科兼彩印科，均谓布置得法，染法、印法、亦均敏妙；次至窑业科，观作坯、利坯、印坯、杀合坯、更复欣喜称赞；次至刺绣科，见花卉、翎毛鲜妍飞动，均极口称道弗绝；次至图画科，见壁上悬列成绩品，山水花鸟群，更叹为神致如生，金谓我国美术于此起点，均不禁为前途贺；次至制燧科（火柴科），见分杆、蘸药、装匣分用手摇机，灵捷巧速；次至提花科，见所织绸缎花样新外，成色高上；次至胰造科、木工科、木工模型各等科与陈列室，均相推赏，金谓工业为立国之本。前此所以黑暗者，以无人提倡也。今蒙宫保盛德锐意振兴提倡，前后始二年乃至如此发达，结此善果。谁谓中同之工业前途逊于外洋耶？……统计五日，约五万数千人，洵为盛举。而本邑诸巨绅入览之余，尤为歆动，有拟即行开创工厂，以通风气而兴实业者数家，仰见宪台筹办此会，其影响于阖邑绅商工业之思想甚非浅鲜……嗣后按年秋间开办一次，以兴工业而企开通……[④]

实习工场举办的这次纵览会通过现场展示，对激发商人开办工厂起到很好的宣传作用。袁世凯批文中有"嗣后准于每年秋间开会一次，俾众观感"。

纵览会的开办是后文中劝业会场举办劝业博览会的前奏，它和劝业博览会的实质是仿照日本模式以达到宣传工业的目的。

① （清）工艺总局续订实习工场章程，北洋公牍类纂 卷二十二.

② （清）工艺总局编. 直隶工艺志初编 志表类卷上. 北洋官报局，清光绪（1875—1908）.

③ （清）实习工场试办章程，北洋公牍类纂 卷十八.

④ 同上.

## 三、劝业会场、劝工陈列所与教育品制造所

### （一）劝业会场

劝业会场是直隶工艺总局创办的展示场所，始建于1905年，会场在1906年建成后，劝工陈列所、教育品制造所均迁至此。会场始名公园，取与民同乐之意。继以园中建置皆关学界、工商界。虽为宴乐，游观之地，实以劝倡实业为宗旨，故奉督宪谕改名曰劝业会场。劝业会场始由银元局经管，光绪三十三年（1907年）二月改隶属工艺总局。[①]

劝业会场（图4-9）由头门及两旁市房、二门及钟楼、教育品制造所、参观室、劝工陈列所、茶楼、宴会处、戏台、学会处、会议厅、打球房、荷花池旁披厦游廊、亭廊、八角音乐亭、鹤亭、鸟亭、鹿亭、草棚等建筑组成。以上建筑各具功能，通过各种休闲途径以达到劝倡实业的宗旨：

> 其体操场、音乐亭备各学堂学生分期运动、奏演以决高下而发扬精神；
> 其学会处备学界中人讨论学务，以期改良进步；其陈列制造等，所以振兴
> 工业之思想；其市场，以提倡商业而鼓舞商情；其油画亭，悬挂各种油画
> 以兴起国民之神志；其会议处、燕会处，以备官场办公与官绅宴集之用；
> 其照相、抛球、番馆、茶园、戏院，以备阖郡士民节劳娱性之资；其山水
> 花树鸟兽，更可以活泼心思而研求动植物学理，每当四时良辰，风日和煦，

① （清）工艺总局编. 直隶工艺志初编 志表类卷下. 北洋官报局，清光绪（1875—1908）.

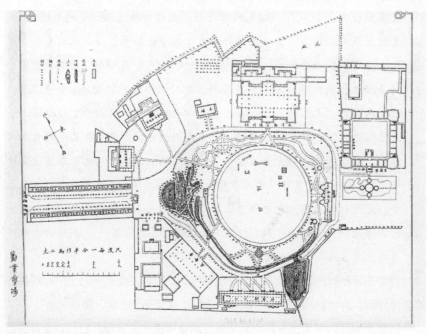

图4-9 劝业会场平面图
图片来源：《直隶工艺志初编》

马龙车水,联袂游观。官商绅民,通情合志,交换智慧,互轮学识。因会集而比赛,由比赛而竞争。于是,父诏其子,兄勉其弟,师(日/助)其徒。而凡学界、实业界以及一切理想,其所以洗濯锢蔽而焕发文明者自能转移于无形之中。而神其妙用,此又劝业会场建置之宗旨也。虽然开办之时有限,当前之物力维艰,竭蹶经营,收兹效果。而揆诸当事者澎涨之毅力与倡导之热心,盖一日不媲美欧瀛,即一日有未能踌躇满志者。[1]

① (清)工艺总局编. 直隶工艺志初编. 志表类卷下. 北洋官报局,清光绪(1875—1908).

这里不仅营造出一个近代城市的公共空间,极为有趣的现象是,在一个从整体格局到内部建筑设计都是西洋风格,仅局部点缀着中国元素的园林(图4-10),却运用了审美感兴。审美感兴是传统审美思维,在先秦就逐渐形成,贯穿于中国古代思想史,特别在中国传统园林营造中多有运用。"感兴"是指主体情感受到外物的触动感发,宋人李仲蒙说"触物以起情,谓之兴"。文中"通情合志"正是该意。同时,作为一个推广教育的场所,审美感兴对于能力的培养与创造潜能的激发具有重要作用,"于是,父诏其子,兄勉其弟,师(日/助)其徒。而凡学界、实业界以及一切理想,其所以洗濯锢蔽而焕发文明者自能转移于无形之中"就是很好的体现,是传统的审美思维与西洋的园林、建筑形式的结合。

## (二)劝工陈列所(原考工厂)

考工厂宗旨为"重在联络商情,考察市况。必须有人时在市面调查各货销路之畅滞、式样之新旧,以及材料之美恶、运道之远近,然后见景生情,改良、

图4-10 劝业会场
图片来源:《明信片中的老天津》

仿造，逐事进步"。劝工陈列所以"广集本省及外省货物、兼外国制品，分类度设，生其激发之心"为宗旨，故曰劝工陈列所。[1] 劝工陈列所原名为考工厂，后来劝工陈列馆迁至劝业会场，更名为劝工陈列所。早在 1902 年，北马路新建楼房，考工厂之名已有，光绪二十九年（1904 年）二月与工业学堂同时开办，一处为教育机构，一处行使社会职责。后来的劝工陈列所的建设、策划、展览等事宜与日本的商品陈列所有密切联系，考工厂虽然名称上继承了中国的汉字"考工"，但是其内容是大阪商品陈列所的翻版。教育家严修曾说天津的工艺总局就是日本商工局的具体化，劝工场就是商品陈列所。[2]

周学熙《东游日记》中记载，他于 4 月 29 日晤藤井后去往商品陈列所，晤事务长，获赠《大阪府工业概览》《陈列所十年纪要》，并了解到商品陈列所办法分四部：

一、见本部（样品部——编者注），广搜国内外制品，标其价目，常年纵览无禁。有愿购者，听。

二、调查部，本国制造家，或令呈其制品，或时巡视其制法，与外国比较，凡工作之精粗，成本之贵贱，以及销场之衰旺，时价之涨落，运费之多寡，种种利害关系，悉为考究确实；务为劝导诱掖，以启其心志，振其精神。有能依新法制品者，给奖牌以褒嘉之，或准专利以保护之。

三、试验部，设化学器具，以待工业上之咨询，凡关化学品物及矿产，均为分析试验，使制作家知其原质，明其理化，因而悟其方法，乃能精益求精。

四、图书部，凡工业上紧要内外书籍、报告、新闻、杂志以及商品目录，特许商标公报等件，时时收罗，以备来者观览，得资考证。

此四事外，尚有通商月报，博访海外贸易情形，每月一刊发，略取资焉。[3]

该陈列所从 1890 年创立后，其他府县多仿行之，其结果就是"今日本通国无一人不需洋货，而无一洋货非出自本国仿造者，此所以区区小国能自立于列强商战之世也"。[4] 周学熙全面接受了日本商品陈列所的事务诸办法，运用在考工厂的运行上，在给袁世凯《请办工艺总局文》中说道"工艺局及考工厂应办事宜酌采日本成法，参以本省现情，谨拟大概办法章程"。[5]

在《工艺总局禀酌拟创设考工厂办法四条》中有事务计分四项，与日本商品陈列所办法分四部几无二致：

一为度设，搜集本省土产，外省货物，外国制品分类陈列，标其价格、品质及产地，以供商业家之观览。

二为考察，凡本地，或各属工业家，或令陈其制品，或巡视其制法，

① （清）工艺总局编.直隶工艺志初编 志表类卷上.北洋官报局，清光绪（1875—1908）.

② 严修著，武安，刘玉梅.严修东游日记[M].天津：天津人民出版社，1995：173-174.

③ 周学熙.东游日记[G]// 周小鹃.周学熙传记汇编.兰州：甘肃文化出版社，1997：108.

④ 同上.

⑤ （清）北洋公牍类纂卷十六.光绪三十八年刊本.

与外国比较其得失，本地及附近地方可兴之利，所出之产，皆勤加访察，俾众周知；凡工作之精粗，成本之贵贱，销场之衰旺，运费之多寡，装裹之良否，及其他有关于工商业之盛衰者，皆悉心考究，以便改良，并随时开演说，实验等事，邀集工业家发明各项要理及其方法，以资开导。

三为化验，设化学器具，凡有呈验化学品物及矿产者，均为分析试验，使知其原质，明其理化，以便设法制造。

四为图书，凡关系工业上之书艺，标本，报告、新闻杂志，以其商品目录，特许商牌等件，皆时加搜罗，以便工商家之考证。

此外，尚有本地进出口货之销滞，行情之涨落，及外埠、外国之贸易情形，及有关工商之要理，拟随时刊入北洋官报，俾众周知。俟商务兴盛，再行白刊月报。①

在陈列馆陈列商品种类上也与日本所见极为相似，极有可能是在藤井恒久的协助下编制的办法。考工厂陈列馆陈列商品如下：一、工艺品（教育品、美术品、制造品、机织品），二、天产类（矿产、水产、临产、农产）；② 日本高等商业学校陈列所分四部：一、工艺品，二、农产及水产，三、矿产品，四、铁器机械及建筑材料。③

光绪三十年（1904年）二月，考工厂房屋竣工在即，聘请日本盐田真为艺长，还委派司事陈秉铿、孟广进和在日本经商多年的纪钜汾前往日本参观学校、工厂，四月回津。期间所见所闻记录成《东航日记》，其中《陈列所见闻录》《东京商品陈列馆》记录内容在回津后编制的《考工厂试办章程》中有所体现。聘请的艺长盐田真，是高等工艺学堂教务长藤井恒久在周学熙东游日本时介绍给周学熙的，周学熙在《东游日记》里谈到初次见面时对盐田真的印象："藤井介绍博览会美术审查官盐田真来见，年五十余，颇老成，曾奉国命赴泰西各赛会数次，工业阅历甚深"。④ 盐田真曾经在日本工部省、农商务省担当商品陈列所和博览会事项，1873年参加审查维也纳万博的工作，1876年被政府派往费城博览会，1900年担任巴黎万国博览会审查，1903年第五回内国劝业博览会时是"美术及美术工艺"部门的审查员。他既是官僚同时也是技术人员，主要精通陶器和古美术。曾经在日本的美术教育权威学校东京美术学校任教。⑤

而作为艺长的盐田真，其责任主要是担当实业家的顾问，详细回答各工商界人员的咨询，同时还要演说工商要理，教授工艺方法，规划标本展陈，制作说明，鉴别商品等。⑥

可见，日本的商品陈列所对劝工陈列所有直接的影响。

劝工陈列所在职能上主要进行工业产品展示、开办劝工展览会不直接从事生产，"酌采日本成规，致本国及外洋之常用稀有各物品，复编订寄陈章程，

① （清）北洋公牍类纂卷十六．光绪三十八年刊本．

② 同上．

③ 周学熙．东游日记[G]//周小鹃．周学熙传记汇编．兰州：甘肃文化出版社，1997：96．

④ 周学熙．东游日记[G]//周小鹃．周学熙传记汇编．兰州：甘肃文化出版社，1997：108–109．

⑤ 青木信夫，徐苏斌．清末天津劝业会场与近代城市空间[G]//建筑理论建筑历史文库第1辑．北京：中国建筑工业出版社，2010：158．

⑥ （清）北洋公牍类纂卷十七．光绪三十八年刊本．

招来个贵重商货,存厂代销,于是标签、志票、百货骈阗……每日购票参观者以千计;寄售货物儿及万品,其值乃自数万至十余万。"① 劝工陈列所还陈列了工艺总局附属机构的产品,实习工场提花绸缎;教育品制造所各种仪器、学堂用品;劝业铁工厂各种人力、机器、水龙、桌椅、磅秤各物件。此外,劝工陈列所还陈列了天津、北京、直隶各县及外省的各类产品。

通过开办劝工展览会,对国货实行免税以达到扶植国货、广开销路、与洋货抗衡的目的。光绪三十二年(1906)十月,天津第一次工商劝业展览会就是在劝业会场内的劝工陈列所举行的。这次展览会制定了《天津劝工展览会章程》:

> 开会日期每年十月初七至十三日,共为一星期;会场择定河北工院学会处前新建考工厂罩棚内……此会宗旨意在振兴工商并扩销路……陈列货品并非夸奇斗博,不过为振兴本国工艺,故外国货物暂不列入,其中国货物不拘何省、何县,均可贩运入场,以便互相考较……地方官绅宜先期分赠优待票,届时茶烟招待,以示优礼。②

该会还向袁世凯申请:"今考工厂开办展览会,为提倡工业关键,拟请比照皇会成案,所有与会货品,均由职局验明给予凭单,转请津海关道发给护照,免纳税捐。"而免税规则也规定:"劝工展览会既专收土货不收洋货,所有会场出口土货应准免纳税厘,其洋货概不准夹带影射,如查出前项情弊,照例充公。"袁世凯充分肯定该会"请免税捐,系为奖励工业要举,自应准照。候行津海关道及天津厘捐总局查照,转饬各分关局卡,一体遵照办理。"③

除此之外,劝工陈列所劝办、兼办的各类事务,劝办工业售品所分销处,民立一、二两个艺徒学堂,民立五、八两个织布工厂及木工场;兼管工业售品所分初和总处并为民立工场设代销公柜,以助民立各场土布的推销;成立工商研究所以及设立拍卖出等。

这些兴办、劝办、兼办的事务,达到了周学熙呈袁世凯《请办工艺总局文》中预期的效果,并逐渐将这股兴办实业的风气推广至民间:

> "日本商品陈列所凡乡间、大市镇皆有之,多由民捐民办,官惟督察之而已,中国民间迎神赛会,耗资不少,若使移彼就此,事属优为,风气一开,民自乐从,必有日兴月盛之象"。④

## (三)教育品制造所

1904年秋,督办周甫开设考工厂规模初具,因思工非学不兴,则教育宜重学,非工不显,则仪器尤先。考各国学校用品,皆本国制造,日新月异、别出心裁。中国欲教育普及,非制造教育品不可。⑤

① (清)工艺总局编.直隶工艺志初编 志表类卷上.北洋官报局,清光绪(1875—1908).

② (清)北洋公牍类纂卷二十.光绪三十八年刊本.

③ (清)北洋公牍类纂卷二十.光绪三十八年刊本.

④ 同上.

⑤ (清)工艺总局编.直隶工艺志初编 志表类卷上.北洋官报局,清光绪(1875—1908).

① （清）工艺总局编.直隶工艺志初编.志表类卷上.北洋官报局.清光绪（1875—1908）.
② 周叔媜.周止庵先生别传 [G]// 周小鹃.周学熙传记汇编.兰州：甘肃文化出版社，1997：132.

教育品制造所以"仿造教育上各种品物、仪器，专备学堂教科之用，以浚发学识，挽回学界漏卮"为宗旨，故名曰教育品制造所。①

最初在玉皇阁内修葺房屋设立教育品陈列馆，搜集、陈列中外教育品。凡教授用品及图形、理科仪器标本，以及各学堂建筑模型，罔不具备。②光绪三十一年（1905年）十一月设教育品制造所，该所租北马路民房，而附属于玉皇阁内的教育品陈列馆。教育品制造所主要制造各类教育用品。

劝业会场建成后，教育品陈列馆与教育品制造所迁至劝业会场，合并为教育品制造所，原来的陈列馆改为参观室。教育品制造所主要功能为教育品生产与展示，附设会所进行仪器讲演、夜课补习，附设图书楼进行书籍编纂。

教育品制造所所设工匠及科目包括：金工、木工、纸工、漆工、画工、玻璃工、印刷工。制造品科目包括：力学、水学、气学、声学、光学、热学、电学、化学、生理学，各种仪器，各种动物、植物、矿物标本；以及幼儿园和小学各种教具。其制造所从1905年冬生产至1906年冬"除极精细之玻璃、极难化之药料，须暂购自外洋，其余各原料、各品物，无不惟我取予，无待他求。"③

③ （清）工艺总局编.直隶工艺志初编.志表类卷上.北洋官报局.清光绪（1875—1908）.

## 四、北洋劝业铁工厂

周学熙在日本参观博览会场的工业馆时看到各国陈列的展品，"中国占地甚少，出品难制胜"④，回国后看到洋货充斥民生，日用饮食之需都是洋货，而中国本土生产的物品，难以与之抗衡。究其原因，周学熙认为工艺不精是由于机器太少造成的，于是决定开办铁工厂：

④ 周学熙.东游日记 [G]// 周小鹃.周学熙传记汇编.兰州：甘肃文化出版社，1997：92.

> 职道等昔尝赴日本，见其百端制造无往不用机器，其造机器之厂亦随地皆是，故人人易购，人人易习虽匹夫匹妇之工作，亦半资手工半藉机力。此所以，彼国货物工省价廉，销路也大畅也。伏思宪台锐意振兴工业，现在各属风气渐开，多有设厂购机之议，然本国无制造机器之厂，功辄须赴外洋，往往因款绌、运艰遂废。然中止是欲提倡工艺，非自创设造机器之厂不可。⑤

⑤ （清）北洋公牍类纂卷十八.光绪三十八年刊本.

北洋劝业铁工厂属于直隶工艺总局兴办的企业，于光绪三十二年（1906年）四月开办，附属于户部造币北分厂，八月划归工艺总局。周学熙认为，凡制造各种机器，莫有不资于铁，是厂之设计以创造机器开工艺先声，挽利权而便民用为宗旨，故名曰劝业铁工厂⑥，另有分厂设于大沽，曰铁工分厂，即前文北洋水师大沽船坞发展的一个阶段。

⑥ 同上.

北洋劝业铁工厂的初创是由银元局划出厂房成立的，在这些厂房的基础上进行扩充，并划出界线区分于银元局。银元局原有的修机、翻砂、木样等厂子的工匠手艺已经十分娴熟，抽调熟练工匠 4 名、一般工匠 66 名及高等学徒 30 名，援助劝业铁工厂，就可以进行初步的生产。铁工厂先从日用器物之机械起造，以期推广贫民工业，如纺织汗衫、毛巾、轧花、罐匣、灯盘、纽扣等类可造者甚多。[①] 逐渐形成完善的制造科目：机器科、木样科、翻砂科、熟铁科、电镀科、铆锅科等。

银元局内参仿日本办法附设的图算学堂划归劝业铁工厂后被裁撤，"仍留机器、木样、翻砂、熟铁、电镀、铆锅六科"。[②] 其毕业学生除送官报局、官纸厂及日本大阪铁工厂外，其余均毕业留在铁工厂任事于各科中。

周学熙认为：该厂之主要效用与实习工场性质相同，不重在本身之发达，而重在间接之提倡。[③] 在教习上特别注重技艺的提高和实际操作的能力，实行工匠授徒弟，一一对应制，视学徒能力赏罚工匠与学徒，反映在《北洋劝业铁工厂试办章程》中。

> 一、木厂匠艺贵精，不贵多，应定每匠一名带教艺徒若干名，每年考试一次，察其技艺之程度，酌加工食以示鼓励。如教授艺徒著有成绩，更当格外加赏，以酌其劳。二、高等学徒固重图算，尤重实修，其实修时，亦应指定随某匠学习。如有不用心，或久无进步者，应由该厂司事禀知坐办，将该匠徒分别惩儆，其专意用功，技艺精进，能与工匠一律工作者，亦应禀请提升工匠，酌加工食；其特别者，并可递升匠目、员司，以昭激劝。三、高等学徒实修程度，每届季考，时列优等者，其平日教授之匠酌予记功，列下等者，该匠亦应记过，以示劝惩，而昭公允。[④]

在生产的产品方面，铁工厂开工仅一年半，即制造出锅炉、汽机、汽剪、汽锤、汽碾、车床、刨床、钻床、铣床、起重机、抽水机、石印机、铅印机、压力机、织布机、造火柴机、造胰机、榨油机、磨面机、棉花榨机、消防水龙、喷道水车等，这都为天津及附近地区的工业发展提供了必要的设备。在产品质量上，凡制成一物必须由总械师考验评定，如有不合法者，随时改良，以图精进。根据天津劝业陈列所民国元年（1912 年）九月的报告：当时开办的天津织染缝纫公司、天津造胰公司、丹凤火柴公司和三条石郭天祥，郭天顺机械厂的机器、车床，河北高阳的织布机，宝坻、香河的织毛巾机等，大多是劝业铁工厂提供的。

通过北洋劝业铁工厂的兴办及图算学堂的人才培养，在华北机匠中形成津沽机匠之帮。

> 盖我国机匠以区域分帮：在华南者曰广帮，在华中者曰宁波帮，在华北者曰唐山帮，曰津沽帮，其唐山帮则由开滦煤矿、洋灰窑（启新水泥厂）、北宁路而来；其津沽帮则自天津铁工厂，大沽船坞而来，两帮机匠之股转传习，衣钵相承，风声广被，揆其渊源所自，固多与吾祖（周学熙）有关也。[⑤]

① （清）北洋公牍类纂卷十八．光绪三十八年刊本．

② （清）工艺总局编．直隶工艺志初编 志表类卷下．北洋官报局，清光绪（1875—1908）．

③ 周叔媜．周止庵先生别传 [G]// 周小鹃．周学熙传记汇编．兰州：甘肃文化出版社，1997：129．

④ （清）工艺总局编．直隶工艺志初编 志表类卷下．北洋官报局，清光绪（1875—1908）．

⑤ 周叔媜．周止庵先生别传 [G]// 周小鹃．周学熙传记汇编．兰州：甘肃文化出版社，1997：129—130．

综上所述，高等工业学堂、实习工场、劝业会场、劝工陈列所与劝业铁工厂所设图算学堂的兴办，由于国内没有更早、更成功的案例模仿，因此是通过学习日本相关机构的模式兴办起来的，它们的兴办在中国具有领先性与探索性。

## 五、直隶工艺总局及其企事业单位的选址及建筑设计

直隶工艺总局、直隶高等工业学堂于 1903 年初创时都选址于旧城东南的草厂庵内，1904 年实习工场兴办也在此由教养局房屋改造，此时的河北新开区正处于建设阶段，可以看出一方面并没有更合适的选址地点，另一方面也看出最初对直隶工艺总局的认识和重视程度都不太高（表 4-5）。周学熙认为不能仅仅依托教养局建设一个将来能够培养人才的高等学堂，因此在直隶工艺总局及其企事业单位纳入河北新开区的规划。建成的河北新开区不仅是新的行政中心，而且如周学熙构想的那样成了"工业推广中心"（图 4-11）。

直隶工艺总局及各企事业单位位置变迁　　　　表 4-5

| 名称 | 时间（年） | 地点 | 时间（年） | 地点 |
|---|---|---|---|---|
| 直隶工艺总局 | 1903 | 旧城东南草厂庵 | 1907 | 玉皇阁 |
| 直隶高等工业学堂 | 1903 | 旧城东南草厂庵 | 1905 | 实习工场对面 |
| 实习工场 | 1904 | 旧城东南草厂庵 | 1905 | 天津窑洼新址 |
| 劝工陈列所 | 1903 | 北马路 | 1906 | 劝业会场 |
| 教育品陈列所 | 1905 | 玉皇阁 | 1906 | 劝业会场 |
| 教育品制造所 | 1905 | 北马路 | 1906 | 劝业会场 |

资料来源：直隶工艺总局及各企事业单位年代及位置均来自《直隶工艺志初编》

### （一）直隶工艺总局

先后建设的两处直隶工艺总局都为中国传统样式建筑，设置于旧城草厂庵内时，建筑较为简陋，迁至玉皇阁则显得较为正式（图 4-12）。图 4-13 为 1907 年直隶工艺总局迁入玉皇阁内的平面图，整个建筑坐南朝北。中轴线上依次布置牌楼、大门、垂花门、办公处、玉皇阁。西侧一路为客厅、延宾室、厨房，东侧一路为员司住室、储藏室、厕所。据《直隶工艺志初编》记载，上下楼房大小五十六间。[1] 从老照片可以看到入口的三间四柱牌楼，凸显直隶工艺总局的气派。

① （清）工艺总局编．直隶工艺志初编 志表类卷上．北洋官报局，清光绪（1875—1908）．

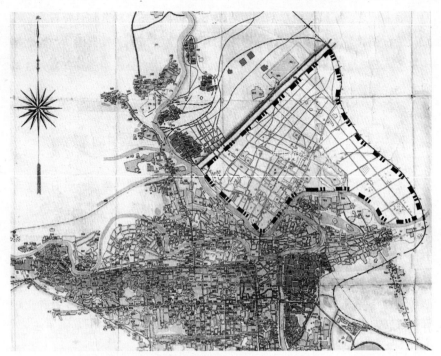

图 4-11  1908年天津地图中河北新开区道路结构

图片来源：原图摘自《天津地图集》，作者改绘

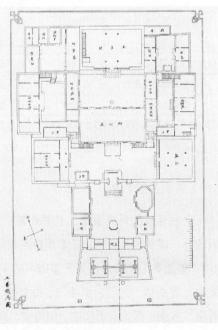

图 4-12  上图为草厂庵的直隶工艺总局、下
图为玉皇阁的直隶工艺总局

图片来源：《近代天津图志》

图 4-13  直隶工艺总局平面图

图片来源：《直隶工艺志初编》

### （二）高等工业学堂与实习工场

　　高等工业学堂勘定在草厂庵以北一带官地，动工建筑新校舍数十间作为讲堂、办公室、教务室。设有化学试验室、机器实习场、阅报、诊察庭、延接、储物及教务长、庶务长、监学、斋务长诸室。在贡院前建化学和机器两场20余间，备实习用。拟建洋式楼房两层，前一层为陈列所、客厅、账房、库房，楼上为办公室；院南建东北楼房作讲堂，西建试验实习场四间，其北面的教养局作为工场，其东面的草厂庵为学生宿舍食堂。①

① (清)工艺总局编.直隶工艺志初编 志表类卷上.北洋官报局，清光绪（1875—1908）.

　　上文描绘了依托于教养局而建的高等工业学堂的功能组成，文中最后提到因屋舍不合学堂程式，现于河北窑洼实习工场对面建筑新堂。对照平面图（图4-14）中功能与文中描绘极为不符，可以断定该图所绘并非草厂庵的高等工业学堂平面图，而是实习工场对面新建的学堂。从平面图中可以看出，建筑中轴对称，接近"出"字形。南边一列中轴线上布置入口及客厅，两侧分别布置图书室、检查室、储物室等，大讲堂至于尽端。北边一列中轴线上布置礼堂，两侧依次是教室休息室和讲堂。化学分析、药科室等布置于西侧，学生宿舍布置于东侧。立面底层采用券廊，二层窗上做成三角形山花。整个建筑设计时应该采用西洋古典构图（图4-15）。

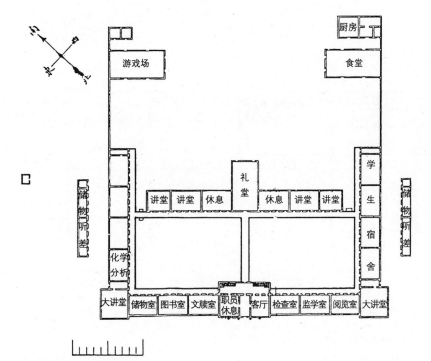

图4-14　高等工业学堂平面图
图片来源：《直隶工艺志初编》

实习工场在天津窑洼孙家花园旁，为新建洋房，据《直隶工艺志初编》记载，其建筑功能包括大门号房、公务厅、客厅、会议厅，各司员住室、售品处、陈列馆、东西讲堂，各种房工徒号宿舍，以及马号车棚、厨房等，共计上下楼房五百六十四间。[①] 可以看出实习工场是一个综合建筑，图纸（图4-16）所示的格局与《直隶工艺志初编》记载基本吻合，只是图纸更为详细。"共计上下楼房五百六十四间"可以了解近代天津最大规模的工业培训基地的盛况，

① （清）工艺总局编. 直隶工艺志初编 志表类 卷上. 北洋官报局，清光绪（1875—1908）.

图4-15 高等工业学堂
图片来源：《周学熙传》

图4-16 实习工场平面图
图片来源：《直隶工艺志初编》

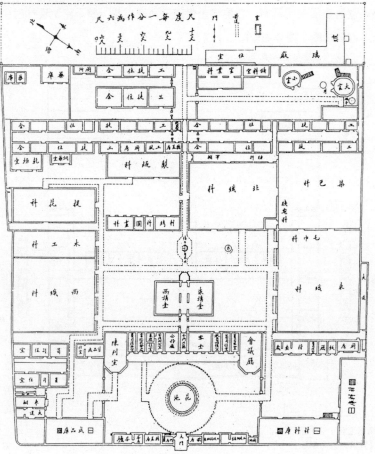

为天津各行业培养了第一代近代企业工人。

### (三)劝业会场、劝工陈列所与教育品制造所

劝业会场的选址无论是在河北新开区的初创时期还是未来整个新区建成,其位置都处于整个区域的中心。而河北新开区的建设首先是从西南、东北两个方向中心发展,转而向东南蔓延,劝业会场不仅在东南新区中轴线和西北天津北站(1903年)人流方向的交汇处,劝业会场的建成(1906年)无疑也带动了新区东南区域的建设。

劝业会场公园的总体规划也和日本的第一回内国劝业博览会规划十分接近,日本的平面是三角形,而中国的则是圆形。日本在表门的外面有卖店。逢传统的"缘日"时寺院人口处自然形成了商店,这个空间日本称为"缘日空间"。这里构成了进入寺院的空间序列,也是百姓娱乐的场所之一。而第一次内国劝业博览会吸取了这种做法。在天津劝业会场在一门和二门之间会发现同样有一个序幕性的商业空间,也构成了进入会场的前奏,并加强了劝业会的娱乐性。也就是说公园的理念和劝业会的理念都直接受到了日本很大的影响,并且在设计构思方面也有相通的地方。[①]

劝工陈列所(原考工厂)的选址在《直隶工艺志初编》中有详细记载:

> 厂中度设商品所,以激发工业家之观感,自宜择市内繁盛商务荟萃之区,前禀摹面谕,以北马路官银号洋楼地基,改造地势,宽阔居中,择要最为合宜。嗣以银号一时尚难迁徙,又蒙指定龙亭后隙地一段,交通便利,亦尚合用。现拟就此处建筑楼房一所,暂行度设商品,另绘房图附呈,一俟批准后,即行开工,惟厂中罗列土产洋货需地甚宽,此处限于地势无可开拓,不足以容纳众品。将来工商兴旺,尚拟再行推广。查新马路地方与宪署相近,又为新车站径来要道,地势宽绰。自开马路后,中西商人接续修造房屋,繁庶之象计日可竢。拟待该处商业兴旺后,另行在彼择地建筑,以为永远之计,届时再行禀办。[②]

劝业会场内设置的劝工陈列所,也证明了劝业会场的选址是"市内繁盛商务荟萃之区"。劝工陈列所由南向北主要分成三个区域(图4-17),依次是:展览区(共六个展区),接待室、公事房、讲堂,住宿区。展览区面积较大,约占1/2的面积,以满足"容纳众品"。最初在北马路时为接待外地绅商附设的迎宾室,在新馆为优待室。

教育制造所迁至劝业会场后,由两座建筑组成,一座用于教育品制造及展示,功能较简单,后部为工场,前部设参观室;另一座主要功能为图书室、管理及住宿(图4-18)。

① 青木信夫,徐苏斌.清末天津劝业会场与近代城市空间[G]// 建筑理论建筑历史文库第1辑.北京:中国建筑工业出版社,2010:158.

② (清)工艺总局编.直隶工艺志初编 志表类卷上.北洋官报局,清光绪(1875—1908).

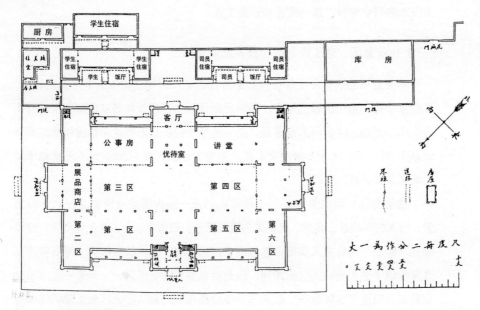

图4-17 劝工陈列所平面图
图片来源:《直隶工艺志初编》

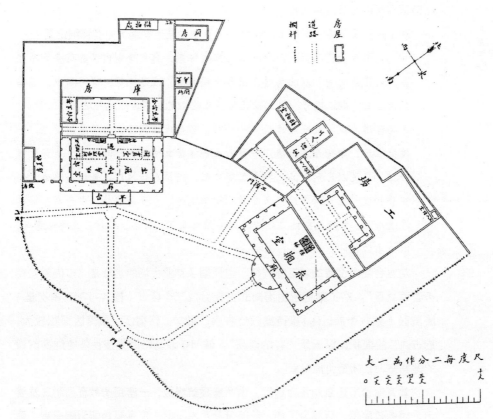

图4-18 教育制造所平面图
图片来源:《直隶工艺志初编》

## （四）劝业铁工厂

① （清）工艺总局编．直
隶工艺志初编 志表类
卷上．北洋官报局，清
光绪（1875—1908）．

　　劝业铁工厂由银元局划出计机器厂房九间，木样厂房二间，熟铁厂房三间，
翻砂厂房四间，电镀房一间，共十九间；后又建机旁九间，木样厂披厦二间，
熟铁厂披厦三间，工徒匠屋二十八间。[①]与图中较为吻合（图4-19）。

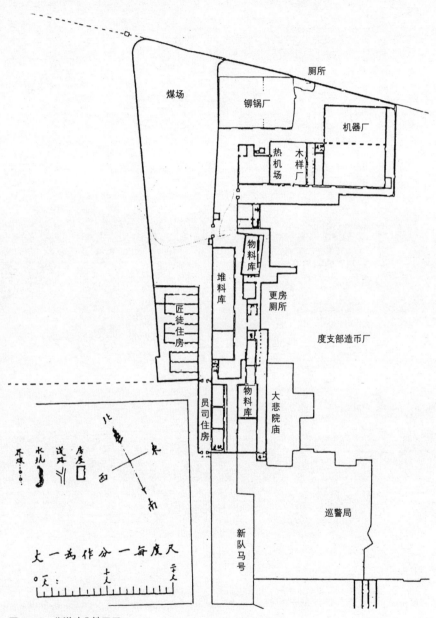

图4-19　北洋劝业铁工厂
图片来源：《直隶工艺志初编》

## 第一节　兴盛期的天津近代民族工业

天津近代民间资本产业种类众多，主要包括纺织、化工、日用品加工、机器制造、面粉等行业，这些行业中尤以纺织、化工最为突出，也是这一时期工业遗产中尚有遗存的类型。以"永久黄"团体为代表的海洋化工是我国近代化学工业的摇篮，"永久黄"团体是著名民族实业家范旭东先生创办的三家化学生产、研究机构的总称，包括久大精盐公司、永利碱厂和黄海化学工业研究社；以六大纱厂、东亚、仁立毛呢公司为代表的天津近代纺织业与上海、青岛并称近代纺织的"上青天"。是近代天津民间资本产业的重要组成部分和典型代表。

### 一、民国后天津近代民族工商业的发展背景

"新政"的各项措施为天津近代民族工商业的蓬勃发展奠定了基础，辛亥革命之后，中华民国临时政府颁布了新的政策法令，如 1914 年颁布了《商人通则》，以保护民族工商业者。"新政"时期兴办的两座造币厂度支部造币总厂与度支部造币津厂于 1912 年合并，更名为"中国财政部天津造币总厂"，是当时全国的造币基地，为天津的商业繁荣、资本聚集提供有利条件。同时，天津作为北方最大的港口，经历"新政"时期的城市转型后，成为华北第一大港，据 1930 年出版的《天津志略》记载，"天津为一大平原，数里内不见邱山。当九河之尾闾，扼六路之中心，外通洋海，为满、蒙、冀、豫、热、察、绥、晋、陕、甘、新疆、青海等地物产之总出纳地，世界货物之一大贸易场。"[1] 政府政策、地理优势和物质条件的支持是天津近代民族工商业繁荣的重要因素。

除此之外，第一次世界大战后国内掀起的爱国运动，"抵制洋货、爱用国货"是促进民族工商业繁荣的时代因素，鼓舞了民族工业创办的积极性，民间资本创建的面粉、纺织等行业得到空前繁荣，如中日合资寿星面粉公司重组并更名

① 张利民.略论天津历史上的城市定位 [G]//纪念建城 600 周年文集.天津：天津人民出版社，2004：89.

为寿丰面粉公司，天津大大小小的纺织企业都生产"爱国布"以抵制日货。寿丰面粉公司自主经营、扩大生产，发展成华北规模最大的面粉企业之一，纺织业更成为华北地区的垄断行业。

## 二、兴盛期天津近代民族工业的类型与性质

"新政"时期在直隶工艺总局的劝办下发展的工业主要以民用轻工业为主，集中在纺织、面粉、制油、造胰、烟草、造纸等行业，处于手工业向机器生产转型的阶段。兴盛期天津近代民族工业中纺织业、化工业异军突起，整体格局依然以轻工业为主、门类齐全的局面，产品辐射三北地区。

在性质方面，官办、官助的产业在这一时期已退出历史舞台，取而代之的是政客、军阀入股企业，其中最为明显的属纺织行业。

## 三、兴盛期天津城市发展

首先，天津近代民族工业的迅速发展带来了天津的城市化，由于天津城区和租界已有较大发展，难以容纳工业发展所需要的空间，郊区农业用地逐步被工厂侵蚀，许多大型企业开设在市区或租界区边缘，企业周边出现了大小不一的居民聚居区。原本城郊地区的社会结构逐渐发生变化，城区范围不断扩大，城市功能逐步完善，城市基础设施逐渐齐全。

其次，民族工业的迅速发展带来了城市人口聚集。天津各类部门的大、中、小型企业需要越来越多的劳动力从事工业生产，为社会提供了广泛的就业机会。各行业中以纺织工人的数量为最。

最后，天津的经济活动已经不再是仅仅以首都和华北地区为对象了，而是世界市场的组成部分。到 20 世纪 20 年代，天津的经济实力大增，辐射范围扩大，已经发展成为华北乃至西北和东北地区的经济中心，天津作为北方经济近代化的代表，确立了北方经济中心的地位，是继上海之后中国最令人瞩目的工商业城市。[①]

① 张利民. 略论天津历史上的城市定位 [G]// 纪念建城 600 周年文集. 天津：天津人民出版社，2004：90.

## 第二节 久大精盐公司与黄海化学工业研究社

久大精盐公司即"永久黄"团体中的"久"，始建于 1915 年。它的兴办结束了中国人民食用粗盐的历史，而且积累了资金和办厂经验，为永利碱厂的创

① 天津碱厂志编修委员会.天津碱厂志 [M].天津：天津人民出版社，1992：8.

立提供了条件。①1922 年，范旭东在久大精盐公司试验室的基础上创立了黄海化学工业研究社，是我国近代第一家私营科研机构。

## 一、久大精盐公司的兴建背景

1912 年北洋政府首次派出范旭东等四人赴欧洲考察盐专卖法、盐业技术和盐的工业应用。考察组在欧洲看到洋人食盐取税轻微，盐质优良，洁白卫生。政府以免税政策鼓励将盐用于工业，推动了化学工业的发展；采制盐都使用机械，降低了盐的成本。盐成了很多国家富国利民的财富。这些对范旭东有很大的触动。1914 年北洋政府颁布制盐特许条例，允许制作精盐。范旭东在盐务专家景韬白的支持下，从改善国人食盐卫生着手，创设中国第一家用近代工艺制作精盐的工厂。②

② 陈歆文.中国近代化学工业史 1860—1949[M].北京：化学工业出版社，2006：263.

### （一）久大精盐公司的选址与当地的生产工艺

范旭东的久大精盐公司选址于塘沽，是与该地区的资源条件密不可分的。塘沽、汉沽具备得天独厚的海盐资源，地表聚集大量盐分，是长芦盐业的重要组成部分。五代后唐同光三年（925 年），幽州节度使赵德钧置芦台盐场，至明代"万灶沿河而居"，长芦盐场多达二十四场。塘沽盐场旧称丰财盐场，因隶属长芦管辖，历史上统称其为长芦盐场。

在当地，早就有着历代相传的晒盐工艺。早期丰财场盐业的生产方式，可以概括为"刮土淋卤，置灶煎煮"，取卤是制盐的关键。塘沽地区取卤工艺为：先从海边开出土沟，引海潮灌入沟旁筑晒地数层。长芦盐田的晒地一般是七层或九层。有的须用戽斗打海水入第一层池，晒之；再灌入第二层池，再晒之；依次灌晒至最末层。待盐田水面泛花，则盐分已足，即用耙刮集起来，再用海水淋渍，使盐分溶为卤，即可预备煎晒之用。③

③ 中国第一历史档案馆，天津市塘沽区人民政府.清末塘沽宫廷史料 [M].北京：中国档案出版社，2010：2.

取卤之后即分为煎、晒两种方法制盐，煎法是将卤放在煎盐用的盘铁上用火煎至卤水结晶。晒法是将池中注入卤水，风吹日晒使卤水结晶，该法较煎法成本低廉。康熙皇帝大力推广"天日晒盐"，雍正年间，丰财场滩已全部废煎为晒。"天日晒盐"成为塘沽地区海水制盐的传统工艺，延续至今，工艺并无太大变化。

塘沽地区盐场的每户摊主拥有一定面积的盐滩用以"天日晒盐"，灶户（摊主）郑元岭盐滩周围的汪子是贮存海水之所，分九层盐池，地势一层比一层低，通过日晒，灶丁依次递入盐水，盐分一层比一层饱和，最终生成盐。④

④ 中国第一历史档案馆，天津市塘沽区人民政府.清末塘沽宫廷史料 [M].北京：中国档案出版社，2010：24.

这样生产出来的盐为粗盐，含有的钙、镁离子及杂质较多，要生产出精盐，就必须在此基础上除去钙、镁离子等。范旭东建设久大精盐厂西厂时，加工精盐的原料是购买的粗盐。后来建设久大精盐厂东厂，自主加工粗盐，其粗盐的加工工艺也是传统的晒盐工艺（图5-1）。

粗盐的生产与西方采制盐使用机械相比，不仅条件落后，而且产品质量较差，更无法应用于化学工业。志在开拓化学工业的范旭东就以久大精盐厂的创建为起点，开始了自己的事业。

## （二）久大精盐公司的兴建

范旭东募得资金买下通州盐商开设的熬盐小作坊，开始筹建久大精盐公司。他在塘沽购地13.5亩，于1915年6月7日破土动工建筑厂房，除锅灶由上海求新工厂制造外，其他主要设备由他亲自到日本调查购买，同年10月30日，第一工厂落成。1916年4月6日久大精盐厂西厂竣工投产。所产精盐商标为"海王星"，象征着为广大人民造福。9月11日，第一批精盐运往天津销售，后又在湖南、湖北、安徽、江西打开了销路。1917年11月久大精盐厂东厂（第二工厂）落成。1919年扩建东厂，规模日渐增大。由于精盐品质纯净，物美价廉，业务发展迅速，产量从建成初期的1500吨／年发展到1936年的62500吨／年。[①]

① 天津碱厂志编修委员会.天津碱厂志[M].天津：天津人民出版社，1992：8.

## 二、久大精盐东西二厂及生产工艺

久大精盐公司先后建西厂、东厂两厂，西厂（图5-2）于1915年先建，选址于塘沽南站西北侧（现天碱俱乐部以北），占地13.5亩。由于建设西厂时购粗盐为原料，因此西厂的建设没有考虑到接近盐田，而选择了距离塘沽南站和海河都不远的用地，以方便运输。东厂的选址，很大程度考虑了原料成本，东厂建于1917年，选址在接近盐田的用地，自主生产粗盐，以此为制作精盐的原料，盐田设于东厂的东侧。沿海河建设的久大码头，位于两厂中间，是久大精盐公司重要的运输渠道之一。

图5-1  1918年久大精盐厂东厂盐田
图片来源：天津碱厂展览馆

图5-2  1920年久大精盐厂西厂全景
图片来源：《图说滨海》

① 基泰工程司在中华人民共和国成立后参与了久大精盐厂西厂的干燥车间设计，笔者从基泰工程司阎子亨后人阎为公处看到该图。

20 世纪 50 年代初期基泰工程司绘制的久大精盐厂西厂总平面图（图 5-3）为我们提供了近代精盐生产的车间构成与加工工艺。① 该图所示久大精盐厂西厂面积比 1915 年购地时的 13.5 亩大出数倍，是后来不断扩建后的范围。1920 年久大精盐厂西厂全景照片中呈"T"形的干燥车间在平面图中清晰可见，而当时图书、医院、碳酸镁及碳酸镁仓库等建筑都未建成。

精盐生产是将原盐化成粗盐水并进行精制，除去其中所含的钙、镁离子等杂质，生产出合格的精制盐。中国的盐业生产一直以手工操作为主，以畜力为动力进行加工。食盐因制作粗糙、质量很差、色暗味苦、泥沙很多、有碍卫生的情况一直得不到改进。久大精盐公司使用重结晶法工艺生产精盐：将粗盐溶解经沉淀过滤，滤液用钢制平锅煎熬，待盐晶析出，到无结晶析出时，将母液制碳酸镁（副产），所得的盐晶待干燥后包装即可作精盐出售。②

② 陈歆文. 中国近代化学工业史 1860—1949[M]. 北京：化学工业出版社，2006：263.

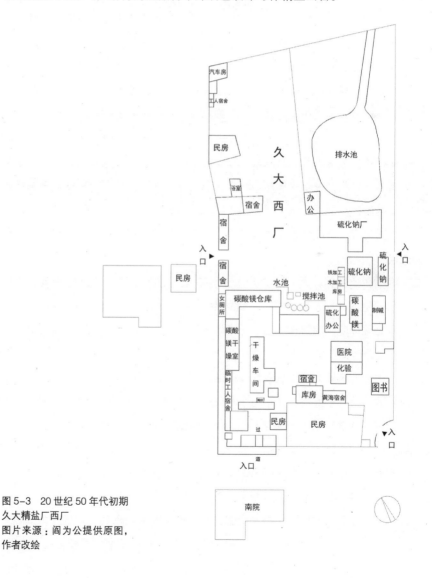

图 5-3  20 世纪 50 年代初期
久大精盐厂西厂
图片来源：阎为公提供原图，
作者改绘

久大精盐厂西厂的建（构）筑物有：水池、搅拌池、碳酸镁沉淀室、碳酸镁仓库、碳酸镁干燥室、干燥车间、硫化钠工厂、库房、办公、宿舍、医院、浴室、厕所、排水坑等。

1937 年抗日战争全面爆发前，《益世报》对久大精盐公司及永利碱厂进行了考察，并记录了当时精盐的生产工艺，该工艺体结合久大西厂的建筑与设备，其生产过程为：

> 先将粗盐溶解于洋灰大池中，再将此溶液，引入滤槽之中，此滤槽中实以砂石炭质，溶液经过其中，便将不洁的杂质除去，如是往复滤过，共凡四次，所有杂质，就全被滤净了，把此已经净的盐汁，引至储蓄池中，然盐汁虽已经过四次滤过作用，但盐中所含的"镁""钙"等质，并不能因滤过而除去，故将盐汁引至储蓄池之后，加以少量之"碳酸钠"，使与"镁""钙"等质起化学作用而沉淀。则所余的盐汁便更纯洁了。此时的盐汁中，没有了什么杂质，便使之流入大蒸发锅内，以煤炭烧之使沸，等水分全都蒸发出去之后，在锅底便成了雪白的大粒结精，再将此送至乎底锅上，在干燥室烤干。这便是我们平常见的"久大精盐"。不过，所成盐粒，大小并不一致，于是再经过一次筛整的工作，颗粒大的和颗粒小的，分别装入麻袋中，便运输出口了。每一麻袋共装一百斤。但是在津平一带市面通行的，是用纸袋装的细末，每袋约十四两。此乃将盐粒送至"碾细室"，由小发动机，使轳转机转动机碾，砸成碎末者，成分上和大粒者并没有什么不同。[①]

在此过程中产生的碳酸镁沉淀进入碳酸镁干燥室进行干燥，生产出副产品碳酸镁。

根据久大精盐厂西厂的生产工艺可将该厂建筑依据功能分为主要生产车间、衍生生产车间、研究用房、辅助用房和服务用房（图 5-4）。其中主要生产车间为搅拌池、碳酸镁沉淀室与干燥车间，这三个步骤完成了精盐制造的整个工艺流程（图 5-5）。

衍生生产车间为碳酸镁仓库与碳酸镁干燥室，是用于生产过程中的副产品碳酸镁的储藏与干燥的。该厂与永利碱厂关系密切，在生产纯碱的过程中为防止出色碱，往往加入少量硫化钠[②]，久大精盐厂西厂区内的硫化钠厂就是为永利碱厂提供硫化钠的，与精盐加工并无关系，因此也属于衍生生产车间。

水池、库房与办公等是主要车间生产的辅助用房；宿舍、医院、浴室、厕所等是服务用房；图书室，即黄海化学工业研究社，是进行科研的地方。

久大精盐厂所有建筑中最为关键，与生产工艺密切相关的建筑就是干燥车间，也是三步加工程序中唯一一座需要特别设计的建筑，建筑需要配合设备建设，

① 益世报天津资料点校汇编三 . 中国国家图书馆藏：388-389.

② "色碱"通常是指有色杂质含量超过一定的标准，因而失去正常色泽（白色）的中间产品（重碱）或最终产品（纯碱）。在生产过程中，影响产品质量的关键性问题就是"色碱"问题。原因是在整个制碱工艺系统中所有的管道、塔器、冷却小管都是钢铁制成的。在正常情况下，钢铁和水不反应。但是，若在水和进塔气里的氧以及二氧化碳等的共同作用下，钢铁却很容易发生电化腐蚀，再加上在制碱塔内液体还会对设备产生化学腐蚀，这两种腐蚀所产生的腐蚀物是复杂的混合物，主要是氢氧化铁，它是红棕色的。为了防止设备的腐蚀延长其使用寿命和预防红碱的发生，采用了传统的预防色碱的方法，在生产工艺系统中加入防腐蚀剂硫化碱（即硫化钠）。

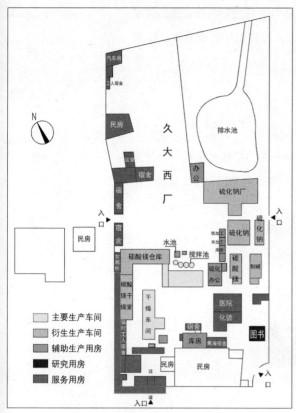

图 5-4 久大精盐厂西厂的建筑性质
图片来源：作者改绘于图 5-3

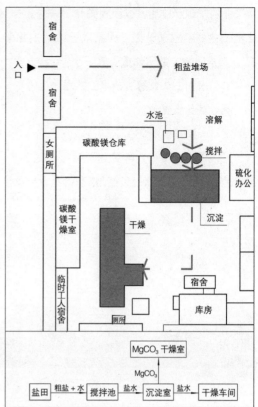

图 5-5 久大精盐厂西厂生产工艺
图片来源：作者改绘于图 5-3

① 天津碱厂志编修委员会 . 天津碱厂志 [M]. 天津；天津人民出版社，1992：9.

而生产质量与产量的关键也在于设备质量的优良，而另一工序碳酸钙沉淀对车间并无特别要求。干燥车间内放置的设备是煎熬滤液所用的钢制平锅，1914 年，范旭东亲赴日本调查，购买锅炉、发电机等设备，择定日本精盐会社所用之釜（锅炉）。① 该生产环节是这类工业的核心工艺，对建筑、设备及其两者关系的研究是了解精盐生产科技价值的关键。1918 年，久大精盐厂由一厂发展到六厂，也就是指拥有六个干燥车间，到 1936 年产量由最初的 1500 吨 / 年发展到 62500 吨 / 年，与干燥车间的数量增减有直接关系。干燥车间典型的建筑特征为建筑屋顶有数个高大的金属烟囱，为煎熬滤液时排烟之用（图 5-6）。

## 三、黄海化学工业研究社的成立

黄海化学工业研究社位于久大精盐厂西厂东南角，1920 年久大精盐厂全景照片中尚无该建筑，中华人民共和国成立初期的久大精盐厂西厂总平面图中标有图书的建筑就是该社。范旭东成立黄海化学工业研究社的目的是"研究化学工业的学理和应用，以促我国化工事业和自然科学的发展"，"并以辅助从事化学工业的实业家计划工程及现已成立的化学工厂改良工作，增高效益为宗旨"。[1] 当时确定的工作重心有三个：

协助永利、久大解决技术上的难题；

调查及分析资源；

试验长芦盐卤的应用。[2]

可以看出，黄海化学工业研究社（图5-7）虽为独立的研究机构，但是其工作重心都是围绕如何解决范旭东两大企业的难题，被称为塘沽化学工业的"神

① 陈歆文.中国近代化学工业史1860—1949[M].北京：化学工业出版社，2006：333.

② 同上.

图5-6　排列着巨大铁烟囱的干燥车间
图片来源：天津碱厂展览馆

图5-7　黄海化学工业研究社
图片来源：天津碱厂展览馆

① 益世报天津资料点
校汇编三.中国国家图
书馆藏：390.

经中枢"，与今天企业的研究所性质相类似。其日常工作主要针对"久大""永利"产品的如何改进，分析研究"永利""久大"每日的出品，每日都有报告送给"永利""久大"的负责人。

在资源上，黄海化学工业研究社也充分享有久大精盐公司和永利制碱公司的化学设备及仪器书籍。①

黄海化学工业研究社聘请孙学悟博士为社长。

## 四、黄海化学工业研究社的发展与科研成果

黄海化学工业研究社在自创社至中华人民共和国成立初期，除为永利、久大解决技术难题外，还在以下几个方面作出了贡献：

② 陈歆文.中国近代
化学工业史1860—
1949[M].北京：化学
工业出版社，2006：333.
③ 同上.
④ 1920年9月，农
商部准许注册，定名永
利制碱股份有限公司碱
厂，简称永利碱厂。
1934年3月，永利制
碱股份有限公司碱厂更
名为永利化学工业股份
有限公司碱厂，简称永
利碱厂。1952年永利
碱厂自建厂至公私合营
前，属私营企业，永利
碱厂隶属水利公司领
导。1952年6月23
日，永利碱厂实行公私合营
后，易名为公私合营永
利化学工业公司沽厂，
简称永利沽厂。划归中
央人民政府重工业部
化学工业管理局领导。
1955年1月1日，永
利沽厂和久大精盐厂合
并经营，更名为公私合
营水利久大化学工业公
司沽厂，简称永久沽厂。
1966年8月28日，改
名为化学工业部前进化
工厂。1968年3月22
日，改名为化学工业部
东方红化工厂。1968
年7月13日，改名为
化学工业部天津碱厂。
1991年5月8日，天
津渤海化工集团成立，
天津碱厂改属天津渤海
化工集团领导，全名为
天津渤海化工集团天津
碱厂。(以上材料来自
《天津碱厂志》)
由于天津碱厂更名次数
较多，本文一般使用天
津碱厂之名，但用于历
史语境中时局部进行更
换，以永利碱厂使用最
多，局部用永利川厂。

> 菌学、发酵方面的研究卓有成效，系统地进行了四川五倍子发酵的研究，制成没食子酸及其衍生物，为发展染料工业奠定了基础。
>
> 肥料研究。除参与了永利硫酸铵厂的建设外，还研究了微菌的应用（堆肥和根瘤菌的研究）和钾肥的制取。关于钾肥方面，先研究过山东的钾长石，后又研究过从海藻中提取钾盐。又研究过江苏海洲磷灰石矿，从中制造磷酸石灰。
>
> 在金属方面先后研究过复州黏土、山东铝石页岩、浙江平阳明矾、四川叙永的黏土，用各种方法对比制氧化铝的各种方案，并成功地制取到少量金属铝。
>
> 在水溶性盐类的研究方面，曾研究长芦苦卤的综合利用。入川后对自贡、犍为、乐山的黄卤、黑卤进行过深入研究，并提出枝条架法、塔炉、机械提卤等新技术，为改进川盐生产技术作出了贡献。②

黄海化学工业研究社不仅在科学研究方面硕果累累，而且其创办的刊物也影响很大。1939年起发行《发酵与菌学》双月刊，1952年还出了《黄海化工汇报》盐专号2册，铝专号1册，此外还为国家培养了不少人才。③

1951年，黄海化学工业研究社全体工作人员归入中国科学院。

## 第三节　永利碱厂

久大精盐公司创办成功后，不仅为化学工业提供了所需的化学原料，更为永利碱厂④的创建积累了经验，提供了资金，使天津的海洋化工在全国拥有重要的地位。

## 一、永利碱厂的兴建背景

第一次世界大战爆发后，中国进口碱的数量急剧下降，中国人民只能食用"土碱"，许多以纯碱为原料的工厂也被迫停工。当时世界上的制碱工艺有路布兰法与苏尔维法，苏尔维法又称为氨碱法、苏尔维制碱法，其制碱工艺虽然已有70多年的历史，但一直为资产阶级所垄断。百年来垄断世界纯碱生产的企业，为攫取巨额利润，采取各种办法严格封锁纯碱生产，拒绝交流有关技术，使纯碱工业的发展受到严重阻碍。[①]

① 大连制碱工业研究所编.纯碱工业知识[M].北京：石油化学工业出版社，1975：12.

在这种情况下，范旭东等人决心建立中国自己的制碱厂。在塘沽成立久大精盐厂后，第一批国产精盐于1916年4月竣工投产，在此基础上，范旭东等人决心"变盐为碱"。1917年冬永利制碱股份有限公司建立后，于1918年11月召开创立"永利制碱公司"大会，招募股金40万银元。在久大精盐厂（东厂）东北侧购地约300亩，采用苏尔维制碱法，建厂规模为日产40吨纯碱。

## 二、永利碱厂的历史沿革与生产工艺

《天津碱厂志》及相关厂史著作中详细介绍了天津碱厂的历史沿革与购入设备、厂房建设等情况，本文在对相关著作研究的基础上，基于工业遗产价值的认识对天津碱厂历史进行分期。通过研究，笔者认为天津碱厂按制碱工业的技术发展可分为三个时期：第一个时期为建厂初期（1917—1926年），该时期通过研究、实验、建厂、投产、失败到最终生产出雪白的纯碱；第二个时期为氨碱期（1926—1978年），该时期主要以苏尔维法生产纯碱；第三个时期为联碱期（1978—2010年）该时期主要从联合制碱法苏尔维法建成投产到2010年碱厂全面搬迁。由于该工业遗产科技价值特别突出，这样的分期基于工艺的发展演变，对遗留的建筑、设备等工业遗存的价值认定起到关键作用。《天津碱厂志》中的分期有初期发展、抗日战争时期、中华人民共和国成立初期、扩建调整期、"文革"时期等，由于各时期并无新的工艺产生，因此并入氨碱期进行简介。

（一）建厂初期（1917—1926年）

1917年永利制碱股份有限公司建立。一方面，范旭东与陈调甫、吴次伯、王小徐首先于1917年冬在天津日租界家中进行制碱试验并获得成功；另一方面范旭东获得用盐免税的批准，盐作为主要原料在当时税金过高。次年11月集资购得土地，同年，范旭东派陈调甫赴美国进行设计、聘请工程师、代购机

图 5-8　永利碱厂蒸吸厂房
图片来源：天津碱厂展览馆

① 据《天津碱厂志》记载：购得美国制造的主要设备有立式锅炉 3 座、300kW 发电机 2 台、压缩机 1 台、凉碱器 1 台、碳酸机 2 台、筛碱器工台、真空泵等。在上海大效机器厂订购制作的主要设备有碳酸塔 2 座、蒸塔 3 座、吸钮塔 1 座、混合塔 1 座、滤碱机 2 台、澄清桶、化灰桶等。

② 前文中介绍了久大精盐厂设立的硫化钠车间，就是针对这种红黑相间的色碱而设的。

器。委托曾任美国马逊叙碱业公司厂长的工程师孟德（W、D、Mount）设计碱厂。1919 年设计完成，陈调甫携图回国。当时国内可以自制的机器设备在上海大效铁工厂制造，不能自制的由国外采购。陈调甫在美国期间，曾委托华昌贸易公司经理李国钦代购机器。① 一切准备就绪后永利碱厂于 1919 年破土动工，这期间建成的蒸吸厂房（老北楼）11 层高 47m，被称为当时"亚洲第一高楼"（图 5-8），碳化厂房（老南楼）8 层高 32m。

1921 年侯德榜回国主持工厂建设，于 1923 年完成碱厂基本建设，大部分机器设备安装就绪，陆续单机试机。1924 年 8 月 13 日开始出碱，但碱色红黑相间，无法销售。② 在侯德榜和美国技师 G·T·李的指导和改进下，于 1926 年 6 月 29 日生产出雪白的纯碱，并定名为"红三角"牌。

可以看出，从策划建厂到生产出雪白的纯碱，历经 9 年，经历了多次失败，终于打破了苏尔维法的垄断，第一次在垄断范围之外成功生产出纯碱，而且是我国第一条苏尔维法制碱生产线，在我国是具有开创性价值的。永利碱厂氨碱法生产线可以说在我国化学工业史乃至世界化学工业史上都具有重要价值。

### （二）氨碱期（1926—1978 年）

氨碱期在生产工艺上主要以苏尔维制碱法生产纯碱，其产品"红三角"牌纯碱在 1926 年 8 月美国费城举办的万国博览会上获最高荣誉金质奖章，在 1930 年荣获比利时工商博览会金奖。两次国际性大奖，充分肯定了永利碱厂的生产工艺与产品质量。天津碱厂的氨碱区一直延续了当年的苏尔维制碱法生产纯碱的工艺流程，其主要任务是以原盐、石灰石、煤等为原料，通过一系列化工装置，生产出可供生产和生活需要的纯碱，并按要求包装、入库。

化学工业一般分为两个层面，其一为化学工艺，就是生产产品需要的化学反应的过程；其二是生产工艺，就是通过一系列机器设备完成上述的化学工艺，这也是认识化工工业遗产的难点。研究工业遗产往往仅限于第二部分的内容是不够的，要将两者结合并找到之间的对应关系。

氨碱法生产纯碱的化学工艺是通过一系列化学反应，将原盐中的钠离子同石灰石中的碳酸根离子结合生成碳酸钠，主要通过以下三步完成：

$$NH_3+CO_2+H_2O==NH_4HCO_3$$

$$NH_4HCO_3+NaCl==NaHCO_3+NH_4Cl$$

$$2NaHCO_3==Na_2CO_3+CO_2\uparrow+H_2O$$

反应生成的 $CO_2$ 可回收利用，$NH_4Cl$ 又可与生石灰反应重新生成氨气：

$$2NH_4Cl+CaO==2NH_3\uparrow+CaCl_2+H_2O$$

虽然化学工艺仅有三步，但生产工艺就复杂得多，$NH_3$、$CO_2$ 都通过生产制得，因此增加了很多生产工序。氨碱区具体的生产工艺为：

原盐通过皮带进入化盐桶中，化好的粗盐水流入调和槽中与石灰乳反应，流入一次澄清桶中除镁生成一次精盐水，再进入除钙塔中通入二氧化碳除钙生成二次精盐水，将其送入吸氨塔吸收氨气成为氨盐水，饱和的氨盐水泵送至碳化塔中吸收二氧化碳生产碳酸氢钠（重碱），将重碱送入煅烧炉高温煅烧，分解成纯碱、二氧化碳（生产中称为炉气）和水，纯碱经过包装车间包装成成品运往纯碱站台，炉气经过炉气洗涤塔后送入碳化塔。而产生的含有大量氨气的热母液送入蒸氨塔回收氨气，分离出的氨气送到吸氨塔中。生产过程中所需的石灰乳和二氧化碳气体是通过煅烧石灰石产生的。

将各车间化学工艺与生产工艺进行对照研究，具体生产车间与生产工艺的关系如下：

## 1. 白灰车间

白灰车间功能为石灰石的煅烧及石灰乳的制备。煅烧石灰石为碳化车间提供二氧化碳气体以及盐水车间和回收氨气需要的石灰乳。侯德榜曾经说过"石灰窑的操作在氨碱工业中占有相当重要的地位"。其化学工艺为：

石灰石的主要成分是碳酸钙，煅烧后生成生石灰和二氧化碳（纯碱生产中称之为窑气），其主要化学反应方程式如下所示：

$$CaCO_3（石灰石）==CaO（生石灰）+CO_2\uparrow$$

生灰石是一种碱性物质，溶于水后生成熟石灰，并产生热量，当加入大量的水后就生产石灰乳，其反应的化学反应方程式如下所示：

CaO（生石灰）+H$_2$O==Ca（OH）$_2$（熟石灰）

生产工艺为：

石灰石与焦炭或白煤经计量并按一定配比混合后自灰窑顶部进入窑内，经预热、煅烧、冷却三大阶段，将石灰石煤烧为生石灰，同时产生窑气。烧好的石灰经出灰机等送入灰仓，然后送入化灰桶用水进行消化，消石灰再变为石灰乳，合格的石灰乳分别泵送蒸吸车间、盐水车间和烧碱车间使用。

窑气（含CO23.8%~43%）经洗涤、降温、除尘后送至压缩车间。

化灰桶内的沙块及石子经水洗，转筛分离后返石回窑，返砂运出厂外。[①]

主要生产建筑或设备：

白灰车间有老窑（1~4号窑）、新窑（5~7号窑）、运化（灰）三个工段，主要生产设备为白灰窑、化灰桶和窑气洗涤塔，天津碱厂生产中采用的有内径3.8m的石灰窑两座、内径4m的石灰窑两座、内径4.5m的石灰窑两座；内径2.5m的化灰桶3座、内径1.83m的化灰桶1座；内径4.8m的窑气洗涤塔2座、内径4.875m的窑气洗涤塔2座。[②]

2. 盐水车间

盐水车间的功能为盐水的精制，就是将粗盐水中的镁离子和钙离子分离出来。其化学工艺为：

石灰乳可与粗盐水中的氯化镁及硫酸镁反应生产氢氧化镁沉淀，从而达到去除镁离子的目的，其反应的化学反应方程式如下所示：

MgCl+Ca（OH）$_2$==Mg（OH）$_2$+CaCl

MgSO$_4$+Ca（OH）$_2$==Mg（OH）$_2$+CaSO$_4$

钙离子结合碳化塔中出来的含有一定量氨气二氧化碳的尾气变成碳酸钙沉淀而分离出去，其反应的化学反应方程式如下所示：

CaCl+2NH$_3$+CO$_2$+H$_2$O==CaCO$_3$+2NH$_4$Cl

CaSO$_4$+2NH$_3$+CO$_2$+H$_2$O==CaCO$_3$+（NH$_4$）$_2$SO$_4$

生产工艺为：

粗盐经计量后投入化盐桶，用杂水溶解成饱和的粗盐水进入调和槽先加入二次钙泥作助沉剂，再加入适量的石灰乳调和，使粗盐水中的镁盐杂质与灰乳反应生成氢氧化镁[Mg（OH）$_2$]沉淀，然后进入一次澄清桶，澄清后的一次盐水进除钙塔，吸收碳化尾气中的氨和二氧化碳，与盐水中的钙离子（Ca$_2^+$）反应生成CaCO$_3$沉淀。出除钙塔的盐水进入二次澄清桶，澄清后的清液即为二次精制盐水，送往蒸吸车间吸氨工段制备氨盐水。

一次澄清桶排出的一次泥与除钙塔出水混合后送入洗泥桶洗泥，回收

① 天津碱厂志编修委员会.天津碱厂志[M].天津：天津人民出版社，1992：98.

② 天津碱厂志编修委员会.天津碱厂志[M].天津：天津人民出版社，1992：99.

其中的盐和氨。二次澄清桶排出的二次（钙）泥大部分作为一次澄清的助沉剂，少量作为除钙塔的品种。洗泥桶上层出水（精杂水）送去化盐，底部排出的废泥入蒸吸废液池，经废液泵弃于白灰垃。[①]

主要生产建筑或设备：

盐水车间有精卤工段和维修保全工段两个工段，主要生产设备为直径 4m 的化盐桶 5 座，直径 10m 的澄清桶 4 座、直径 12m 的澄清桶 1 座、直径 15m 的澄清桶 4 座；直径 15m 的洗泥桶 2 座；直径 2.5m 的除钙塔 5 座。

### 3. 蒸吸车间

蒸吸车间的功能有两个：氨盐水的制备和氨的回收。氨盐水制备是将氯化钠中的氯离子和钠离子分开，氨能够提供将其分开的能量，从而使钠离子成为纯碱碳酸钠中的部分，这个过程在蒸氨车间中的吸氨塔中进行。氨的回收将煅烧车间中的炉气洗涤塔所排出的热母液中含有大量的游离氨从该母液中分离出来，并返回工艺流程中循环使用。

氨盐水的制备化学工艺为：

氨气溶于水反应生成氢氧化铵，同时放出大量的热。其反应的化学反应方程式如下所示：

$$NH_3+H_2O==NH_4OH$$

二氧化碳气体溶于水，与氢氧化铵反应生产碳酸氨，也放出大量的热。其反应的化学反应方程式如下所示：

$$2NH_4OH+CO_2==(NH_4)_2CO_3+H_2O$$

生产工艺为：

由盐水车间来的二次精制盐水经冷却后进入吸氨塔，先后经洗涤段、第二吸收段和第一吸收段，吸收来自蒸氨塔的气体中的氨和二氧化碳（各段液体均引经塔外铁板换热器或排管冷却），最后经澄清、降温得到合格的氨盐水，送至碳化车间制碱。

吸氨塔顶出来的气体经净氨器用水洗涤，尾气排入大气。得到的净氨水经煅烧炉气洗涤塔洗涤炉气后送去过滤工序作洗水用。[②]

主要生产建筑或设备：

氨盐水制备的主要生产设备为直径 2.5m 的吸氨塔 3 座。

氨的回收化学工艺为：

重碱过滤母液中加入石灰乳，使氯化钠反应生成氢氧化铵，氢氧化铵加热分解成氨气和水，其反应的化学反应方程式如下所示：

$$Ca(OH)_2+2NH_4Cl==CaCl_2+2NH_4OH$$

$$NH_4OH==NH_3\uparrow+H_2O$$

① 天津碱厂志编修委员会. 天津碱厂志 [M]. 天津：天津人民出版社，1992：97.

② 天津碱厂志编修委员会. 天津碱厂志 [M]. 天津：天津人民出版社，1992：100.

生产工艺为：

重碱过滤母液经炉气洗涤塔出来成为热母液，将热母液及需补充的氨水等含氨液体一起送入蒸氨塔加热分解段，蒸出大部分二氧化碳和部分游离氨。留下的液体（称预热母液）和加入的冷凝液一起进入预灰桶与石灰乳反应，然后进入蒸氨塔加灰蒸馏段，自上而下与塔底进入的蒸汽逆流接触，液体中的氨被蒸出，废液经泵排至白灰埝。

蒸氨塔顶出来的气体（含 $NH_3$、$CO_2$ 和 $H_2O$）经冷凝降温至符合工艺指标，然后进入吸氨塔底圈。[①]

① 天津碱厂志编修委员会．天津碱厂志 [M]．天津：天津人民出版社，1992：100.

主要生产建筑及设备：

氨的回收的主要设备是直径 2.8m 蒸氨塔 2 座，直径 3.2m 的蒸氨塔 2 座。

4. 碳化车间

碳化车间的功能是氨盐水的碳化，将蒸吸车间送来的氨盐水吸收二氧化碳成为含碳酸氢钠结晶的碱液，将重碱中的残留母液洗去，降低氯化钠的含量，并通过真空过滤将固体重碱分离出来的过程，是制碱的核心。

化学工艺为：

氨盐水中的氨、水与二氧化碳进行反应，生成碳酸氢铵，其反应的化学反应方程式如下所示：

$NH_3+CO_2+H_2O==NH_4HCO_3$

碳酸氢铵与盐进行反应，生产碳酸氢钠，其反应的化学反应方程式如下所示：

$NH_4HCO_3+NaCl==NaHCO_3+NH_4Cl$

生产工艺为：

将蒸吸车间来的氨盐水引至碳化清洗塔上部，塔底通入清洗气（窑气），清洗后的氨盐水送去碳化制碱塔上部。制碱塔底部和中部分别通入含 $CO_2$ 80%以上的下段气和含 $CO_2$ 36%以上的中段气。控制温度、塔压等条件，使碳化氨盐水吸收 CO，进行碳化反应，生成 $NaHCO_3$ 结晶。含 $NaHCO_3$ 结晶的碱液经真空滤碱机过滤、洗涤、吸干得到重碱，送去煅烧车间燃烧。

滤液（称为母液）经煅烧炉气洗涤塔后去蒸吸车间蒸氨。[②]

② 天津碱厂志编修委员会．天津碱厂志 [M]．天津：天津人民出版社，1992：102.

主要生产建筑及设备：

碳化车间的主要生产设备为直径 3.2m 的碳化塔 8 座，直径 2.5m 的碳化塔 9 座，$20m^2$ 真空滤碱机 4 台，$13.4m^2$ 真空滤碱机 4 台以及其他设备。

5. 煅烧车间

煅烧车间的功能为重碱的煅烧，清除碱中主要成分碳酸氢钠外的碳酸氢氨、氢氧化铵、氯化铵等杂质，煅烧出合格的纯碱。

化学工艺为：

碳酸氢钠受热后分解成碳酸钠、二氧化碳和水，其反应的化学反应方程式如下所示：

$NaHCO_3 == NaCO_3 + CO_2 \uparrow + H_2O$

煅烧是碳酸氢铵分解成氨气、二氧化碳和水，其反应的化学反应方程式如下所示：

$NH_4HCO_3 == NH_3 \uparrow + CO_2 \uparrow + H_2O$

氯化铵在煅烧时与碳酸氢钠反应生产碳酸氢铵及氯化铵，其反应的化学反应方程式如下所示：

$NH_3Cl + NaHCO_3 == NH_4HCO_3 + NaCl$

生产工艺为：

碳化车间来的重碱经与适量返碱混合后送入蒸汽燃烧炉内煅烧，制得合格的产品纯碱和炉气。产品纯碱出炉后部分作为返硫与重碱混合、回炉，其余作为产品送去下道工序——沸腾凉碱。

炉气经分离回收碱尘后再经洗涤、冷凝、降温，除去其中的水分、氨和残余碱尘，然后送去压缩车间。[①]

① 天津碱厂志编修委员会.天津碱厂志[M].天津：天津人民出版社，1992：105.

主要生产建筑或设备：

煅烧车间的主要设备是直径 3.6m 的蒸汽煅烧炉 3 台。

6. 压缩车间

压缩车间的功能是二氧化碳的压缩。具体工作是将煅烧车间来的炉气、白灰车间来的窑气以及造气车间来的二氧化碳按一定配比，经过压缩制出供碳化车间使用的下段气、中段气和清洗气。[②]

② 天津碱厂志编修委员会.天津碱厂志[M].天津：天津人民出版社，1992：107.

主要生产建筑或设备：

压缩车间的主要设备有 LG63C—430/83 汽动螺杆压缩机 5 台，3BT 电动往复压缩机（电缸）3 台，汽动往复压缩机（汽缸）17 台，2Z—6/8—1 空气压缩机 5 台，2YK—H0 真空泵 5 台。[③]

③ 同上.

7. 包装车间

包装车间的功能是将生产出的高温纯碱冷却、装包并运至站台。

主要生产建筑或设备：

包装车间的主要设备有直径 2.6~3.4m 凉碱器 3 台、引进西德 3NWEDSO 包装机 6 台、直径 2.2m 高 4.2m 水合反应罐 2 台、沸腾干燥炉 2 台、沸腾凉碱炉 2 台。[④]

④ 王天津碱厂志编修委员会.天津碱厂志[M].天津：天津人民出版社，1992：109.

此外，纯碱分厂还有一个检修队。

经过分析我们可以看出，虽然氨碱法的化学工艺仅由简单的几个方程式组成，但其生产工艺却复杂得多，由盐水车间、白灰车间、蒸吸车间、碳化车间、煅烧车间、压缩车间和包装车间7个车间和一个检修队组成的纯碱分厂中前6个车间反映了与纯碱制造相关的化学工艺，而包装车间和检修队并不参与到与化学工艺有关的流程中，但是前7个车间共同构成了纯碱制造的生产工艺流程，检修队仅为辅助车间。这些分析对科技价值突出的工业遗产中工艺流程的载体的价值定位具有重要意义。

### （三）联碱期（1978—2010年）

抗日期间"侯氏制碱法"的化学工艺在永利川厂试验成功，但并未放大到具体生产环节，直至1968年天津碱厂才拟建联碱工程以实现侯氏制碱法，后又因故停工，于1970年3月再次破土兴建，至1978年底联碱工程建成并投产（图5-9）。至此，永利碱厂氨碱、联碱两大产区形成，使得永利碱厂的发展迈上一个新的台阶。[1]

① 天津碱厂志编修委员会. 天津碱厂志 [M]. 天津：天津人民出版社，1992：8-16.

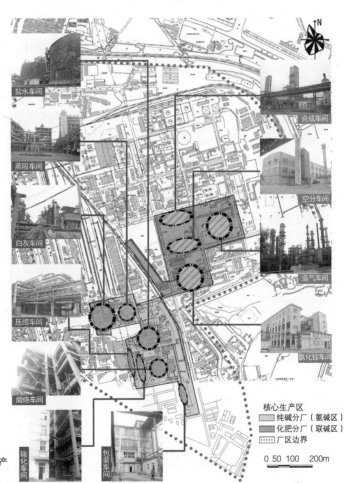

图5-9 天津碱厂生产
图片来源：闫觅提供

核心生产区
纯碱分厂（氨碱区）
化肥分厂（联碱区）
厂区边界
0 50 100 200m

对于联合制碱法的基本原理在《联合法生产纯碱和氯化铵》一书做了详细介绍：

氨碱法具有原料易得，价格低廉，生产连续，产品纯度高，适合大规模工业生产等优点。但是氨碱法存在两个难以克服的缺点：第一，氯化钠的利用率低。第二，大量的废液难以处理。因此，氨碱法生产纯碱成本高，并且不适合在内陆建厂。

对于上述存在的问题，国内外的科学工作者，不断寻求解决方法。一种比较理想的方法是将氨、碱两大工业联合起来，以氯化铵、合成氨及生产合成氨的副产品二氧化碳为原料，同时生产纯碱和氯化铵两种产品，称为"联合法生产纯碱和氯化铵"或"联合制碱法"。[①]

联合制碱法具体的工序是：将碳化取出液分离出的碳酸氢钠结晶的过滤母液称为母液1，经吸收氨气、冷却及加入食盐后制得氯化铵，制取氯化铵的过程在联碱法中称为第二过程。分离出氯化铵以后的母液称为母液2，经吸收氨气，与通入二氧化碳气体进行碳酸化反应，制得含碳酸氢钠的悬浮液，经过滤、煅烧后制得纯碱。过滤分出碳酸氢钠结晶后的母液是母液1，这个过程在联碱法中称为第一过程。两个过程完成一次循环。在连续循环中，不断加入原料就能连续制得纯碱与氯化铵两种产品。[②]

天津碱厂的联合制碱法生产区（简称联碱区）是由氯化铵车间、空分车间、造气车间、合成车间、供油车间5个车间组成，占地面积大约为12万平方米，生产车间与化学工艺之间的具体关系如下（图5-10、图5-11）：

① 大连化工厂.联合法生产纯碱和氯化铵[M].北京：石油化学工业出版社，1977：3-4.

② 大连制碱工业研究所 编.纯碱工业知识[M].北京：石油化学工业出版社，1975：57.

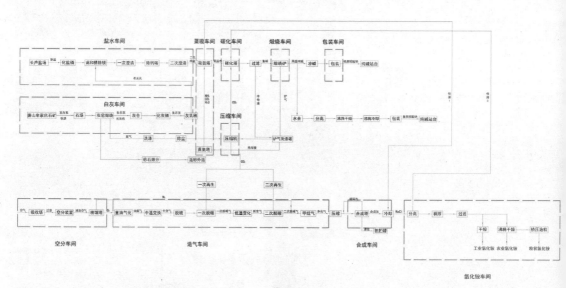

图5-10　天津碱厂联合制碱法的工艺流程
图片来源：闫觅提供

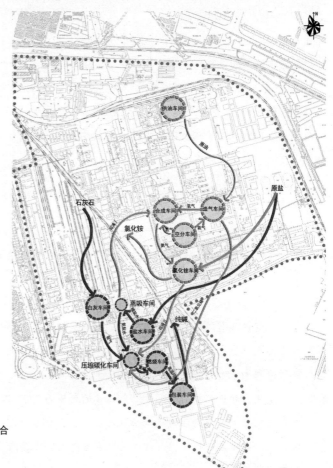

图 5-11 天津碱厂联合
制碱法的工艺流程
图片来源：闫觅提供

1. 氯化铵车间

氯化铵车间的功能为氯化铵的制备，包括原盐洗涤、母液吸氨、冷析结晶、盐析结晶、氯化铵干燥等流程。

（1）原盐洗涤

原盐中含有钙离子、镁离子、泥沙等杂质，用饱和的氯化钠溶液溶解氯化镁、硫酸镁、硫酸钙等可溶性杂质，也称为洗盐。

（2）母液吸氨

母液吸氨是将定量的氨气溶于母液中，并除去母液中钙、镁杂质的过程。吸氨的化学反应包括母液吸收氨气、二氧化碳及除去钙、镁杂质两部分。

化学工艺为：

氨气溶解于水、生成氢氧化铵：

$NH_3 + H_2O == NH_4OH$

蒸馏氨气中的二氧化碳溶解于水生成碳酸，再与母液中的氢氧化铵作用生成碳酸铵：

$$CO_2 +H_2O==H_2CO_3$$

$$H_2CO_3 +2NH_4OH==（NH_4）_2CO_3 +2H_2O$$

母液中的碳酸氢钠与氢氧化铵中和，生成碳酸盐：

$$NaHCO_3 +2NH_4OH==Na_2CO_3 +（NH_4）_2CO_3 +2H_2O$$

$$NH_4HCO_3 +NH_4OH==（NH_4）_2CO_3 +H_2O$$

母液吸氨时，由于碳酸铵的作用，使其中的钙、镁离子生成碳酸钙与碳酸镁的沉淀物。其化学反应为：

$$Ca^{2+}+（NH_4）_2CO_3 ==CaCO_3 \downarrow +2NH_4^+$$

$$Mg^{2+}+（NH_4）_2CO_3 ==MgCO_3 \downarrow +2NH_4^+$$

$$MgCO_3 +（NH_4）_2CO_3 +2H_2O==MgCO_3 \cdot 3H_2O \downarrow +CO_2 \uparrow +2NH_3 \uparrow$$

此外在母液吸氨过程中加入硫化钠溶液，使母液中的铁离子生成硫化铁沉淀：

$$Fe+S \rightarrow FeS$$

$$2Fe+3S \rightarrow Fe_2S_3$$

上述沉淀物经澄清桶沉降除去，否则带入碳酸化工序会影响产品质量。[1]

（3）冷析结晶

物理原理为：

氯化铵和氯化钠的溶解度随着温度的变化而变化，温度在25℃以下时，氯化铵的溶解度随着温度的降低而减小，氯化钠反而随着温度的降低而增加，联合制碱的过程中，母液1经过冷却降温氯化铵结晶析出。[2]

生产工艺为：

冷析结晶的方法以冰机制冷的应用最为广泛，分为四个步骤：压缩，将气氨压缩到冷凝所需压力。冷却冷凝，将压缩后呈过热状态的气氨进行冷却冷凝。节流膨胀，处在饱和状态的液氨过节流阀，迅速流入低压系统，这个系统称节流膨胀蒸发，节流后的低温液氨吸取卤水中的热量而沸腾蒸发，使卤水的温度得到降低，用以冷却母液析出氯化铵结晶。[3]

蒸发后的气氨又重新被冰机吸入进行压缩，重复上述四个过程，如此不断循环。

（4）盐析结晶

物理原理为：

冷析结晶后的半母液2中的氯化铵是饱和的，氯化钠是不饱和的，将氯化钠加入半母液2中，由于氯化钠的溶解而降低了氯化铵的溶解度，使氯化铵结晶析出，这样的结晶过程称为盐析结晶。[4]

生产工艺为：

由洗盐工序运来的洗涤盐进入调盐桶，用少量母液2调成盐浆流入盐

① 大连化工厂.联合法生产纯碱和氯化铵[M].北京：石油化学工业出版社，1977：57-58.

② 大连制碱工业研究所编.纯碱工业知识[M].北京：石油化学工业出版社，1975：75.

③ 大连化工厂.联合法生产纯碱和氯化铵[M].北京：石油化学工业出版社，1977：205-206.

④ 大连化工厂.联合法生产纯碱和氯化铵[M].北京：石油化学工业出版社，1977：261.

析结晶器中心循环管内。与冷析结晶器来的半母液 2 及滤液泵送来的滤液在中心循环管内，通过主轴流泵送入结晶器底部，均布上升，晶液呈悬浮状态。盐析结晶器溢流液流入母液 2 桶，母液 2 用泵送出母液换热器与热氨母液 1 进行换热，部分母液 2 作调盐用。沉淀于母液 2 桶锥底的沉淀，用泵送至稠厚器。

盐析结晶器内晶浆取出到盐析稠厚器，稠厚的晶浆入混合稠厚器与冷析结晶器取出的晶浆混合、洗涤及稠厚，然后入滤铵机，分离出的氯化铵去干铵工序。[①]

（5）氯化铵干燥

氯化铵根据储藏、运输及使用的要求，含水量应在 1% 以下，因此湿铵出厂前需进行干燥。

物理原理为：

固相（如氯化铵）即为被干燥物料，气相（如热空气）即为干燥介质。加热后的空气在干燥过程中将部分热能传给被干燥物料而使其中的水分汽化，流动的热空气不断将水蒸气带走，就保持了固体表面水蒸气分压总是高于空气中水蒸气分压，而使物料内的水分不断汽化，达到干燥物料的目的。[②]

生产工艺为：

滤铵机分离出的湿铵，经皮带运输机由加料装置送入沸腾干铵炉内，与鼓风机送来的热空气进行沸腾干燥。干燥后的氯化铵由出料溢流口连续排出，经皮带运输机送至储仓包装。沸腾干铵炉尾气经旋风除尘后，由排风机排空；分离收集的氯化铵粉尘，经皮带运输机与沸腾干铵炉出料一起去储仓包装。[③]

2. 空分车间

空分车间是向造气车间供应充足合格的氧气和氮气。

生产工艺为：

使空气通过吸入塔过滤后，由空气压缩机升压至 0.52MPa 表压，经空一 3 阀送至空分装置，在空分装置内除去二氧化碳和水分并冷却成为液态空气，进入精馏塔中经反复蒸发和冷凝并用硅胶吸附掉乙炔等有害杂质，便分别得到氧气和氮气两个产品。氧气通过切一 14 阀送到氧气压缩机，升压至 3.0MPa 表压后送至造气车间的重油气化炉；氮气通过煤一 3 阀送到氮气压缩机，升压至 1.8MPa 表压后送至造气车间的甲烷化炉前配氮阀与二次脱碳气混合。[④]

主要生产建筑及设备：

空分车间的主要建筑及设备有掸空分塔，真空分塔，透乎式空气压缩

① 大连化工厂 . 联合法生产纯碱和氯化铵 [M]. 北京：石油化学工业出版社，1977：266-267.

② 大连化工厂 . 联合法生产纯碱和氯化铵 [M]. 北京：石油化学工业出版社，1977：311.

③ 大连化工厂 . 联合法生产纯碱和氯化铵 [M]. 北京：石油化学工业出版社，1977：316.

④ 大连化工厂 . 联合法生产纯碱和氯化铵 [M]. 北京：石油化学工业出版社，1977：320.

机 1 台，大螺杆空气压缩机 1 台，氧压机 3 台，氯压机 2 台，氯气柜 1 座，仪表空气压缩机 3 台。[①]

### 3. 造气车间

造气车间是向合成车间供应充足合格的生产合成氨的氢氮混合气。

生产工艺为：

以重油、氧气、蒸汽为原料，在气化炉内进行重油部分氧化，制得含有效气体（$CO+H_2$）高于 90% 的油煤气，再经中、低温变换，湿、干法脱硫，一、二次脱碳，以及配氮和甲烷化处理后，制得含 $CO+CO_2 < 20PPM$ 的精制原料气送往合成车间。同时将脱碳液再生释放出来的浓度高于 98% 的二氧化碳气送往碳化车间。[②]

主要生产车间或设备：

造气车间的主要生产车间及设备有气化炉 2 台，中变炉 1 台，低变炉 1 台，脱硫槽 1 台，甲烷化炉 1 台，脱硫塔 1 座，脱硫再生塔 2 座，一次脱碳吸收塔 1 座，一次脱碳再生塔 1 座，二次脱碳吸收塔 1 座，二次脱碳再生塔 1 座。[③]

### 4. 合成车间

合成车间是向氯化铵车间供应纯度高于 98.5% 的液态合成氨。

生产工艺为：

将造气车间送来的氢氮比为 3：1 的精制原料气经高压机的三段压缩升压后送入合成塔进行合成反应，生成合成氨；然后使含氨的循环气体冷却进行分离；循环气继续循环，分离出的液氨送氨贮罐贮存；液氨可直接供给氯化铵车间使用，也可以制成氨水供蒸吸车间使用或向外出售。[④]

主要生产车间或设备：

高压机 3 台，循环机 3 台，合成塔 2 个，滤油器 2 台，冷凝塔 2 台，水冷器 4 台，氨蒸发器 2 台，氨分离器 2 台，液氨储罐 8 台，尾气吸收塔 1 台。[⑤]

### 5. 供油车间

供油车间的功能是为造气车间提供原料和燃料油。

主要生产车间或设备：

供油车间的主要设备构成有卸油站台 1 座，8 号道、9 号道铁路专用线，零位池 1 座，卸油泵房 1 座，贮油罐 4 座，送油泵房 1 座，油水分离池 1 座，消防泵房 1 座，消防水池 1 座，配电室 1 座。[⑥]

"侯氏制碱法"可将原料盐利用率提高到 98% 以上，同时得到氯化铵充作肥料；可与合成氨工业相联系，连续制造碱和氯化铵两项产品，把两种重工

① 天津碱厂志编修委员会 . 天津碱厂志 [M]. 天津：天津人民出版社，1992：121.

② 天津碱厂志编修委员会 . 天津碱厂志 [M]. 天津：天津人民出版社，1992：324.

③ 天津碱厂志编修委员会 . 天津碱厂志 [M]. 天津：天津人民出版社，1992：116-117.

④ 大连化工厂 . 联合法生产纯碱和氯化铵 [M]. 北京：石油化学工业出版社，1977：329.

⑤ 天津碱厂志编修委员会 . 天津碱厂志 [M]. 天津：天津人民出版社，1992：119.

⑥ 天津碱厂志编修委员会 . 天津碱厂志 [M]. 天津：天津人民出版社，1992：126.

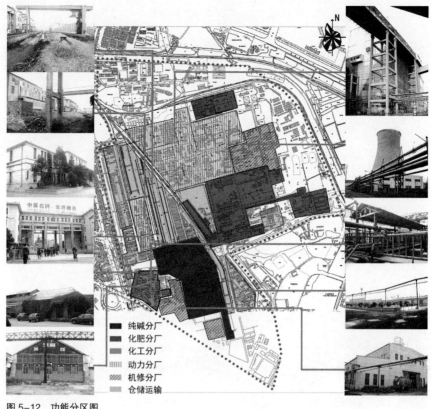

图 5-12 功能分区图
图片来源：闫觅提供

图例：
■ 纯碱分厂
■ 化肥分厂
■ 化工分厂
▥ 动力分厂
▨ 机修分厂
▦ 仓储运输

业——制碱与合成铵结合起来，增加制造效能，成为联合企业，把纯碱工业的技术推向一个新的高峰。

## （四）联碱期生产区功能构成与建筑性质

联碱期的生产区内共有纯碱分厂、化肥分厂、化工分厂、动力分厂、机修分厂、仓储运输等几大功能组成（图 5-12）。生产区中主要生产区为纯碱分厂，即氨碱法生产区；衍生生产区为化肥分厂，联碱区是化肥分厂的主要组成部分。第五章工艺流程介绍可以看出主要生产区和衍生生产区的关系，氨碱区与联碱区共同组成联合制碱法。氨碱区生产出主要产品碳酸钠，而联碱区实际是加工衍生产品氯化铵。化工分厂、动力分厂、机修分厂、仓储运输是辅助生产区，为主要生产区提供设备修理、供暖、供电、运输等。而厂大门、科学厅、食堂等是配套服务建筑。

每个分厂有主要生产建筑和辅助生产建筑（图 5-13）。主要生产建筑一般为加工、生产的车间，辅助生产建筑则包括更衣、休息、办公、厕所、车棚等，有的分厂还设有洗浴等功能。

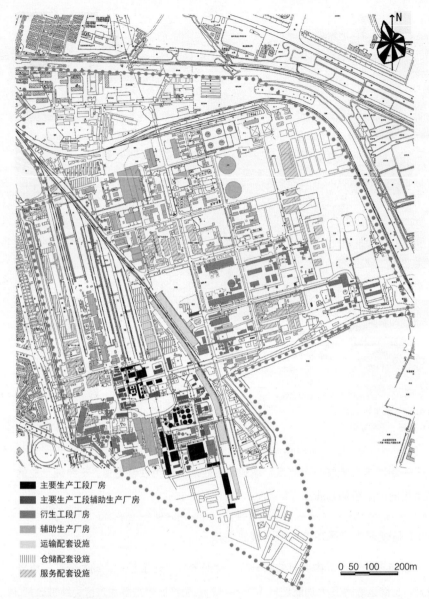

主要生产工段厂房
主要生产工段辅助生产厂房
衍生工段厂房
辅助生产厂房
运输配套设施
仓储配套设施
服务配套设施

0 50 100    200m

图 5-13　建筑功能分类
图片来源：闫觅提供

可以看出，天津碱厂的重要生产功能集中于主要生产区和衍生生产区，是联合制碱法的核心。

## 三、永利碱厂的配套服务建筑

永利碱厂生产区建设的同时，企业职工的居住、教育、休闲等必需的生活设施以及企业的培训娱乐设施建设也备受企业领导关注，这在动乱时期是很难做到的。在建厂初期，永利碱厂规定凡不带家眷的职员和工人，都由厂方供给宿舍自由居住，携带家眷的职员和工人可以每月出少许租金出租盖好的住所，对于携带家眷，且负担较重的职工，厂方还能提供少许津贴，并按家内人数之多少，每月每人发给干盐一斤。

1920 年建成了久大、永利工人室（图 5-14），工人室中设立了中国近代最早的企业培训机构"工人读书班"。[1] 1935 年，久大、永利职工子弟小学"明星小学"（图 5-15）建成。[2] 至 1937 年前，除上述设施外，永利碱厂还建有俱乐部、消费合作社、附属医院等配套服务设施，[3] 企业配备如此全面的服务设施，在近代全国的企业中都是少有的。

20 世纪 80 年代，在上述服务设施的原址进行重新修建，形成了现状的天津碱厂居住小区，内设幼儿园、小学、医院等，在黄海化学工业研究社西侧建设了天津碱厂俱乐部。

① 黄海化学工业研究社（现天津碱厂展览馆）。
② 贾长华主编 . 图说滨海 [M]. 天津：天津古籍出版社，2008：152.
③ 益世报天津资料点校汇编三 . 中国国家图书馆藏：390.

图 5-14　久大、永利工人室
图片来源：天津碱厂展览馆

图 5-15　明星小学
图片来源：《图说滨海》

## 第四节　天津近代纺织工业

### 一、天津近代纺织工业的类型

纺织工业一般分为棉纺工业、毛纺织业、染织工业、蚕丝工业、织物业等，其中纺是用棉、毛来纺纱，织就是把纱织成布，根据企业的规模大小有的仅设纺部，有的则纺部、织部兼备。创办于1899年的天津织绒局属毛纺织业，生产呢绒以制作军服，是天津近代纺织业之始。至1931年"九一八事变"爆发，天津逐渐发展成为一个棉纺工业、毛纺织业、染织工业、蚕丝工业、织物业等行业齐全的近代纺织工业基地，在棉纺工业、毛纺织业、织物业中尤为突出，著名的棉纺工业有六大纱厂，毛纺织业有东亚、仁立毛呢公司。

### （一）棉纺工业

棉纺工业主要包括织布、纺纱。作为19世纪华北地区最大的棉花集散地，具备天津发展棉纺工业的天然优势。周学熙在天津创办直隶工艺总局时，实习工场设置织机、染色、提花等科目是天津机器织布工业之始。在周学熙的扶持下，机器织布在天津及周边区域起步发展。1915年，北洋政府创办的直隶模范纺纱厂在宇纬路西头开办，这是天津第一家机器纺纱，1916年章瑞廷创办恒源帆布有限公司，该厂后与直隶模范纺纱厂合并，改名为恒源纱厂。同年，周学熙下野，遂致力于实业，创办了新华纺织股份有限公司，1918年天津华新纱厂建成。1918—1922年，裕元、裕大、北洋、宝成等纱厂相继建成。六大纱厂的成立奠定了纺织业在天津近代工业史中的重要地位，棉纺工业是天津纺织工业各种类型中最为重要的一类。

### （二）毛纺织业

毛纺织业是用动物绒毛织制服装，如驼绒、羊毛等材料，其产品有羊毛毯、地毯等。依据加工方式的不同，毛纺织业还可细分为梳毛织物、纺毛织物、毛绒线纺织等。除最早兴办的天津织绒局外，在天津有多家驰名世界的外资企业，如海京毛织厂、倪克纺毛厂、美古绅纺毛厂等，这些企业使天津的地毯在中国占有一席之地。东亚毛呢纺织股份有限公司、仁立毛呢厂的兴办是国人自主创办的毛纺织业，这两家企业最终在与众多拥有先进技术的外资企业的竞争中脱颖而出，成为全国最知名的品牌。天津毛纺织业中无论资金雄厚的外资企业还是具有相当实力的民族资本产业，都引进国外最先进的设备，原材料也多产自国外。"考现在中国制造针织毛线厂，可分为两类：如天津东亚厂、上海各厂等，

① 陈真等编.中国近代工业史资料第四辑[M].北京：三联书店，1961：353.

所用原料为外国制就之托普（top），所用机械大都为旋纺机（飞X式或帽式），制成之线为精梳式。其他各厂用中国原毛或进口废毛（上海振兴用），所用机件大都为走纺机，制成之线为粗梳式。前者较精细平滑，后者则较粗。"[①]

## （三）染织工业

染织工业一般包括白织、色织、棉织、针织、染线、染布等，天津的染织工业可粗分为"染"与"织"两部分，各企业由于性质不同各有侧重，或两者兼顾。但总体看来，"织"的具体工作是对进口的纱、布进行加工，后逐渐发展成专门的行业，而"染"则由旧式染坊逐步发展为近代染整工业。1904年，官助商办的天津织染缝纫公司是天津近代染织工业之始。"染"与"织"中的"织"在当时主要为织布。1911年成立的宜彰织布厂织沙发布、帆布等产品，在天津一度供不应求的"爱国布"是当时最主要的产品。"爱国布"是为抵制洋货针对中国民族资本织布业产品的统称，天津裕华织染公司、天津实业工厂、振新织染工厂、利兴成记织染工厂等生产的色布均称为"爱国布"。

天津近代染织厂的数量仅次于上海，与汉口、无锡等处相当，在我国地位极为重要。对于染织工业中的"染"，传统的染坊一般进行的工作就是染色，在我国有悠久的历史，即用化学的或其他方法使物质着色。染整工艺是近现代印染的概念，包括预处理、染色、印花和整理等程序，与古代染色、印花最大的区别是加入了整理的技术。天津近代染整工业开始于1929年曹典环开设的华纶益记染厂，较为著名的染织大企业还有豫丰工厂、民益工厂、聚义染工厂、永和染织公司。[②]

② 陈真等编.中国近代工业史资料第四辑[M].北京：三联书店，1961：333-334.

## （四）蚕丝工业

蚕丝工业产品以丝绸为主，近代机器缫丝厂多设于江苏、浙江、广东、上海等地区[③]，天津的丝织工业最早是与染织业合在一起。以蚕茧、生丝、丝货为主的各类丝业贸易中也少有天津出现[④]，直至1912年，天津才出现第一家丝织厂天津永盛公成记织染厂，玉华丝织厂、大新丝织厂、宜章丝织厂等丝织企业相继成立，19世纪20年代，又出现了"利源恒""永盛公记"等十余家丝织厂，但蚕丝工业相对棉纺工业无论从规模还是设备、工人数量等，都差距较大。

③ 陈真等编.中国近代工业史资料第四辑[M].北京：三联书店，1961：109.
④ 陈真等编.中国近代工业史资料第四辑[M].北京：三联书店，1961：113-114.

## （五）织物业与针织业

织物业与针织业是以织带、线毯、毛巾、毛衣、袜子、围巾等为产品的加工企业，我国近代的织物业与针织业经历了手工业向机器加工的转型。著名的郭有恒袜厂最初为手工作坊，逐渐发展为使用自动袜机进行机器生产；1916年开设的生生工厂，以线毯为加工产品，最初亦为手工作坊，逐步发展电力织机、宽面提花机等设备，毛巾、围巾、衬衣等其他产品无不如此。天津最早的机器针织缝纫厂是 1930 年高瑞五创办的永昌针织缝纫社，最早的纬编针织厂是 1931 年英商创办的光道成针织厂。

## 二、天津成为近代纺织工业基地的动因

一般来讲，近代纺织工业基地的形成，在自然环境方面有以下特点：

第一，这些地区大多是对外开放的商埠，接受外来的影响较快。

第二，交通运输便利，有的是水陆交通枢纽，有的是出海口，并且绝大多数处于铁路线上，有利于原料的供应和产品的销售。

第三，人口较为密集，可为纺织工业提供劳动力，而且消费水平较高，是纺织品的销售市场。

第四，生活比较富裕，已形成一部分富商或富绅，有的地区已形成金融中心，易于筹集资金或获得贷款。

第五，有的地区适宜生产纺织原料，可以就近供应工业需要，即使进口原料，也比较方便。

第六，有的地区具有纺织业基础，易于发展成动力纺织业。

第七，协作条件较好，具有必要的能源供应和设备维修能力。[1]

天津作为大型近代纺织工业基地，完全满足上述七方面的因素，东亚毛呢公司在其档案材料中详细记录了选址的过程与上述因素基本吻合。（东亚毛呢公司）原计划在济南开办毛线厂，因水、电来源缺乏，进口不便，地方小，也不好调动资金，故确定在天津办厂。天津有租界，遇到兵荒马乱时也不受影响。[2] 东亚公司年刊正式的选址记录如下：

第一，天津为全华北羊毛屯聚之中心。

第二，天津为水陆交通中心，运输便利而又为华北大商埠之一。

第三，天津为各银行合集之处。

第四，天津煤电之供给特别丰富。

第五，天津之商家多，合于敝厂交易之需要。[3]

除此之外，在资金筹集方面，天津作为北洋政府所在地，投资者不仅是简单的富商或富绅，上至大总统、国务总理、财政部长都投资棉纺织业，资金问题在天津更易于解决。其中北洋政府高层投资棉纺织业者有黎元洪、段祺瑞、冯国璋、曹锟、徐世昌、徐世章、张作霖、曹汝霖、倪嗣冲、曹锐、徐树铮、

① 朱庆颐 . 关于近代纺织工业基地形成因素的探讨 [J]. 中国纺织大学学报，1994，20（3）：34.

② 东亚毛呢公司刘文田书面材料，转引自天津社科院历史所 . 天津历史资料 20（内部资料）：8.

③ 东亚公司年刊民国二十三年，转引自天津社科院历史所 . 天津历史资料 20（内部资料）：8.

边守靖、鲍贵卿、卞继昌、朱启钤、王辑唐、段芝贵、杨味云、孙多森、龚心湛、陈光远、王筱汀、冯耿光、吴鼎昌、李纯、田中玉、王鹿泉等。六大纱厂中，北洋官僚私人投资者如表 5-1 所示。

1912—1928 年北洋官僚私人投资天津棉纺织业概况　　　表 5-1

| 企业名称 | 北洋官僚私人投资者 |
| --- | --- |
| 华新纺织<br>股份有限公司 | 财政总长周学熙　山东盐运使杨味云<br>北洋政府财政部长王克敏　安徽都督孙多森<br>大总统黎元洪　交通部次长徐世章<br>国务总理龚心湛　大总统徐世昌<br>江西督军陈光远　滦矿、启新股东王筱汀、言敦源<br>湖北督军王占元　代理江苏督军齐耀琳　吉林督军孟恩远 |
| 裕元纺织<br>股份有限公司 | 安徽督军倪嗣冲　金城银行总董王郅隆<br>段内阁的陆军次长徐树铮　国务总理段祺瑞<br>中华民国代总统冯国璋　交通部总长朱启钤<br>外交部总长曹汝霖　北洋政府的财政部长王克敏<br>安福国会众议长王辑唐　总理奉天军务段芝贵 |
| 北洋商业第一纺织股份有限公司 | 直隶督军曹锟<br>陆铮 |
| 恒源纺织<br>股份有限公司 | 直隶省长曹锐　山东督军田中玉<br>黑龙江督军鲍贵卿　奉系军阀张作霖<br>长芦盐运使王鹿泉　中华民国代总统冯国璋<br>北洋政府内务总长齐耀珊　江西督军陈光远　采文轩 |
| 裕大纺织<br>股份有限公司 | 北洋财政部长王克敏　中国银行总裁冯耿光<br>盐业银行总经理吴鼎昌　江苏督军李纯<br>财政总长张弧　中华民国代总统冯国璋<br>陆军总长周自齐　交通部次长曾毓隽　袁世凯总统府财政顾问陆宗舆 |
| 宝成第三纺织股份有限公司 | 江西督军陈光远 |

资料来源：天津纺织博物馆提供，该统计源自六大纱厂企业档案

## 三、天津近代纺织工艺与设备简介

### （一）天津近代纺织工业的工艺

纺织工业的五种主要类型其产品不同，生产工艺也千差万别，各种类型所需要的机器设备也截然不同。本节对天津纺织工业中占重要地位的两类——棉纺工业、毛纺织业的工艺流程和加工细节及其设备进行简介。

棉纺工业以棉花为加工对象，工艺流程可概括为：

清花→梳棉→并条→粗纱→细纱→筒子→摇纱→成包。[1]

毛纺织业主要以动物绒毛为加工对象，以东亚毛呢公司为例，毛团生产的工艺流程为：

拣毛→洗毛→烘毛→梳毛→精梳→粗纱→细纱→络筒→合股→染纱→检验→拧把→团绒打包→入库。[2]

[1] 该工艺流程摘自天津纺织博物馆。

[2] 该工艺流程摘自天津纺织博物馆，与天津历史资料 20（内部资料）中记载的东亚公司管理结构图中的生产部门设置吻合。

上述流程仅为棉纺、毛纺工业流程概述，我国 20 世纪初的棉纺、毛纺工艺总体看来基本都是上述流程。由于产品生产程度的差异，工艺流程就会有所增减，包含纺场、织厂的企业，在上述棉纺工艺的基础上还有织布、印染、提花等流程。即使仅为棉纺工业，具体加工程序则复杂得多。如中国近代工业史资料中所说"清末以后我国纺织业逐渐进步，由棉而纺织，由纱而织布的工程大致完全；但由原布成为完善花色匹头还须经过漂染印花整理等工作"。[①] 同时，工艺流程中的每个环节都包含子环节或增加相应的处理措施。

① 陈真等编．中国近代工业史资料第四辑[M]．北京：三联书店，1961：321．

棉纺工业工艺流程中的梳棉工艺表面看来只是将处理后的原料上梳棉机梳理成条，但是它是整个工艺流程的关键工序之一，出条质量好坏直接影响到成纱质量。为减少出条重差异，在梳棉机梳棉过程中还要对原料进行振烫，通过提高振烫频率，加大振烫幅度，使棉筵厚薄均匀和重量不匀率得以控制。毛纺织业工艺流程中的合股要加入适量的油、水和抗静电剂，使纤维表面平滑以减少梳理时的摩擦损伤。为了使原料能够混合均匀，合股一般需两遍甚至更多，合股后还要在仓库内储存一昼夜，让其和毛、油、水、抗静电剂充分渗透吸收，合股后原料的开松状态将决定产品的质量。由此可见，简单的几步工业流程中的每一环节都需要细节的处理。限于本文非纺织工艺研究，在此仅作简介，而非深入探讨。

除上述工艺流程的要求外，还要对生产各个环节进行质量的检验，以保证最终产品的合格，回潮率就是各类型纺织业都需要检验的指标之一。纺织材料具有一定的吸湿能力，材料中纤维含水重量占纤维干重的百分比就是回潮率，回潮率的大小对纺织材料的物理机械性质，如强力、伸长率、电阻、比重都有影响，天然纤维的舒适性与其较高的回潮率有关。就纺织业而言，必须对各种纺织材料的回潮率作出统一规定，因此，该环节虽然不是生产的工艺流程，但仍然是必不可缺的重要环节。

每一步工艺流程对应不同的设备，对建筑而言，则需要相应的生产场所。现存仁立毛纺厂的历史照片就有梳毛车间（图 5-16）、整经车间（图 5-17）、纺毛车间（图 5-18）、织造车间（图 5-19）等不同生产场所，厂房的设置完全取决于机器设备。

（二）天津近代纺织工业的设备

清末民初的纺织业除少数官办企业引进国外先进设备进行生产外，多数手工作坊逐渐从使用传统的加工模式向使用半机械化的设备过渡，一些作坊购入外资企业、大型企业淘汰的设备，或购买当时天津本地生产的技术水平并不太高但生产效率远高于纯手工生产的设备，以扩大规模，提高产量。以织布为例，

图 5-16　仁立毛纺厂梳毛车间
图片来源：天津纺织博物馆

图 5-17　仁立毛纺厂整经车间
图片来源：天津纺织博物馆

图 5-18　仁立毛纺厂纺毛车间
图片来源：天津纺织博物馆

图 5-19　仁立毛纺厂织造车间
图片来源：天津纺织博物馆

三条石地区生产的铁木织机就是这一现象的典型范例，铁木织机是纯手工生产向机器生产的过渡，它介于木织机与铁织机之间，仍需要手工配合，但织布效率大大提高。铁木织机的制作并非难事，在天津三条石的机器加工业中生产这类产品的作坊不在少数，与当时日本生产的丰田织机相比，虽然设备的科技含量与生产效率相差甚远，但价格低廉，在天津、河北、山东等周边地区应用较多。

六大纱厂的陆续兴办使天津的棉纺工业逐步走向以电力为动力的大工业生产体系。由于实力雄厚，这些纱厂多从欧美购进具有 20 世纪初期先进水平的纺织机械和电力设备（表 5-2）。

可以看出，六大纱厂购入的设备分为进行纺织业生产的设备和动力设备两部分，用于纺织业生产的设备与生产工艺息息相关。在前文天津近代纺织工业的工艺一节对纺织的工艺流程进行了介绍，在整个流程中，可能每一环节都需要多种设备。以棉纺工业为例，流程的第一步是对棉花进行清花，打花机、清

| 企业名称 | 华新纺织股份有限公司 | 裕元纺织股份有限公司 | 北洋商业第一纺织有限公司 | 恒源纺织股份有限公司 | 裕大纺织股份有限公司 | 宝成第三纺织股份有限公司 |
|---|---|---|---|---|---|---|
| 机器设备 | 纺纱机 22000 锭，打花机、清花机、松花机 556 台 | 美国造纺纱机 75000 锭，英日造织机 1000 台，合股机 900 锭 | 美国造纺纱机 20000 锭 | 英美造纺纱机 31000 锭，织布机 200 台 | 美国造纺纱机 35000 锭，细纱机、粗纱机共 276 台 | 纺纱机 27000 锭，摇纱机、合股机等 250 台 |
| 动力设备 | 电机锅炉 2 座，电台 1 座，马达 120 座，透平发电机 3 座 | 美国造蒸气锅炉 4 座，美国造引擎马达 185 座，透平发电机 4 座 | 蒸气水管式锅炉 1 座，英国造三相交流电机 2 座，美国造引擎马达 68 座 | 立式水管锅炉 5 座，透平发电机 2 座，三相交流发电机 3 座，美国造马达 202 座 | 发电机 3 座，马达 60 座，美国造 15000 匹锅炉 4 座 | 锅炉 3 座，透平发电机 2 座，电台 1 座 |
| 进口机器总值 | 约 159 万元 | 约 669 万元 | | 约 250 万元 | 约 110 万元 | |
| 动力电力工作马力（每日） | 1800 基罗瓦特，27000 匹 | 3650 基罗瓦特，3822 匹 | 1800 基罗瓦特，1200 匹 | 2000 基罗瓦特，1500 匹 | 1300 基罗瓦特，15000 匹 | 1500 基罗瓦特，1028 匹 |

资料来源：天津纺织博物馆提供，该统计源自六大纱厂企业档案

花机、松花机、立式开棉机都是这一流程中的设备。随着技术的发展、机器水平的提高，逐步发展出能合并一个流程的多个环节或合并几个流程的设备，从当时的技术来看，往往需要多台不同功能的设备依照不同材料进行加工。

总体看来，六大纱厂引进了国际领先水平的设备，开创了天津乃至华北地区近代纺织业的电力机械化生产，逐步掌握了先进的棉纺织工业生产工艺，使天津近代纺织具有高端生产与手工作坊的局面并存的特点。

## 四、天津近代棉纺工业案例——恒源纱厂

恒源纱厂始建于 1915 年创办的恒源帆布公司。1919 年，官办直隶模范纱厂与恒源帆布公司合并为恒源纺织有限公司，在农商部注册，1920 年 8 月正式开工，即为后来的恒源纱厂。开办时由曹锟之弟曹健亭主持，官商合营股金 400 万元。后来发行股票，由北洋军阀及其亲友收买，改为私营股份有限公司。当时有纱锭 37000 枚，上打梭织布机 240 台。[1]

### （一）恒源纱厂的总体布局

恒源纱厂厂址设于西窑洼（现河北区天纬路），全厂场地面积约 4000 平方米，地面标高 6.367 公尺（大沽水平）。[2] 纱厂北与新开河仅隔八马路，南为七

① 陈真等编.中国近代工业史资料第一辑 [M].北京：三联书店，1961：459.

② 恒源纱厂改造设计说明.天津市档案馆：X154-C-6148、6149.

马路，东有杨桥大街，水路、陆路交通均十分便利（图5-20）。厂区内用于纺织的主要生产车间居中；机修、水池、水塔、原动部等辅助车间位于厂区西北侧、主要生产车间的西部；另有空调、变电等辅助用房紧贴主要生产车间南北两侧布置；厂区的北、东、西三面分别设置储藏性质不同的仓库，其中北侧有煤池、五金库、化学原料库，西侧为原料库，主要储藏购入的棉花、毛条等原料，东侧为成品库（图5-21）。从图中我们可以看出原料、设备、成品等各种物资的流线，煤、五金和化学原料为重量较大的物资，可能从新开河运输至北入口进入仓库，棉花、毛条等则直接经七马路由西南入口进入西侧原料库，经过加工生产的纺织品进入东侧成品库，后经东北侧出口可由新开河水路运输，也可由八马路或杨桥大街陆路运输，原料、成品等流线互不干扰（图5-22）。

## （二）恒源纱厂主要生产车间分析

1962年，经天津市纺织工业局同意，天津市公私合营恒源纺织厂改造精梳毛纺织厂，改造后平面图与设计说明，结合改造前恒源纱厂总平面图，为我们了解改造前纱厂主要生产车间的功能构成、结构、采光形式等纺织工业建筑的特征提供了可能。

改造后的恒源纱厂变为万锭纺织染全能精梳毛纺织厂，改造过程中除部分生产活动辅助房屋及生产附属设备要改进增设外，近2000m$^2$的生产厂房不需增建或改建，仅对功能布局进行重新划分。改造后平面布局见图2-38，在改造的设计说明中记录了主要生产车间功能的变化：

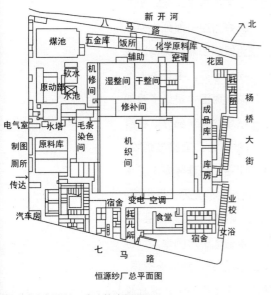

图5-20 恒源纱厂改造前总平面图
图片来源：作者摹自天津市档案馆

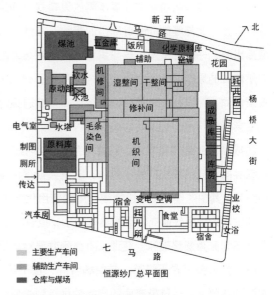

图5-21 恒源纱厂生产车间性质图
图片来源：作者改绘于图5-20

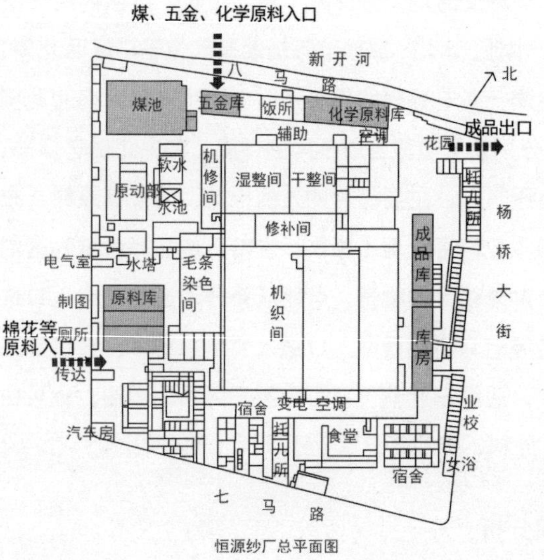

煤、五金、化学原料入口

恒源纱厂总平面图

图 5-22　恒源纱厂流线分析图
图片来源：作者改绘于图 5-20

纺场全部与织场的准备、织造工段布置在原纺场部分，织场的修补工段布置在原织场的准备工段，染整布置在原织场的织造工段，原清花车间改为毛条染色车间。[1]

根据上述设计说明，将改造前主要生产车间的功能布局复原（图 5-23），可以看出恒源纱厂纺部、织部兼备，纺部主要由纺场和清花两部分功能构成，棉纺织所需的工艺流程除清花之外，粗纱、细纱、摇纱等流程都并入纺场，这样只需要在较大的纺场内放置不同的设备就可满足生产工艺的需求，而非像宝成、裕元、北洋等纱厂设有专门的粗纱、细纱等车间。纺好的纱一部分作为半成品出售，一部分进入纺场与织场之间的织场准备，成为织部所需的原料，织部所需要的原料除了纱之外，还有毛条，和棉花同时入原料库后，毛条进入毛条染色间，经过初步处理后进入织场。改造前恒源纱厂总平面图中记录了织部的主要功能构成，机织间的面积约占织部的一半，位于织场的南半部分。机织后的成品向北到达修补间，待修补后进入染整环节。一般认为，染整与纺纱、机织共同组成纺织生产的全过程，它是预处理、染色、印花、整理等多道工序的统称，其中的整理是通过物理作用或使用化学药剂改进织物的光泽、形态等，提高织物的服用性能或使织物具有拒水、拒油等特性，在染整的最后阶段进行。整理还划分为湿整理和干整理，染整的效果对纺织品质量的优劣影响很大。恒源纱厂的染整设置于织部，与织场合并，位于织场的北半部分，包括干整理、湿整理两部分。经过染整后的产品就可以到达成品库。整个生产的工艺流程反映在总平面图中（图 5-24）。

① 恒源纱厂改造设计说明 . 天津市档案馆：X154–C–6148、6149.

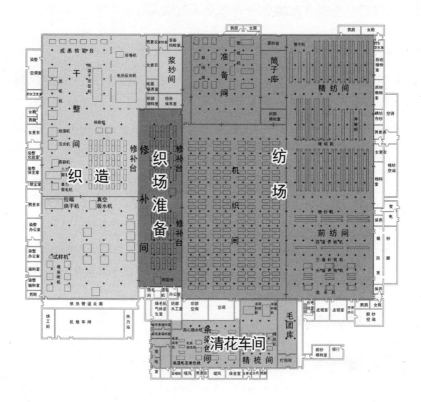

图 5-23 恒源纱厂改造前主要功能示意图
图片来源：作者改绘于图 5-22

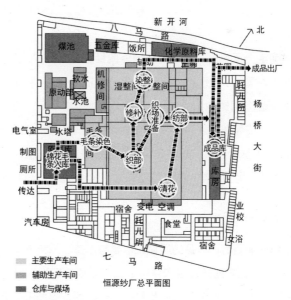

图 5-24 恒源纱厂改造前工艺流程图
图片来源：作者改绘于图 5-20

## 五、天津近代毛纺工业案例——东亚毛呢公司

### （一）东亚毛呢公司概况

东亚毛呢公司由著名实业家宋棐卿[①]于1932年建成投产，最初仅从事毛纺织业中的毛纺，产品为纺线与地毯线，未设织部。1940年创建麻袋厂，1944年创建东亚化学厂，9月开工生产西药。在创建东亚的过程中，宋棐卿将西方先进的管理方式和中国传统文化相结合，采用儒家"文治教化"之道，制定了厂训、厂歌，提出了东亚的"四大主义"和"四大目的"[②]，以"东亚铭"规定了东亚公司宗旨和员工做事为人的准则，形成了独具特色的东亚企业文化。在宋棐卿的先进管理模式和严格的规章制度下，"抵羊"牌毛线[③]成为著名的国货品牌而行销全国，逐渐成为"国人专制毛绒线工厂之规模最大最早者，（抵羊牌毛线）每年生产额占华商工厂中的87%。彼时全国毛绒线生产额为340余万元，而东亚一家即占300万元，全国舶来绒线进口总额约600万元，华厂的生产额占全国总消费量之36%"。[④]

### （二）东亚毛呢公司产品

1932年东亚毛呢公司成立之时，在棉纺织工业中六大纱厂已占据垄断地位。毛纺织业规模较大者仅有1931年成立的仁立毛纺股份有限公司，东亚毛呢公司"原准备先办纺部，后办织部，纺织兼备，因鉴于仁立公司已有织呢设备，遂放弃织呢计划，专门纺线。"[⑤]"待有相当之成绩，及稳固之基础后，当再设法扩充，故名曰纺织公司，惟目前只专事于纺线工作，以期出品精美，堪供社会之需要。"[⑥]

在产品的确定上反映出宋棐卿游历国外的经验与对商界的洞察力："现下世界趋势各种基本重要工业已趋于划分阶段，分工合作……若由少数人士从头至尾一总笼统办理，范围广阔，在人力及财力上均有困难……若甲办某一类工业，乙亦仿效，丁戊等亦仿效，互相抵制非闹到同归失败之结果不止。此美国人之通病，亦工业不振之深因……本公司之专门纺线，不作其他，亦即顺应潮流，提倡分工合作之意。世界趋势如斯，均望国人注意，以免受天演之淘汰焉。"[⑦]

### （三）东亚毛呢公司的设备与原料

对于毛纺织企业而言，产品的质量、产量与设备、原料密不可分。东亚毛呢公司成立之初，"机器是通过怡和洋行由英国订购的旧货，原料是从澳洲订购的半成品——毛条，厂房设在旧意租界……开工后，先利用从济南运来的粗纺机制单股粗纱，委托针织厂织成毛衣销售，同时生产地毯线，并招揽加工洗

① 宋棐卿（1898—1955）男，山东益都人，近代著名实业家。早年就读于北京汇文中学，毕业后考入燕京大学，1920年转赴美国芝加哥西北大学商学院攻读工商管理兼修化学课程。1922年回国后，历任济南德昌洋行和天津德昌贸易公司经理。1932年在天津创办东亚毛呢纺织股份有限公司，任董事长兼总经理，著有《我的梦》一书。

② 东亚毛呢公司制定了详细完备的生产管理、企业管理、职工生活管理等制度28种503条，包括《东亚精神》（甲、乙本）、《东亚礼仪常识》《东亚声》《方舟》月刊、《东亚企业文化》《职员训练讲义》等企业文化类刊物，反映了东亚不同时期企业文化的礼仪常识、作事为人准则、职员素质的文献材料。

③ 东亚毛呢公司采用抵制洋货的"抵"和山羊的"羊"，图案中的两只羊，是中国羊占东半球，另一只羊占西半球，东半球的羊略高而且雄壮，表示已占上风，西半球的羊则略低，而且有被抵得后退的样子。其寓意意味深长，颇受国人欢迎，并沿用至今。

④ 陈真等编.中国近代工业史资料第四辑[M].北京：三联书店，1961：346.

⑤ 杨天受，李静山《天津东亚公司与宋棐卿》于1964年写，1981年刊于《工商史料》第2辑，106页，转引自天津社科院历史所，天津历史资料20（内部资料）：9.

⑥ 东亚公司年刊民国二十三年.转引自天津社科院历史所.天津历史资料20（内部资料）：8.

⑦ 东亚公司周年纪念册.转引自天津社科院历史所.天津历史资料20（内部资料）：8.

① 杨天受，李静山《天津东亚公司与宋棐卿》于1964年写，1981年刊于《工商史料》第2辑，106页，转引自天津社科院历史所．天津历史资料20（内部资料）：9.

② 杨天受，李静山《天津东亚公司与宋棐卿》于1964年写，1981年刊于《工商史料》第2辑，106页，转引自天津社科院历史所．天津历史资料20（内部资料）：353～357.

③ 民国二十六年四月二十日董事会第二次会议记录．转引自天津社科院历史所．天津历史资料20（内部资料）：14.

④ 陈真等编．中国近代工业史资料第四辑[M]．北京：三联书店，1961：353～357.

羊毛等生意，以维持筹备时期的开支。当年秋季，所订购英国机器全部运到，毛条原料大批进厂"。①

虽然最初引进英国的旧货，但"所用机械，大都为旋纺机（飞X式或帽式），制成之线为精梳式"。②已优于一般的中小型企业，可见东亚毛呢公司的定位。同时，东亚毛呢公司不断更新设备以满足产品质量的需求，"为期出品种类增多，巩固本公司营业基础，并应国内市场需要，利于竞争计，已斟酌环境，由礼和洋行定妥纺开士米细线之机器一批"。③并逐年购入各类先进的产品（表5-3）。在原料上"为外国制就之托普（top）"。④高端的设备和原料决定了产品的高质量。

购入先进产品种类　　　　　　　　　　表5-3

| 名称 | 台数 | 能力 | 厂名 | 购入年代（年） |
| --- | --- | --- | --- | --- |
| 纺织麻袋机 | 150余台 | 织布机80台，每台每小时25码 | 英国飞伯劳森厂（F.L.C.B.） | 1940 |
| 粗纺毛线机 | 7台 | 900锭 | 德国哈德曼厂 | 1932 |
| 纺毛线机 | 180余台 | 1320锭 | 英国泰来厂 | 1932 |
| 纺毛纱机 | | 2400锭 | 德国哈德曼厂 | 1939 |
| 织驼绒机 | 4台 | | 海京洋行 | 1934 |
| 织布机 | 3台 | | 海京洋行 | 1934 |
| 制药机 | 19台 | | 上海 | 1944 |
| 铁杠机器 | 22台 | | | 1936 |
| 锅炉 | 3台 | 英国450马力锅炉 | 英国拔伯葛厂（Babecock） | 1941 1932 |
| 电滚子 | 265台 | 1400H.P. | | |
| 锅炉 | 1台 | 180马力锅炉 | 英国拔伯葛厂 | 1947 |

资料来源：东亚公司档案，转移自天津历史资料20（内部资料）

### （四）东亚毛呢公司的建筑与生产工艺

1932年东亚毛呢公司在意租界成立毛织厂，1936年在云南道2号建造新厂，保留至今的云南道2号的东亚毛呢公司平面总图（图5-25）虽然没有表明建筑功能，但是北侧体量较大的厂房和南侧瓦房都易于辨认，与东亚公司报告书中记载的"洋灰钢筋楼房6座，占5177，45公尺；瓦房80所，平方31所，仓库5所，占地53052.55公尺"较吻合。⑤

1933年东亚毛呢公司系统图（图5-26）中底层的分工反映出毛纺工业的工艺流程。⑥从各工艺环节可以看出，建筑的各车间配合不同的设备，精梳、粗纱、细纱、络筒等环节都在屋架上架设天轴，但除设备的长宽高在放置时应满足要

⑤ 转引自天津社科院历史所．天津历史资料20（内部资料）：54.

⑥ 转引自天津社科院历史所．天津历史资料20（内部资料）：30.

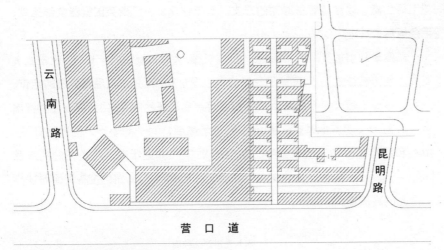

图 5-25　东亚毛呢公司平面总图
图片来源：作者摹自天津市档案馆

图 5-26　东亚毛呢公司系统图
图片来源：天津历史资料 20（内部资料）

求外并没有对建筑形制做更多的要求，而动力车间、锅炉房等功能则在建筑形式上与众不同。云南道 2 号新厂区整体鸟瞰照片与平面总图吻合，是文献中记载的"洋灰钢筋楼房 6 座"，具体建筑功能与分区无法辨别。

### （五）毛纺织工业科技价值与员工培训

毛纺织工业的科技价值除了上述设备、工艺、原料以及配比等方面，员工的选择、技术水平、培训等方面也对产品的质量、产量产生很大影响。如中国近代工业史资料所说："纱厂生产能力所以薄弱的原因，主要的约有四端，即：①采用原棉没有标准，或品质低劣；②机器过于陈旧，或设备不良；③工人效率低下；④所纺纱支时常变动。除此之外，尚有次要原因两端，即：①气候的不合宜；②采用物料之欠讲究。"[1]

① 王子建等."七省华商纱厂调查报告"第 27-29 页.转引自陈真等编.中国近代工业史资料第四辑 [M].北京：三联书店，1961：316.

东亚毛呢公司在员工选择上有严格的测试，其中体力测验包括体重测验、体高测验、肺量、肺量、握力等。具体标准为：磅称，男 110~130 磅为标准；侧高测验，女子以 152 公分为及格；肺量，男 3000cc，女 2000cc；握力，男 35，女 25 为及格。心理测验包括智力测验；手指敏捷测验——将盘中的小铁棍用右手三个三个地插入盘中之洞，将三分钟内所插之孔数计为分数；手眼联合测验——形状木块，将木块按照形状用右手放入适当的格里，将三次动作所需的时间记录等。[1]

通过选工考试后，还有严格的技术培训，以适应东亚毛呢公司苛刻的管理规定。新工人在开始试工时，除应将工作方法加以说明外，并应以实作方法教授其各种动作，使之自行试验、反复学习、改正错误、指示机巧，直至其生产率达到工作部分平均标准为止。技术教材之内容包括下列各部分：①机器之简单说明（限危险部分）；②动作的次序；③动作的方法；④机器之整洁；⑤本部工作与全部之关系。[2]

由此可见，纺织工人的选工、培训、管理等方面也直接反映出企业的技术水平。

① 东亚公司工友人事组雇工规则，转引自天津社科院历史所 . 天津历史资料 20（内部资料）：37.

② 东亚公司《工友人事组培训规则》第 22 期，第 2 页 . 1948 年 2 月转引自天津社科院历史所 . 天津历史资料 20（内部资料）：40.

## 第一节 天津近代工业遗产的保存现状及其特点

### 一、天津近代工业遗产的保存现状

2006 年 7 月 27 日，国务院批复了《天津市城市总体规划（2005 年—2020 年）》，确定了天津作为北方经济中心的地位，天津文化遗产保护面临着更为严峻的形势。由于天津市对工业遗产的认识不到位，很多具有重要价值的近代工业遗产在城市开发中已陆续拆除，2006—2009 年间，天津的几大棉纺厂陆续夷为平地，三条石大街一代高档住宅相继落成。天津近代工业遗存所剩无几，旧工业区整体保留下来的极少，很多保留下来的近代工业遗产也多是单体厂房、办公楼或者宿舍之类。截至 2010 年除天津船厂（原北洋水师大沽船坞）、天津碱厂（原永利碱厂）、天津化工厂（原日商东洋化学工业株式会社汉沽工厂）外几乎没有保留整体格局和工艺流程的老工业区，而上述三厂由于地处塘沽区，避开了之前天津中心城区的大规模建设。但是近年来随着滨海新区的建设，这三座重要工业遗存也面临危险。根据天津市、滨海新区《国民经济和社会发展第十一个五年规划指导意见》和中共塘沽区委《关于制定国民经济和社会发展第十一个五年规划的建议》精神，确定塘沽区的总体功能定位是：临港产业和海洋产业聚集区，"一个基地、两个中心"的综合服务功能区，开放文明、宜居生态的现代化国际港口城市标志区。到 2020 年，把塘沽建成海洋和港口特色突出、技术领先、服务配套、辐射带动作用强的先进制造业和现代服务业聚合区域，建成港城一体、经济发达、社会和谐、发展持续、代表滨海新区综合发展水平的现代化国际港口城区，在全市、全国率先实现现代化。塘沽地区工业用地布局规划分为：海洋高新技术开发区、临港工业区、中心商务商业区、海滨休闲旅游区、西部产业拓展区、滨海都市渔农业示范区等部分。整个滨海新区工业遗产的普查、记录、研究已迫在眉睫。

笔者对天津及周边旧直隶范围内重要与典型的近代工业遗产进行走访，这些遗存主要集中在两个片区：天津市区及塘沽区，主要工业遗存包括清末（1860—1910 年）工业遗存共 26 处，民国至日占前（1911—1936 年）的工业遗存共 36 处，日占时期（1936—1949 年）工业遗存共 20 处。其中洋务派早期军工产业、"新政"后官助商办产业与民间资本产业尚保留一定数量的生产性工业建筑遗存，其他类型的产业如早期官督商办产业、外资企业的工业遗存多为配套服务性质的建筑遗存。

## （一）洋务派早期军工产业

天津市内早期军工产业原本就数量不多，天津机器局东西局子于 1900 年八国联军侵华时毁掉。现存仅有北洋水师大沽船坞。旧直隶范围内尚保存着开滦矿务局早期矿井、津唐铁路、清末修建电报线时修筑的水线码头等。

### 1. 天津机器局现状

海光寺行宫及天津机器局于 1900 年在八国联军入侵天津后彻底破坏。由于海光寺与日租界用地毗邻，1901 年被日军占领，从 1902 年的天津地图中可以看出该地块已经标注为日本兵营了，是年，作为日本兵营的海光寺机器局用地进行了重新设计（图 6-1）。作为日本屯兵之地，当年样式雷家族规划设计的海光寺行宫及机器局的格局已完全不存在。

机器局东局子于 1900 年在八国联军入侵后，作为法国兵营。20 世纪 80 年代，清华大学和东京大学合作开展的中国近代建筑调查和研究，对天津调查后出版了《中国近代建筑总览——天津篇》，书中收入了天津机器局东局子建筑遗存的测绘图。

图 6-1 日本军营
图片来源：《明信片中的老天津》

## 2. 大沽船坞遗产现状

### （1）不可移动遗存

#### ①海神庙遗址

海神庙于 1922 年因观音阁失火而化为灰烬，成为遗址。2007 年 12 月，天津市文化遗产保护中心对海神庙遗址进行考古发掘，发掘面积近 1000m²，有建筑基础、通向海河的甬道及山门遗址。出土文物有清代御制海神庙汉白玉石碑 1 通、柱顶石 5 个、大量清代黄琉璃、绿琉璃筒瓦、板瓦与瓦当、带有"永通窑造"戳记的铭文砖及少量清代青花瓷片。海神庙幡杆于 1922 年大火后，毁掉东侧一个，西侧幡杆在日军占领时期作为安置日本国旗的柱子，称为"国旗揭扬柱"。船厂老职工曾告知王可有厂长，日军占领时期幡杆成为聚会场所，时常有摔跤等活动。海神庙西侧幡杆毁于 20 世纪 60 年代，基础有待考古发掘。由于海神庙遗址被新修防潮坝拦腰截断，船厂变电所也压于遗址之上，大规模考古发掘还有待时机。

#### ②船坞

"甲"字船坞于 20 世纪 70 年代改为混凝土，原有坞壁木桩、板基被拆除，坞门于 1968 年由原来的双扇木质挤压式对口坞门改造成钢质浮箱式坞门。目前，"甲"字船坞依然承担修船、造船功能。其他船坞埋藏于地下，有待考古发掘。

#### ③轮机车间与百年老杨树

轮机车间（原大木厂）木质门窗全部损坏，屋顶、檐口、墙身均有不同程度损坏，墙体原为青砖，由于 1976 年唐山大地震，部分墙体倒塌，更换为红砖，现在建筑内墙壁还保留有原先的青砖。室内屋架部分保留完好，柱子底部可能由于损坏外包一圈混凝土材质。地面凹凸不平，原有铁轨在尘土掩埋下隐约可见。轮机车间西侧有李鸿章种植的老杨树两株，老杨树枝叶茂盛，但周围杂草丛生，与环境极为不协调。

#### ④船台与小码头

船台木桩长期放置于水中，腐朽严重，且船台上生满杂草，遗产环境恶劣。小码头已经失去原有轮廓，其上堆满石子，杂草丛生，支撑小码头轮廓的木桩孤立地立于水中。

#### ⑤办公楼及厂房遗址

办公楼、厂房于 20 世纪六七十年代陆续拆除。基础埋于地下，有 80 年代新建厂房压于老建筑基础之上。1949 年后新修防潮坝也压在部分厂房基址之上，并将原有厂区拦腰截断。

#### ⑥牌坊

立于民国时期、书有"海军大沽造船所"的原木质牌坊被拆除，20 世纪

90 年代，王可有厂长为纪念大沽船坞，在原址仿照原牌坊重建一铁牌坊，并书有"大沽船坞"。

（2）可移动遗产

①藏品、展品

22 件藏品、展品藏于北洋水师大沽船坞遗址纪念馆中，包括生产设备：剪床（1882 年）、冲剪（1889 年）等，制造产品：大沽造手枪、马克沁机枪（1919 年）等，此外，还有当时保存文件的保险箱（1893 年），抗日战争缴获日军的望远镜、子弹夹等。馆内藏品、展品保存良好。

②天津船厂内机器设备 27 件

27 件散落于厂区内的设备多为体量较大、建造年代相对较晚者，部分机器生锈。

这些藏品、展品和生产设备的安置并不能反映当时大沽船坞的生产过程，没有合理的安置顺序。

（二）早期官督商办产业

早期官督商办产业目前还保留有开滦矿务局办公大楼、1924 年新建的天津电报总局大楼。

（三）"新政"后官助商办产业

"新政"后兴办产业有度支部造币总厂遗存、北洋劝业会场、启新洋灰公司办公楼。

1. 度支部造币总厂

"新政"后天津兴办的两座造币厂中北洋造币局现已不存在，度支部造币总厂现仅存一座门楼、三个半四合院和一座二层小楼。入口大门局部做了改动（图 6-2），两侧巨大的大涡卷仅存一处，原来作为大门通道的空间围合后作为店面，两侧墙面及大涡卷下的开凿出入口作为店面，但砖雕花饰与门额吴鼎昌书"造币总厂"犹存。

2. 直隶工艺总局及其企事业现状

直隶工艺总局及其企事业单位目前仅存有劝业会场，现为中山公园。原劝业会场一门进行了复原设计（图 6-3），二门改为一座牌坊，一门和二门之间序幕性的商业"缘日空间"仍然保留，现在为商业街。中山公园内环形道路格局与原劝业会场一致，道路内的圆形操场空间已不存在。亭、廊、喷泉等都非原物，劝工陈列所、教育品制造所等建筑都不复存在，新建建筑在特征上对 20 世纪初期天津近代建筑进行了模仿，但设计与施工都较粗糙。

图6-2 度支部造币总厂大门
图片来源：作者自摄（2011年）

图6-3 劝业会场一门
图片来源：作者自摄（2011年）

### （四）民间资本产业

民间资本产业还保留有久大精盐公司办公楼、天津碱厂（原永利碱厂）、黄海化学工业研究社、华新纱厂水楼、宝成纱厂、东亚毛纺厂办公楼、男宿舍、天津西站、塘沽南站、天津机车车辆厂（原津浦铁路天津机厂）。

#### 1. 久大精盐公司与黄海化学工业研究社的现状

久大精盐公司西厂现仅存建厂西厂的实验室，后改为黄海化学工业研究社，20世纪50年代初期的图纸记录当时为图书室。西厂用地范围内还保留了80年代建设的天津碱厂俱乐部，其他用地作为住宅开发。永利碱厂建成后东厂并入永利碱厂，成为永利碱厂的盐钙车间，并重新规划该用地。目前仅存1949年前建造的化盐池。黄海化学工业研究社现为天津碱厂厂史纪念馆，建筑除局部破损外，整体保存较好，社前花池现已不存，增设铁艺围栏。室内一层陈列永利碱厂、久大精盐公司及黄海化学工业研究社历史照片及获奖证书、奖杯等，二层陈列改革开放后天津碱厂的发展历程及大港新厂的规划图纸。

2013年，黄海化学工业研究社被国务院公布为第七批全国重点文物保护单位。

#### 2. 天津碱厂的现状

天津碱厂于2010年停产，新厂迁至大港工业区新厂，至2011年4月整体格局一直完整保留，其氨碱区为最早的生厂区，也是永利碱厂初期氨碱区的用地范围，始建于20世纪20年代，经历了抗日战争、唐山大地震，后不断扩建，机器设备不断更新，厂房不断复建，至今保留有20世纪30年代的建筑及设备仅有白灰窑。其他设备不断更换，现存设备及建筑多为70年代以后购入或修建的。联碱区于60年代始建，1978年建成，建成后的设备局部经历过更新。

截至 2011 年 4 月 28 日，天津碱厂拆迁任务基本完成，除 1949 年前修建石灰窑、仓库、碱厂入口南侧科学厅、化盐池，20 世纪 50 年代修建的大门外，氨碱、联碱两条生产线全部被夷为平地。生产区之外为生活服务区的天津碱厂宿舍、医院、小学与俱乐部均为 70 年代之后重新建设。

3. 天津近代纺织工业遗产现状

2008 年，根据天津市总体规划，工业区战略东移，天纺集团在空港经济区投资 50 亿元，购地 2700 亩，建成工业纺织园，发展都市纺织。原本沿海河依次建设的六大纱厂，迁移出城市中心区，原纱厂用地卖给天津市政府，各大纱厂陆续被夷为平地。目前天津近代纺织工业遗产仅存华新纱厂的水塔和东亚毛呢公司云南路厂区的接待楼，该楼现改造为会所。

### （五）外资企业

天津的外资企业还保留有天津化工厂（原日商东洋化学工业株式会社汉沽工厂）、天津印字馆、比利时电车电灯公司、北支丰田自动车株式会社、原英国亚细亚石油公司办公楼、天津动力机厂（原日商甲裴铁工厂）、法国电灯公司等。

上述工业遗产中有的已是各级文物保护单位或天津市历史风貌建筑，这些能够得到保护的工业遗产多为工业辅助建筑，且多是独立的建筑，工业建筑遗产的价值较为突出，建筑具有典型风格特征，如原天津印字馆。

## 二、天津近代工业遗产的特点

天津近代工业遗产的特点已经有相关学者做了总结，如岳宏先生在其《工业遗产保护初探：从世界到天津》一书中就指出，近代天津工业遗产的特点有四：其一，年代较早；其二，持续发展；其三，地位重要；其四，自主经营。[①] 本文参考岳宏先生的说法，加上对工业遗产中工业建筑、工艺流程、工业区分布等价值研究，认为天津近代工业遗产的特点可归纳为如下几点：

年代较早。天津的近代化工业可以说与中国近代的工业化同时起步。

地位重要。天津近代工业经历了四个时期，在不同的发展时期都表现出重要的地位。初始期时，天津是洋务运动的中心城市之一，地理位置赋予其军事基地的重要地位，此时军事工业的发展必然十分重要。"新政"河北区的建设与工业教育的推广为华北的工人阶层的发展与壮大提供了机会。民国后，天津发展成为华北地区的工业中心，中国第二大工业城市，很多行业在全国处于垄断地位。

① 岳宏. 工业遗产保护初探：从世界到天津 [M]. 天津：天津人民出版社，2010：256.

类型丰富。天津的近代化工业类型涵盖了工业类型的方方面面，洋务运动兴办了机器局、电报局、铁路局、矿务局、船坞、轮船招商局等，机器局又有从事军火制造、兵器加工、化学研究等行业。官助商办产业涉及纺织、机器制造、钱币铸造、水泥等行业。民间资本涉及面更广，包括纺织、机器加工、化工、矿业、面粉、电气、食品等。

自主型。从洋务派"求富、自强"的态度就可以看出这一特点，天津又是李鸿章的北洋基地，天津机器局、大沽船坞、开滦矿务局、唐胥铁路等都是自主型工业的代表。直隶工艺总局的创办也以推动国内工业发展为宗旨，大力鼓励民间资本产业。以范旭东、宋棐卿为代表的实业家创办的企业更是天津近代自主型民族工业的代表。从东亚毛呢公司以"抵羊"作为品牌名称上我们可以看出抵制洋货的决心。

工艺领先。天津在诸多近代化工业类型中都引入国外先进技术、设备，并有很多科研人员加入其中，有的行业经自主研发后达到国际先进水平，如"侯氏制碱法""永明漆""抵羊牌"毛线、"马牌"水泥等。近代中国技术含量较高的企业多为外资企业，而天津不少知名企业均为中国人自主创办。而且，天津早期的工业业绩突出，创造了多项中国第一和国内外知名品牌。

行业悬殊明显。有的类型的工业发展极快，在全国迅速占有重要地位，如纺织、海洋化学、煤炭、水泥等行业；有的行业则发展平平，如大型的铁工厂等重型工业。

大型企业与中小型加工业并存，先进技术与落后技术并存。如三条石地区的机器加工业，本是手工作坊发展起来的，后来规模渐大，但也有"少则一两个人，多则几个人或是几十个人"[①]的店铺，与周学熙创办的北洋劝业铁工厂自是不可同日而语。到1939年，天津纺织业有400余家，其中不乏小作坊，与六大纱厂相去甚远。

空间分布特征明显，发展轨迹清晰。工业建设需要生产的物质资源与材料的运输渠道，同时，相似性质的企业集中在某一区域便于企业发展。纵观天津近代产业，主要空间分布特征有以下几点：其一，由资源需求决定的工业分布特征，塘沽沿海的海洋化学工业有久大精盐公司、永利碱厂、日商东洋化学工业株式会社汉沽工厂等。其二，由于同行业而集中的区域，有三条石大街的机器制造业，南运河两岸的面粉、火柴制造，向城市东南沿海河两岸的诸纱厂等。其三，各租界内沿海河两岸的洋行。天津近代工业的空间分布特征极为明显，本章后文将结合城市发展重点介绍天津近代工业发展的时空演变。

建筑风格多样，建造技术领先。后文详细介绍天津近代工业建筑风格。

企业文化先进。天津近代的工人阶级遭受残酷的剥削与压迫，但是天津很

① 王玉柱．三条石地区铸铁业、机器业的形成与初期发展（油印本）．转引自来新夏．天津近代史 [M]．南开大学出版社，1987：123．

多近代企业很早就开始注重自己的企业文化，改善工人待遇。如天津宝成纱厂于1930年实行八小时工作制，成为全国第一个实行八小时工作制的企业。范旭东为永利碱厂职工家属建设学校、幼儿园、宿舍等，组建篮球队等，开创了先进的近代企业文化。

产学研结合。从洋务派创办的天津机器局开始，天津近代教育就一直与产业发展紧密联系。天津机器局内建设了北洋水师学堂、水雷学堂、电报学堂等与军火制造、军事建设相关的学堂培养专业人才。这样高水平的产业与高端教育结合，自然对天津近代工业产生深远影响。袁世凯推行"新政"时期创办的直隶高等工业学堂对近代产业工人的培养起到重要作用。同时，像黄海化学工业研究社这样的第一个民办研究机构也是具有深远意义的。产学研紧密结合的特点贯穿于天津近代工业发展的各个时期。


## 第二节　天津近代工业遗产的科技价值试析

我国的近代工业遗产是在特定的历史时期发展起来的：清末洋务派兴办军工产业作为近代工业的起点；"新政"时期推广工艺学堂、普及职业教育，兴办工业之风渐盛；其后经历了民国、抗日战争等时期。因此，其历史价值、社会价值较为鲜明，在工业遗产的评估中也备受关注。而对于工业遗产科技价值的认定，一般归纳为"行业的开创性、生产工艺的先进性"，多以生产工具、设施设备、工艺流程为载体。[①] 亦有学者将工业建筑的结构技术、施工工艺与技术、材料特征与行业技术作为工业建筑遗产的科技价值。[②] 工业发展历程作为科技史的重要组成部分，具有除工业建筑本体之外的重要价值，这也是工业遗产有别于其他文化遗产、近代建筑遗产的重要原因。因此，科技价值是工业遗产价值的重要组成部分。很多近代工业遗产不仅具有该行业在全国开创性的历史意义，其引入的设备、生产工艺当时在世界范围也属领先，以天津及周边旧直隶范围的近代工业为例，有开滦矿务局的火力发电、煤炭开采技术，启新洋灰公司的丹麦史密斯干法回转窑，永利碱厂的苏尔维制碱法、联合制碱法，久大精盐公司的精盐生产工艺，滦河大桥沉箱基础，等等。《关于工业遗产的下塔吉尔宪章》对工业遗产价值的总结中提出，工业遗产在生产、工程、建筑方面具有技术和科学的价值，在维护和保护部分亦提出如果机器或构件被移走，或者组成遗址整体的辅助构件遭到破坏，那么工业遗产的价值和真实性会被严重削弱；工业遗址的保护需要全面的知识，包括当时的建造目的和效用、各种曾有的生产工序等。对此，寇怀云也提出"工业遗产保护的核心在于

① 刘伯英，李匡.北京工业遗产评价办法初探[J].建筑学报，2008（12）：11.
② 张健，隋倩婧，吕元.工业遗产价值标准及适宜性再利用模式初探[J].建筑学报学术论文专刊05，2011增刊1：89.

① 寇怀云. 工业遗产技术价值保护研究 [D]. 上海:复旦大学, 2007:1.

技术价值"。① 但是，由于缺乏相关工业的知识作为研究背景，工业遗产科技价值的研究目前尚无法深入。

## 一、工业遗产科技价值的构成要素

对工业遗产科技价值的认定，《关于工业遗产的下塔吉尔宪章》中提出"工业遗址的保护需要全面的知识，包括当时的建造目的和效用，各种曾有的生产工序等"，但并未做详细论述。研究者将其归结为设施设备、工艺流程，至于设备、生产工艺、流程之间的关系并没有深入探讨，甚至混为一谈，科技价值的认定仅限于"机器或构件被移走，那么工业遗产的价值和真实性会被严重削弱"。②

② 张松译. 工业遗产的下塔吉尔宪章 [C]// 国际文化遗产保护文件选编. 北京 : 文物出版社, 2007 : 252.

在此，笔者认为首先要将工业遗产科技价值与工业建筑遗产的技术价值加以区分，用工业建筑遗产的技术价值( 建筑营建技术 )代替工业遗产的科技价值，或将两者混为一谈是工业遗产整体价值评估的误区。工业遗产科技价值主要集中在以下三个方面 : 设备、工艺、操作。设备与工艺并不等同，在多数行业中设备反映工艺水平，但工艺还包含更广的方面，如原料配比、加工与生产方式、整个工艺流程等。部分行业科技价值还反映在操作中，具体为操作难度、熟练程度两个方面，科学的管理与规范的操作带来质量、产量的提高。同时，如化工、石油、采矿等行业，操作的水平直接与安全生产挂钩，因此，操作作为工业遗产科技价值的组成部分亦不为过。③

③ 季宏，徐苏斌，青木信夫. 工业遗产科技价值认定与分类初探——以天津近代工业遗产为例 [J]. 新建筑, 2012（2）: 28–33.

一般认为，随着时代的进步机器设备不断更新，这些设备的科技价值在不断提高的同时其历史价值不断降低。上述说法对于多数行业是适用的，但工业行业种类众多，各行业存在诸多差异，一概而论的说法并不全面，需要深入研究工业遗产科技价值的载体以及设备、工艺之间的关系。

## 二、天津近代工业遗产科技价值分类研究

### (一) 机械加工业

天津机器局、北洋水师大沽船坞、北洋银元局和度支部造币总厂的产品以枪炮制造、造船、造币为主，从生产工艺上基本都可划为机械加工类。

天津机器局与大沽船坞的生产车间主体构成基本一致，海光寺机器局由八个分厂（相当于现在的生产车间）组成：西机器厂、轧铜厂、前厂、后机器厂、熟铁厂、翻砂厂、锅炉厂、木工厂。北洋水师大沽船坞由船坞、轮机厂、熟铁厂、翻砂厂、煤厂、炮厂、模样厂、大木厂、铸铁厂、铆工厂、熔铁炉、铜厂、汽

机房、物料库、起重架、抽水机房、锅炉房、电机房、烟筒等构成。在枪支制造、船舰加工过程中，枪体、舰体内部都需要木材作为构架，在木工厂中进行加工。而枪身、炮身、子弹、船身铁甲及零件都为金属制品，诸厂中的熟铁厂、熔铁炉、铜厂、铸铁厂、模样厂都是金属加工的车间。当时的金属加工需要先做木模，模样厂根据图纸做出模样，在钢板上下料。子弹、造船的零配件制作则需要翻砂制作的木模，待砂型制成后，浇筑铁水。冷却后的铸件还要经过除砂、修复、打磨等过程方能合格。熟铁厂、熔铁炉、铜厂则为零件生产提供铁水等。造船的生产是将各厂生产的金属板材、零件、汽轮机、锅炉、抽水机等设备一并运至船坞，在船坞中完成组装，有属于自己的生产工序，但并无流水线作业。

天津机器局与北洋水师大沽船坞的科技价值首先在于它们的创造性价值，在近代中国北方该行业具有开创性。由于并无工艺流程，在生产工艺方面，科技价值的载体为设备。两处军工产业都引入国外最先进的设备，至今北洋水师大沽船坞遗址纪念馆中展陈众多英国、德国进口的设备。

北洋银元局中的机器厂、木样厂、熟铁厂、翻砂厂、电镀房与海光寺机器局、大沽船坞机械加工部分一致，这些生产车间后来划归北洋劝业铁工厂[1]，由此可见造币产业具有与机械加工功能相似的部分。但造币业毕竟有自己独特的生产工艺，除上述功能外，主要的生产车间还有熔化所、碾片所、撞饼所、光边所、烘摇洗所、印花所、较准所、化验所、银铜库、修机厂。该行业的科技价值反映在设备、操作两方面。造币产量的大小与质量的高低取决于机器设备的优良，度支部造币总厂在购置设备时就订购了美国头等著名常生厂新式新法银元铜元通用机器、锅炉、汽机。[2] 由于造币业对产品质量的要求，就需要操作严格，技术高超，非经过专门培训不可。入银铜库原料银色的高低，熔化所、碾片所工匠对炉火的把握，成品的成色都要达标，否则重熔。较准所、化验所就是对质量进行检验的车间。同时，北洋银元局附设图算学堂，教授应用算学、图绘、化学、机理[3]，以完成高质量产品。造币所需的生产车间，北洋银元局兴办时仅对大悲院周围的旧有房屋进行维修，就可满足生产工艺的需求，厂房由多座双坡溜肩型建筑组成。度支部造币总厂兴办时，对如何配合设备进行厂房设计提出了要求："议配造运动机器等件、转轴之长短、大小并机器地盘等件之形势、地位、尺寸必凭厂房配造，此乃一定理法也。其厂房或由外洋寄图建造，抑由贵局自行变通绘图建造今尚未定，如一准有局绘图，务请于立合同后一个月内，将图发给瑞记寄往，照图上厂房配造转轴、挂脚等件，庶无贻误。若由外洋厂中寄图改造，厂房其配转轴并地盘等件之形势、尺寸至将来应如何做法，可均按外洋厂房图配造也。如要外洋寄图亦于立合同后一个月内示知瑞记，以便照办，缘转轴之大小长短并机器之地位既以厂房图为凭，则该图最为紧要，万不

[1]（清）工艺总局编．直隶工艺志初编志表类卷上．北洋官报局，清光绪（1875—1908）．

[2]（清）北洋公牍类纂卷二十二．光绪三十八年刊本．

[3] 同上．

① （清）北洋公牍类纂
卷二十二 . 光绪三十八
年刊本 .

能用贵局之图造厂而按外洋之图造转轴等件，则相配必不合式也。"① 最终，度支部造币总厂的生产建筑采用中国传统的四合院形式。而同一时期日本的大阪造币局采用古典主义建筑，整个工艺流程在一座建筑中完成。由此可见，建筑的形式、空间组织与造币工艺并无直接联系，仅对空间大小做出要求。

机器造币带来了全新的工艺流程，生产流程依次为：熔化、碾片、撞饼、光边、烘摇洗、印花，与清末手工造币工艺相比，生产工艺大为不同。清朝手工加工工艺为："每炉额设炉头一人，其所需工价有八行匠役：曰看火匠，曰翻砂匠，曰刷灰匠，曰杂作匠，曰锉边匠，曰滚边匠，曰磨钱匠，曰洗眼匠，例给钱文。所需料价，曰煤，曰罐子，曰黄沙，曰木炭，曰盐，曰串绳。"② 我

②《清朝文献通考》卷
16,（商务印书馆十通
本）：4998.

们应该注意到，工艺流程的革新是手工加工向机器加工转变的结果，与某些行业工艺流程革新带动行业发展恰恰相反。因此，对近代造币业而言，科技价值的核心在设备而非工艺流程，但工艺流程仍有展示的价值，它是科技价值的时代反映。

## （二）矿业

始建于 1878 年的开滦矿务局是我国近代最早运用机械进行煤矿开采的产业，在提升运输系统、发电设施、洗煤、装卸等环节都引进国外最先进的设备，从煤炭出井到装货运输，虽有清晰的生产流程，但科技价值的载体仍在机器设备。就煤矿的开采而言，提升运输系统是当时采矿的核心，也是各个矿井最为引人注目的设备。开滦矿务局下赵各庄矿采用当时德国最新式的设备，林西矿、唐山西北井矿等大型矿井均架设提升煤矿的绞车。井下作业则需要丰富的经验，因此，煤矿开采的科技价值体现在提升设备和矿工的操作。

## （三）水泥工业

水泥生产的工艺流程可概括为图 6-4，各企业虽采用不同技术，但工艺流程基本类似。该流程虽烦琐，但水泥生产的核心环节可概括为"两磨一烧"，即生料粗磨、煅烧、熟料细磨这三个环节，也是水泥工业科技价值的核心。笔者在关注整个工艺流程的同时注意到水泥行业工艺的革新在"一烧"，以启新洋灰公司为例，开平矿务局总办唐廷枢于 1887 年创建唐山细绵土厂（启新洋灰公司前身）时采用了立窑技术，由于产品质量欠佳因而停产，1907 年周学熙重新办厂，启新洋灰公司引入当时国际最先进的丹麦干法回转窑。

据该行业专家分析："我国水泥生产技术水平随着时代的进步而不断提高，由低到高大致分为立窑、湿法回转窑、日产 2000t 熟料预分解窑新型干法和日产 5000t 熟料预分解窑新型干法等 4 个层次。"③ 由此可见，对于水泥工业而言，

③ 王燕谋 . 中国水泥发
展史 [M]. 北京：中国建
材工业出版社，2005：6.

| 石灰石开采、破碎 | 入厂存储 | 配制生料 | 粗磨 | 生料 | 入窑煅烧 | 熟料 | 细磨 | 水泥入库 | 装包销售 |
|---|---|---|---|---|---|---|---|---|---|

图 6-4　水泥生产的工艺流程
图片来源：作者自绘

科技价值的载体不能简单概括为设备、工艺流程，而是由工艺流程与其中革新作用的环节共同体现的。

（四）化学工业

天津碱厂的制碱工业是以工艺流程为科技价值核心的工业类型，工艺的革新是整个流程的改变带来的。最早的制碱工艺是由 1787 年法国人路布兰首先提出的，被称为"路布兰制碱法"。全部过程可分两个步骤：

第一步，用食盐和硫酸加热反应生成硫酸钠（芒硝），$NaCl+H_2SO_4==Na_2SO_4+2HCl$；

第二步，将硫酸钠、石灰石和煤混合于反射炉（回转炉）加热至 950~1000℃，生成碳酸钠，$Na_2SO_4+2C+CaCO_3==Na_2CO_3+CaS+2CO_2\uparrow$。

对制碱工业贡献最大的是"苏尔维制碱法"，该法亦称"氨碱法"。主要通过以下三步完成：

第一步，$NH_3+CO_2+H_2O==NH_4HCO_3$；

第二步，$NH_4HCO_3+NaCl==NaHCO_3+NH_4Cl$；

第三步，$2NaHCO_3==Na_2CO_3+CO_2\uparrow+H_2O$。

侯德榜博士又研制出"联合制碱法"：将氨、碱两大工业联合起来，以氯化铵、合成氨及生产合成氨的副产品二氧化碳为原料，同时生产纯碱和氯化铵两种产品（工艺流程过详见第五章）。由此可见，制碱工业的科技价值体现在整个工艺流程，技术的进步带来整个工艺流程的革新，机器设备是为完成生产服务的。

（五）纺织工业

第五章介绍了纺织工业机器设备与建筑的关系、生产工艺流程等方面的基本知识，与造币业机器生产带来工艺的革新和化学工业工艺流程革新带动的技术进步不同的是，纺织工业科技水平的提高是在设备进步与工艺进步共同作用下完成的。

东亚毛呢公司毛纺工艺流程为：拣毛、洗毛、烘毛、梳毛、精梳、粗纱、细纱、络筒、合股、染纱、检验、拧把、团绒打包、入库。一方面工艺流程中各个环节设备的发展带来了该行业水平的提高，如棉纺细纱机的锭速的提高、粗纱机由过去二程式改造成单程式、针织台车采用多路进线等。同时，新的设备的产生可将整个工艺流程简化，拣毛、洗毛、烘毛、梳毛、精梳、粗纱、细纱等流程现在可在一套设备中完成，由此带来了更加简化的工艺流程。另一方面，纺织工艺的更新带来新的纺织模式，如染整工艺就是近代纺织工业发展出来的工艺，新的理念也带来新型的设备。对此，评估纺纱工业的科技价值应关注设备与工艺流程之间的互动关系。同时，产品的质量很大程度上取决于原料的质量与配比关系。

纺织行业对操作的规范性要求较高，在雇工、人员培训等方面都有严格的限制，以东亚毛呢公司为例，其雇工规则有"图形智力测验：手指敏捷测验——将盘中的小铁棍用右手三个三个地插入盘中之洞，将三分钟内所插之孔数计为分数；手眼联合测验——形状木块，将木块按照形状用右手放入适当的格里，将三次动作所需的时间记录"[1]的要求，其《工友人事组培训规则》中有"新工人在开始试工时，除应将工作方法加以说明外，并应以实作方法教授其各种动作，使之自行试验、反复学习、改正错误、指示机巧，直至其生产率达到工作部分平均标准为止"[2]的要求，由此也可看出操作的价值。

## 三、基于科技价值的工业遗产分类

将工业遗产的科技价值重要载体机器设备与生产工艺的关系进行总结，分类如下：

第一类，工业遗产具有简单的工艺流程，但科技价值集中在某一环节，流程的价值可以忽略，如开滦矿务局的提升运输系统和久大精盐公司的干燥车间。该环节的建筑、设备是整个工业遗产科技价值的载体。

第二类，工业遗产拥有系统的工艺流程，但该行业的革新集中在某一环节，如水泥工业。对于这类工业遗产，关注工艺流程的同时，重要环节的真实性应特别关注。对于启新洋灰公司而言，除关注"两磨一烧"流程外，"一烧"的机器设备是科技价值的核心。

第三类，工业遗产的整个工艺流程是科技价值的载体，由于工艺流程无法像机器设备一样直接呈现在面前，因此需要深入研究，达到《关于工业遗产的下塔吉尔宪章》中所说对"生产工序"的全面掌握。以永利碱厂为例，设备更换并没有改变"苏尔维法"生产工艺，该生产工艺代表的价值也没有由于设备的更新而降低。因此，这类工业遗产仅以机器设备的价值评估是远远不够的。

第四类，工业遗产的整个工艺流程以及各个环节都是科技价值的载体，设备与工艺不断互动，如纺织工业。这类工业遗产需要系统研究生产工艺与设备的关系，以确定科技价值及其载体。

① 东亚公司工友人事组雇工规则.转引自天津历史资料20（内部资料）：37.

② 东亚公司《工友人事组培训规则》第22期，第2页，1948年2月转引自天津社科院历史所.天津历史资料20（内部资料）：40.

## 四、基于科技价值的工业遗产分类的意义

工业遗产的科技价值由于各行业生产性质的不同，认定方法存在着区别。多数工业遗产的科技价值以设备为载体，并随设备的更新其科技价值不断提高而历史价值不断降低。但也存在一些以工艺流程为科技价值核心的工业遗产，其工艺流程不随设备的更新改变。依据工业遗产的科技价值进行分类后，使参与工业遗产保护的工作者易于分析，可根据类型直接判断科技价值的载体。同时，便于识别工业遗产的保护对象，为工业遗产保护提供基础。

## 五、基于科技价值的工业遗产的记录对象

古建筑的测绘一般包括总平面图（含场地标高）、纵剖面、古建筑的平面图、立面图、剖面图、仰视图以及建筑细部的大样图。工业遗产的测绘与信息记录主要包括工业建筑的测绘、设备的信息以及工艺流程。其中工业建筑的测绘如平面图、立面图、剖面图与古建筑的测绘并无太大区别，建筑细部如梁架结构、砖墙的砌筑方式犹如古建筑的斗拱、门窗等细部构件。设备的位置等信息的记录类似于古代建筑中的家具陈设，工艺流程类似于古代建筑的仪式活动，如天坛祭天活动等。但是，设备、工艺流程的信息记录方法却不同于古建筑。设备的形状、颜色等外观因素对工业遗产的意义并不重要，而功能及其工艺流程中的任务、加工的产品是和工艺流程息息相关的。

一般来说设备的信息记录主要有三个方面内容：第一，设备的功能信息，这是设备信息记录的核心，主要记录设备的名称，在生产流程中的位置、作用，制造出来的产品等；第二，设备的历史信息，主要包括年代、型号、生产厂家等；第三，设备的物理信息，主要记录设备的长宽高。[1]

以大沽船坞为例，由于造船、修船的过程没有流水线，以组装为主，设备主要记录功能信息就较简单。将上述三方面内容记录下来，并对设备的各个立面进行摄像记录（图6-4）。

工艺流程的信息记录较为复杂，特别是生产流程繁多的工业遗产。在天津碱厂保护研究中，笔者对制碱的工艺流程做了系统研究，然而，即使对工艺流程有相当认识后，在现场记录中仍然无法将工艺流程与建筑、设备的对应关系搞清楚，更无法将从各种原料进厂到产品完成的各个环节，物资运输、输送及通过各类管道、皮带最后生产完成的过程讲清楚，非要熟悉整个流程的老工人师傅详加介绍不可。在一位老职工的热心帮助下，经过两天时间才将主要生产工段与衍生生产工段的情况详细理清，记录下整个厂区的功能分区，工艺流程

① 季宏.基于全程保护的工业遗产信息采集与记录研究[J].华南理工大学学报（社会科学版），2015, 17（5）：79–83, 90.

冲 剪
年 代：1889年
产 地：英国道格拉斯（DOVGLAS）
功 能：剪切、冲孔、截料为一体的大型设备
　　　　该冲剪自1889年购进后，安装在轮机场内，是
当时北洋水师修造舰船的主要设备。1891年后，该设备
参与了仿造德国一磅后膛炮冲压炮体工作。
尺 寸：3700mm×1500mm×4400mm

剪 床
年 代：1882年购进
产 地：德国
功 能：剪、冲、截三用设备
　　　　该剪床自1882年购进后，直接参与了建造
我国第一艘潜水艇和建造"飞鬼"等船的工作。
尺 寸：2800mm×430mm×2050mm

图6-4　大沽船坞的设备信息记录
图片来源：作者自摄

如何通过各个设备及其完成，各流程的产品如何运输，各个建筑、设备的年代，等等。

　　生产流程是一个动态过程，三维模型、动态影像是记录的手段之一。通过工业遗产的信息记录及测绘，特别是工艺流程的记录，才能对该遗产有基本的了解，对科技价值的载体有判断能力。[①] 信息记录与历史研究共同构成了价值认定的基础。

## 第三节　天津重要与典型工业遗产案例价值试析

　　北洋水师大沽船坞是第七批全国重点文物保护单位，同时国家文物局有计划将大沽船坞、江南造船厂与福州马尾船政联合申报世界遗产名录的预备名单。[②] 大沽船坞的价值评估首先以《全国重点文物保护单位保护规划编制要求》为基准，同时将其价值放在世界遗产大坐标中进行试评估。[③]

### 一、国内体系下大沽船坞的价值评估

　　《全国重点文物保护单位保护规划编制要求》专项评估编制内容要求对文物保护单位进行价值评估，评估内容含文物价值与社会价值，一般文物价值包含历史价值、技术价值与艺术价值。

① 季宏.福州工业遗产动态信息的采集与记录[J].福州大学学报（自然科学版），2016，44（5）：710-716.

② 2008年6月13日北京大都饭店举办"建筑师与20世纪文化遗产保护论坛"中，国家文物局首次提出计划将大沽船坞作为申报世界遗产名录的预备名单。

③ 季宏，徐苏斌，青木信夫.工业遗产的历史研究与价值评估尝试——以北洋水师大沽船坞为例[J].建筑学报，2011（S2）：80-85.

（一）大沽船坞的文物价值

1. 历史价值

北洋水师大沽船坞是清末北洋水师重要的军事基地，是近代中国北方的第一座船坞，与江南造船厂、福州马尾船政并列为中国近代三大船坞。同时，大沽船坞与威海卫基地、旅顺军港共同组成北洋水师三大军事基地。北洋水师大沽船坞是清末李鸿章海防思想的体现，是李鸿章建设的天津军事基地的重要组成部分，军工产业的建设带动了中国北方近代工业的发展，提供了如造船、修船、军火制造、近代教育、近代化学、近代医学、近代铁路、煤矿、通信等发展的证据。

北洋水师大沽船坞的选址结合大沽口海神庙，提供了中国传统祭海文化与现代工业文明相结合的证据。大沽口海神庙是清代皇家祭祀海神的场所，也是1793年清政府首次接待英使者马嘎尔尼的地点，这是中国与英国在历史上的第一次正式往来，在外交史上具有重大意义。

北洋水师大沽船坞是中国近代史乃至世界战争史上重要的军事事件发生地，在中国军事发展史上具有重要的纪念意义。大沽船坞是中日甲午海战中军火供应地和受损战舰修理处，是八国联军侵华战争的战场之一。

2. 科学价值

北洋水师大沽船坞是中国近代造船技术与军火制造技术发展历程的重要历史见证。中国近代的工业发展起源于引进西方技术与设备进行军火制造，大沽船坞引入当时国外先进的设备与技术，仿造出德国一磅后膛炮、马克沁机枪等国际领先技术的武器。

大沽船坞埋藏于地下的木船坞展示了清末木制船坞的建造工艺，现存轮机厂房具有西方木桁架的典型特征，展示了杰出的工业技术成就，反映了近代工业建筑的演化历程。

3. 艺术价值

轮机厂房、龙门吊、牌坊及机器设备展示出工业之美，与沿海河下游建造的船厂、化工厂、码头共同构成了近代海河下游工业景观。

此外，大沽船坞还具备如下重要价值：北洋水师大沽船坞是我国延续时间最长的造船工业区之一，大沽船坞从1880年建坞到2010年，已经有130年修船、造船的历史。由于上海世博会的召开，江南造船厂作为会场之一已经停止生产，福州马尾船政目前仍然作为造船工业使用。此外，北洋水师大沽船坞的地面建筑、地下遗存和建筑遗址能够完整地反映清末造船工业的整体格局，这在目前保留的清末造船厂中是少见的。

## （二）大沽船坞的社会价值

大沽船坞是中国重要的民族教育和爱国主义教育基地。大沽船坞是中国近代史上中华民族不畏强暴、抵御帝国主义入侵的重要场所，具有振兴民族、发奋图强的教育意义。

大沽船坞是中国近代工业的摇篮，展示了杰出的工业技术成就，有助于激发爱国热情与民族自豪感，对社会主义精神文明建设具有重要意义。

大沽船坞的合理利用，对滨海新区乃至天津市的文化建设和经济发展产生积极的推动作用。

## 二、世界遗产体系下大沽船坞的价值评估

### （一）世界文化遗产的突出普遍价值

《实施＜保护世界文化与自然遗产公约＞的操作指南》指出："突出的普遍价值指文化或自然价值之罕见超越了国家界限，对全人类的现在和未来均具有普遍的重大意义。"《世界遗产公约》授权世界遗产委员会制定标准评价，对于提名列入《世界遗产名录》的文化遗产项目必须符合《世界遗产公约》中提出的六项突出普遍价值中的一项或多项方可获得批准。世界文化遗产的评定标准为：

Criteria（ⅰ）：代表了人类创造精神的杰作（创造性价值）。

Criteria（ⅱ）：通过建筑或技术、有意义的艺术品、城市规划或景观设计，展现了在一段时期内或在一个文化区域中进行的重大意义的交流（交流价值）。

Criteria（ⅲ）：独一无二或至少是非常特别地代表了一种文化传统或一种现存或已经消失的文明（见证价值）。

Criteria（ⅳ）：代表了人类历史上某一段或几段非常重要的时期的某一类建筑、技术或景观的重要例证（类型典范价值）。

Criteria（ⅴ）：代表了一种或几种文化中人类传统的居住方式、利用土地或海洋的传统方式的重要例证，这些方式表现了人类与环境的互动关系，尤其是当这种关系在不可逆转的变化下显得非常脆弱的时候（环境价值）。

Criteria（ⅵ）：直接或明确地同某些具有突出的、有普遍价值的事件，现实的传统、思想、信仰、文学作品或艺术作品相联系（关联价值）。

### （二）世界工业遗产突出普遍价值的列入标准

截至2015年列入《世界遗产名录》的工业遗产总计52项，既有古代工业遗址，也有近代工业遗产。2004年国际古迹遗址理事会（ICOMOS）对世界

遗产名录和预备名单的分类中，工业遗产可分属于两类："农业、工业和科技遗产"（目前列入该类型的世界遗产共69处）与"现代遗产"。"农业、工业和科技遗产"类中不仅包括了工业遗产，还包括了历史悠久的农业遗产和体现技术进步的科技遗产；"现代遗产"类中的工业遗产仅包括"19世纪末之后的工业遗产"。根据《关于工业遗产的下塔吉尔宪章》中的界定，工业遗产包括工业革命和前工业革命时期的工业遗产。

本书所研究的工业遗产显然属于"工业革命之后的工业遗产"。为突出研究的针对性，根据《关于工业遗产的下塔吉尔宪章》中的界定以"工业革命"为界限对这50项世界工业遗产的价值标准加以区分研究，首先对这52项世界工业遗产的价值标准进行统计，同时对52项中的26项工业革命之后的工业遗产的价值标准进行统计，统计结果如表6-1、表6-2所示。

世界工业遗产列入标准统计　　　　　　　　　　　表6-1

| 价值要点 | 列入标准 | | | | | |
|---|---|---|---|---|---|---|
| | Criteria（ⅰ） | Criteria（ⅱ） | Criteria（ⅲ） | Criteria（ⅳ） | Criteria（ⅴ） | Criteria（ⅵ） |
| | 创造性价值 | 交流价值 | 见证价值 | 类型典范价值 | 环境价值 | 关联价值 |
| 52项世界工业遗产 | 17项 | 36项 | 15项 | 43项 | 7项 | 11项 |
| 26项近代工业遗产 | 4项 | 21项 | 6项 | 19项 | 1项 | 5项 |

资料来源：据联合国教科文组织世界遗产中心官网统计，https：//whc.unesco.org/

26处工业革命之后的世界工业遗产列入标准统计　　　表6-2

| 名称（译名） | 国家 | 建造年代 | 列入标准 |
|---|---|---|---|
| Ironbridge Gorge（铁桥峡谷） | 英国 | 18世纪 | Criteria（ⅰ）（ⅱ）（ⅳ）（ⅵ） |
| Völklingen Ironworks（福尔克灵根钢铁厂） | 德国 | 19—20世纪 | Criteria（ⅱ）（ⅵ） |
| Crespi d'Adda（阿达的克里斯匹） | 意大利 | 1875—1920年 | Criteria（ⅳ）（ⅴ） |
| Verla Groundwood and Board Mill（韦尔拉木浆木板工厂） | 芬兰 | 1895—1920年 | Criteria（ⅳ） |
| Semmering Railway（塞梅林铁路） | 奥地利 | 1848—1854年 | Criteria（ⅱ）（ⅳ） |
| The Four Lifts on the Canal du Centre and their Environs, La Louvière and Le Roeulx（Hainault）（水压船舶升降机和运河） | 比利时 | 1884—1917年 | Criteria（ⅲ）（ⅳ） |
| Ir.D.F. Woudagemaal（D.F. Wouda Steam Pumping Station）（沃达蒸汽泵站） | 荷兰 | 1920年 | Criteria（ⅰ）（ⅱ）（ⅳ） |
| Mountain Railways of India（印度山地铁路） | 印度 | 1891—1908年 | Criteria（ⅱ）（ⅵ） |

| 名称（译名） | 国家 | 建造年代 | 列入标准 |
|---|---|---|---|
| Blaenavon Industrial Landscape（布莱纳文工业景观） | 英国 | 19 世纪 | Criteria（ⅲ）（ⅳ） |
| New Lanark（新和谐村） | 英国 | 18 世纪 | Criteria（ⅱ）（ⅳ）（ⅵ） |
| Zollverein Coal Mine Industrial Complex in Essen（埃森的矿业同盟工业区） | 德国 | 1851—1950 年 | Criteria（ⅱ）（ⅲ） |
| Historic Centre of the Town of Goiás（戈亚斯历史城区） | 巴西 | 18—19 世纪 | Criteria（ⅱ）（ⅳ） |
| Saltaire（索尔兹尔） | 英国 | 19 世纪 | Criteria（ⅱ）（ⅳ） |
| Derwent Valley Mills（德文河谷工业区） | 英国 | 18—19 世纪 | Criteria（ⅱ）（ⅳ） |
| Chhatrapati Shivaji Station（formerly Victoria Terminus）（贾特拉帕蒂·希瓦吉终点站） | 印度 | 1878 年 | Criteria（ⅱ）（ⅵ） |
| Royal Exhibition Building and Carlton Gardens（王室展览馆和卡尔顿园林） | 澳大利亚 | 19 世纪末20 世纪初 | Criteria（ⅱ） |
| Varberg Radio Station（瓦尔贝里广播电台） | 瑞典 | 1922—1924 年 | Criteria（ⅱ）（ⅳ） |
| Liverpool‐Mercantile Maritime City（利物浦：海运商业城市） | 英国 | 18—19 世纪 | Criteria（ⅱ）（ⅲ）（ⅳ） |
| Humberstone and Santa Laura Saltpeter Works（亨伯斯通和圣劳拉硝石采石场） | 智利 | 19 世纪 | Criteria（ⅱ）（ⅲ）（ⅳ） |
| Sewell Mining Town（塞维尔矿业城镇） | 智利 | 1905—1970 年 | Criteria（ⅱ） |
| Cornwall and West Devon Mining Landscape（康沃尔和西德文郡采矿景观） | 英国 | 18—19 世纪 | Criteria（ⅱ）（ⅲ）（ⅳ） |
| Vizcaya Bridge（维斯盖亚桥） | 西班牙 | 19 世纪末 | Criteria（ⅰ）（ⅱ） |
| Rideau Canal（利多运河） | 加拿大 | 19 世纪 | Criteria（ⅰ）（ⅳ） |
| Rhaetian Railway in the Albula / Bernina Landscapes（阿尔布拉‐伯尔尼纳文化景观中的雷塔恩铁路） | 意大利，瑞士 | 20 世纪早期 | Criteria（ⅱ）（ⅳ） |
| Tomioka Silk Mill and Related Sites（富冈制丝厂及丝绸产业遗产群） | 日本 | 19 世纪末 | Criteria（ⅱ）（ⅳ） |
| Sites of Japan's Meiji Industrial Revolution：Iron and Steel, Shipbuilding and Coal Mining（明治工业革命遗迹：钢铁、造船和煤矿） | 日本 | 19 世纪中期至20 世纪早期 | Criteria（ⅱ）（ⅳ） |

资料来源：据联合国教科文组织世界遗产中心官网统计，https：//whc.onesco.org

无论是古代工业遗址还是工业革命之后的世界工业遗产，列入标准都集中在 Criteria（ⅱ）与 Criteria（ⅳ），符合 Criteria（ⅴ）与 Criteria（ⅰ）的比例较小，符合 Criteria（ⅴ）的近代工业遗产仅有 1 处。Criteria（ⅴ）可概括为环境价值，遗产的延续性还具有濒危特征。目前，一种近代工业类型在世界范围其生产活动处于濒危状态的可能性不大，因此，难符合标准。同时，与古代工业遗址比较，近代工业遗产符合 Criteria（ⅰ）创造性价值的比例大幅下降，而符合 Criteria（ⅱ）交流价值的比例则有所上升。由此可见，即使在工业革命发源地欧洲的近代工业遗产，其创造性价值要具备"突出普遍性"也是不易，而近代工业技术的交流所体现的价值得以承认。

## （三）北洋水师大沽船坞的价值要点与列入标准

### 1. 北洋水师大沽船坞突出普遍价值的切入点

众所周知，中国近代工业是在西方列强凭借船坚炮利的军事优势打开中国的大门后，为抵御列强入侵，洋务派自主兴办军工产业逐步发展起来的，清末军工产业的兴办在我国的近代史中虽具有开创性，但在国际标准下这种创造性难以达到"对全人类的现在和未来均具有普遍的重大意义"。我国当时多数能够达到国际领先水平的近代工业多依靠引进西方科技，英国、德国等世界工业遗产较多的国家其创造性价值尚且难以符合评估标准。因此，寻找我国近代工业遗产突出普遍价值的列入标准时可将目光聚焦在 Criteria（ⅱ）、Criteria（ⅲ）、Criteria（ⅳ）、Criteria（ⅵ）（世界遗产委员会认为这一标准应当最好与其他标准结合使用）[①]。

### 2. 北洋水师大沽船坞突出普遍价值之交流价值分析

大沽船坞的所在地天津，是近代西方科技与文化向东亚传播的关键点。清末，一部分西方技师经天津到达中国内地，这些技师带来了西方先进的工业技术与建筑技术。近代西方科技、文化在向中国传播的过程由被动接受发展到主动学习——清末洋务派积极自主地从西方先进国家引入技术、设备、技师、书籍，并在掌握西方先进技术的基础上主动传播至邻国，带动了东亚其他国家的近代化。1876年李鸿章《妥筹朝鲜武备折》中记载"朝鲜为东北藩服，唇齿相依，该国现拟讲求武备，请派匠工前来天津学造器械，自宜府如所请，善为指引"。[②]大沽船坞反映出的东西方工业与建筑技术的交流价值符合 Criteria（ⅱ）。

### 3. 北洋水师大沽船坞突出普遍价值之见证价值分析

19 世纪后半叶中国以洋务运动为先河的近代化，是在西方文明之外用了近百年的时间完成的，其转变包括近代工业的诞生、近代城市化的开展、近代教育的转型、近代军事的发展乃至近代思想的转变等，大沽船坞正是中国近代

① 季宏，王琼. 我国近代工业遗产的突出普遍价值探析——以福建马尾船政与北洋水师大沽船坞为例 [J]. 建筑学报，2015（1）：84-89.

② 中国第一历史档案馆编. 光绪宣统两朝上谕档 [M]. 南宁：广西师范大学出版社，1996：218-219.

① 周叔媜．周止庵先生别传 [G]// 周小鹏．周学熙传记汇编．兰州：甘肃文化出版社，1997：129–130.

② 雷颐．李鸿章与晚清四十年 [M].太原：山西人民出版社，2008：227.

③ 季宏，徐苏斌，青木信夫．工业遗产的历史研究与价值评估尝试——以北洋水师大沽船坞为例 [J].建筑学报，2011（S2）：80–85.

④ 季宏，徐苏斌，青木信夫．样式雷与天津近代工业建筑——以海光寺行宫及机器局为例 [J].建筑学报，2011（S1）：93.

⑤ 姜彬主编．东海岛屿文化与民俗 [M].上海：上海文艺出版社，2005：137–158.

化源头的见证。一方面，以大沽船坞为代表的天津近代工业遗产见证了天津从传统军事卫所向近代工业城市转变，天津逐渐发展成为近代北方经济中心、中国第二大工业城市的历程。"盖我国机匠以区域分帮：在华南者曰广帮，在华中者曰宁波帮，在华北者曰唐山帮、曰津沽帮，其唐山帮则由开滦煤矿、洋灰窑、北宁路而来；其津沽帮则自天津铁工厂、大沽船坞而来，两帮机匠之股转传习，衣钵相承，风声广被"，[①] 就是生动的记载。另一方面，大沽船坞见证了中国近代思想转变与近代化开展的艰辛历程，清末保守派以"风水""忠孝"等为名反对各种先进技术的传入，类似陈彝反对架设电报的奏折比比皆是："铜线之害不可枚举，臣仅就其最大者言之。夫华洋风俗不同，天为之也。洋人知有天主、耶稣，不知有祖先，故凡人其教者，必先自毁其家木主。中国视死如生，千万年未之有改，而体魄所藏为尤重。电线之设，深入地底，横冲直贯，四通八达，地脉既绝，风侵水灌，势所必至，为子孙者心何以安？"[②] 大沽船坞承载的见证价值符合 Criteria（ⅲ）。

4. 北洋水师大沽船坞突出普遍价值之类型典范价值分析

以大沽船坞为代表的近代军工产业的建设，结合了中西建筑类型，形成了建筑功能齐全、类型丰富的体系，包括行政管理机构、工业生产、教育、军事、医疗、宗教、居住等建筑类型[③]，在全世界的近代建筑发展中具有独特性：首先，大沽船坞的选址既体现了受传统建筑选址因素的影响，又体现了近代工业的实际需求，大沽船坞的选址结合塘沽地区的重要地标建筑大沽口海神庙，庙中的观音阁又称"望海楼"，楼上高悬明灯，专为海船引航，这与中国古代城市、聚落等传统选址的影响因素一致。其次，大沽船坞的工业格局将中西方不同形式建筑巧妙规划成整体，功能有别、风格各异的建筑主次分明、秩序严谨，工业建筑的设计探索了在中国传统建筑形式语言结合近代工业建筑的可能，东方木构建筑体系与西方工业建筑形式碰撞与融合。[④] 在我国的古代建筑中，历来有将重要建筑置于中心的传统，而在我国近代军工产业的布局中，中心是传统古建筑，这处造船军工产业也不例外，以海神庙为中心布置工业建筑。再次，大沽船坞的近代工业建设中都关注工业建筑与中国古代生产相关的传统祭祀建筑相结合。在我国古代，造船业在造船、修船、新船下水、出海时都要举行祭祀海神、龙王、妈祖等仪式[⑤]，除大沽船坞近代工业结合传统祭祀建筑外，福州马尾船政旁建设的妈祖庙、威海卫刘公岛上建设龙王庙、开平矿务局附近建设的窑神庙，不同地域、不同类型的近代工业都保留着传统祭祀与近代工业的结合，东方农耕文明中生产过程的祭祀礼仪在与近代工业文明融合的过程中保留下来，成为东西方文明融合的重要例证，这种融合目前在整个东亚范围尚为孤例。最后，大沽船坞的工业建筑在木桁架结构、砖墙砌筑方式、木门窗构造做法等方面反映了西方近代工业建筑的典型特征。大沽船坞发展并形成了具备中国近代工业规划建设与东西方建筑文化碰撞的类型典范，符合 Criteria（ⅳ）。

5. 我国近代工业遗产突出普遍价值之关联性价值分析

中国的近代工业遗产与 19 世纪中叶以来世界格局的风云变幻、中国沦为半封建半殖民地的社会、被迫纳入世界体系等一系列转变有着密不可分的联系，其中直接与这些转变相关的就有近代中外重要战役中法战争、英法联军侵华、第二次鸦片战争、八国联军侵华、中日甲午海战等。同时，中国沿海最重要的民间信仰在中国的近代工业遗产中延续，与这些民间信仰相关的一系列祭祀活动和传说等非物质文化遗产延续到了近代工业之中。这些关联性，符合 Criteria（ⅵ）。

### （四）我国近代工业遗产的主要遗存

根据价值评估的需要大沽船坞的工业遗存可分为四个层次：工业整体格局遗存、建（构）筑物遗存、可移动文物遗存与非物质文化遗产。工业整体格局遗存反映出的工业布局、不同建筑类型间的联系等信息，主要承载了与 Criteria（ⅱ）、Criteria（ⅳ）相关的价值。大沽船坞的工业建（构）筑遗存与地下遗址可以全面反映其历史整体格局。建（构）筑物遗存数量众多，对价值评估为较为重要遗存进行分析，详见表 6-3。可移动文物遗存主要为一定数量引入西方的近代工业设备，承载与 Criteria（ⅱ）相关的价值，近代战争文物遗存则承载与 Criteria（ⅵ）相关的价值，这些遗存多保存在纪念馆中。非物质文化遗产中的生产工艺承载了与 Criteria（ⅱ）相关的价值，祭祀活动承载了与 Criteria（ⅵ）相关的价值。

### （五）近代工业遗产突出普遍价值的类项比较研究

《实施〈保护世界文化与自然遗产公约〉的操作指南》132 条规定："应当提供该提名地与其他类似的国内的或国外的世界遗产地或非世界遗产地的比较分析。"世界工业遗产中"利物浦海运商业城市"作为造船工业与港口城市，与大沽船坞在工业类型上相似，但在其符合的 Criteria（ⅲ）中的说明是"作为奴隶交易以及北欧向美洲移民的中心"，与我国工业遗产的价值要点有较大差异。目前唯一一处地理区位同属东亚文化区域、形成与发展背景存在一定相似性、具有一定程度相似价值的工业遗产是日本进入世界遗产名录的"明治工业革命遗迹：钢铁、造船和煤矿"，"明治工业革命遗址"最初的申遗名称为"九州、山口的近代化工业遗产群"，系日本九州、山口地区的近代化遗产、工业遗产总称[①]，2015 年申报世界遗产时，遗产名称变更为"明治日本的工业革命遗产"，

① 参见世界遗产推进协议会事务局. 九州、山口的近代化产业遗产群，2009-10-22. http：//www.kyuyama.jp/index.html.

| 类型 | 大沽船坞 | | 说明 | 标准对照 |
| --- | --- | --- | --- | --- |
| | 名称 | 特征 | | |
| 生产建筑 | 轮机车间（原大木场） | 建于1882年，西方近代典型双坡溜肩顶厂房、青砖外墙、三角形木桁架。唐山大地震后部分墙体倒塌，墙更换为红砖 | 大沽船坞的轮机车间（大木场）是目前中国保存年代最早的近代工业建筑之一，具有典型的西方近代工业建筑特征 | Criteria（ⅱ）Criteria（ⅳ） |
| | 甲、乙、丙、丁、戊、两座蚊炮船坞遗址 | 建于1880年，甲、乙、丙、丁、戊为木船坞，蚊炮船坞为泥船坞，除甲坞改造为混凝土船坞外，其余六坞均埋于地下 | 这些船坞是中国北方建造的首座近代船坞，是造船产业中必不可少的生产建（构）筑物，在近代中外战役中建造、修理众多著名战舰 | Criteria（ⅱ）Criteria（ⅲ）Criteria（ⅳ） |
| | 船台 | 建于日占时期（1937—1945年），目前荒废 | | Criteria（ⅱ）Criteria（ⅲ）Criteria（ⅳ） |
| 办公建筑 | 大沽口海神庙 | 1695年始建，具有北方清代官式建筑特征，英国特使马戛尔尼抵达中国的第一站，《1793乾隆英使觐见记》记载"海神庙者，总督之行辕，且用以接待吾辈者也"[①]，大沽船坞的办公建筑位于海神庙侧路。1922年，毁于火灾，2007年进行考古探测 | 大沽船坞的建设均结合民间信仰建筑，军工产业建筑的建设中结合地方民间信仰建筑是目前其他东亚国家近代工业中不存在的 | Criteria（ⅳ） |
| 民间信仰建筑 | | | | Criteria（ⅳ） |
| 其他构筑物 | 牌坊 | 1913年大沽船坞归属北洋政府海军部后，更名"海军部大沽造船所"，牌坊即建于此时，现有牌坊为近年仿建 | 大沽船坞牌坊则是在近代工业中设置具有中国传统建筑元素的标志物 | Criteria（ⅳ） |

① 马戛尔尼.1793乾隆英使觐见记[M].天津：天津人民出版社，2006：15.

并追加了部分遗产。"明治工业革命遗址"共包含山口、福冈、佐贺、长崎、熊本、鹿儿岛、岩手、静冈8县11市的23处遗址。

以日本西南部九州山口地区为主的一系列工业遗产地，代表着工业化从西方向非西方国家的首次成功转移。日本从19世纪中叶到20世纪初实现的快速工业化是建立在钢铁、造船和煤炭开采的基础上的，尤其是为了满足国防需要。这一系列遗址反映了19世纪50年代至1910年间，在短短50多年的时间里，这一快速工业化发展的三个阶段：前明治时代的第一阶段，即19世纪50年代末、19世纪60年代初的幕府时代，是炼铁和造船的试验时期。为了应对外来威胁，提高国家的防御能力，尤其是海上防御能力，当地氏族通过学习其他国家的知识（主要基于西方教科书，并复制西方的例子），结合传统的工艺技能，开始尝试工业化发展，虽然最终大多数都以失败告终。尽管如此，这种做法标志着江户时代的孤立主义有了实质性的转变，并在一定程度上促成了明治维新。第二个阶段是从19世纪60年代开始的由于新明治时代的到来而加速的发展阶段，包括引进西方的技术和操作技术。第三个也是最后一个阶段，是在明治末期（1890—1910 年），这个阶段日本以自己的方式，通过新获得的专业知识的帮助并积极适应西方技术，发展出适应日本的需求和社会传统的技术和方法，全面实现了当地工业化。这些西方技术由当地工程师和主管组织进行调整以适应当地需求和当地物资。[①]

"明治工业革命遗址"的突出普遍价值符合列入标准中的 Criteria（ⅱ）与 Criteria（ⅳ）。在 Criteria（ⅱ）交流价值中，我国的近代工业遗产与"明治日本的工业革命遗产"存在的共性表现在历史背景相似以及东西方文化、科技交流的方式相似："日本明治工业革命的遗址说明了 19 世纪中叶以来封建日本从西欧和美洲寻求技术转让的过程，以及这种技术是如何被采用和逐步适应以满足特定的国内需求和社会传统的，从而使日本能够到 20 世纪初成为世界一流的工业国。这些遗址展现了日本在工业思路、专有技术和设备方面与西方交流的成果，使日本在短时间内在重工业领域出现了前所未有的自主工业发展，并且对东亚产生了深远的影响。"[②] 但在 Criteria（ⅳ）类型典范价值中，两项遗产价值要点的差异就呈现出来了，"明治工业革命遗址"强调"钢铁、造船和煤矿等重点工业基地的技术集成，证明了日本作为第一个成功实现工业化的非西方国家在世界历史上取得的独特成就。该建筑群被视为亚洲文化对西方工业价值观的回应，它是一个杰出的工业技术建筑遗址，反映了日本基于本土创新和适应西方技术的基础上发展快速而独特的工业化进程。"我国近代工业遗产的类型典范价值则侧重于由于东西文明碰撞后形成的一定历史时期特有的军工产业体系。"明治工业革命遗址"未符合 Criteria（ⅲ）见证价值，在该列入标准方面我国的近代工业遗产见证了面积最大、人口最多的东方农耕文明的转型。在工业遗存上，"明治工业革命遗址"的类型主要包括制铁、钢铁、造船、煤炭，也与我国近代工业遗存存在较大差异。

综上所述，我国近代工业遗产虽然与"明治工业革命遗址"在 Criteria（ⅱ）存在一定的相似性，但是在 Criteria（ⅲ）、Criteria（ⅳ）中则表现出较大的区别。因此，不存在与大沽船坞工业遗产具有相似价值属性的遗产地。

## 第四节　工业遗产价值转变与创意城市

### 一、工业遗产价值转变

2001 年澳大利亚著名的经济学者大卫·索罗斯比出版了《文化经济学》[③]，在世界上引起很大反响，该书很快被翻译为日文和中文。该书以价值理论为基础，

① 参见：https：//whc.
unesco.org/en/list/1484.

② 参见：https：//whc.
unesco.org/en/list/1484.

③ DavidThrosby.
*Economics and
Culture*[M]. Cambridge：
Cambridge University
Press，2001.

从经济价值和文化价值两种概念出发，将两者整合起来。书中探讨了文化资本与文化的永续性，并在文化遗产的应用中进行了深入的思考。该书第五章为"文化遗产的经济侧面"，其中探讨了遗产即文化资本，并用投资评价的手法对遗产进行再评价。大卫·索罗斯比把文化遗产的价值分类为使用价值（use value）和非使用价值（non-use value），使用价值包含了直接使用价值（direct use value）和间接使用价值（indirect use value），直接使用价值是指建筑物本来的实用价值；间接使用价值是指宗教建筑以及历史上的古典作品除了使用价值之外还有在此之上的价值。非使用价值包含了选择价值（option value）、存在价值（existence value）和遗产价值（bequest value）。选择价值是指未来某个时候有可能产生使用价值的价值；存在价值是指因为其存在而具有的超越使用价值的价值，或称为固有价值（intrinsic value）；遗产价值是指作为后世可以继承的财产的价值。

① 西村幸夫.都市保全计画——整合历史·文化·自然的城镇建设[M].东京：东京大学出版社，2004.

东京大学教授城市保护专家西村幸夫用大卫·索罗斯比的文化遗产价值论更为具体地解释了城市和建筑保护。[①] 他认为每个建筑物的价值都是使用价值和非使用价值的总和。通常使用价值比非使用价值容易理解，使用价值中直接使用价值比间接使用价值容易理解。非使用价值在一定的条件下可以转变成为间接使用价值，但是并不是所有非使用价值都可以完成转变，而且也不一定必须实现转变。他特别指出目前的文化遗产保护往往过分考虑非使用价值如何转变为使用价值的问题，但是非使用价值本身就具有足够的价值，如果不建立这样的理论体系框架，那么无论什么时候都逃脱不了局限于使用价值的经济学探讨。这个问题在中国也同样存在。[②]

② 青木信夫，徐苏斌.天津以及周边近代化遗产的思考[J].建筑创作，2007（6）：143.

工业遗产具备的使用价值与其他文化遗产相比具有更广的空间。天津近代工业遗产可以作为文化设施，设立各类工业博物馆、厂史纪念馆或专题博物馆等。对于大型工业遗产，可以借鉴成功的文化产业园区，这类工业遗产要注意工业遗产中那些具有典型意义的保护与整体开发的平衡，文化产业园区可以进行艺术展览、产品研发设计、科普教育及各类活动中心等。同时，开展工业旅游，开发海河工业景观带，达到价值转换。对于北洋水师大沽船坞等重要工业遗址建设工业遗产公园，对那些已经消失的中小型近代企业，选择有典范价值的案例，如对郭天祥机器厂生产车间进行复原展示，使海河文化景观带不仅只有九国租界，让天津近代工业建筑在海河文化景观带中占有重要的一席。

③ 青木信夫，徐苏斌.天津以及周边近代化遗产的思考[J].建筑创作，2007（6）：144.

文化遗产的经济学价值评定的目的是通过全面理解文化遗产价值的总和的意义，超越微观的价值评价从宏观的角度再发掘非使用价值，将使用价值损失的部分从提高非使用价值方面弥补，保持文化遗产价值总和的平衡。将"开发"和"保护"纳入"构筑可持续的社会"的大框架中，求得"二元统一"[③]，这是本研究的重要理论前提。

## 二、工业遗产与创意城市

"创意城市"（The Creative Cities）是在 20 世纪 90 年代以后开始受到广泛关注的，是当代西方城市经济复兴和转型背景下出现的重要概念，最早可追溯至被称为文化经济学创始人的约翰·拉斯金（John Ruskin）和威廉·莫里斯（William Morris）。"创造城市论"可以以欧洲创造城市团队为例。这个团队（Comedia）诞生于 1978 年的英国，主要从事城市生活、文化和创造相关的项目，成员是不断变化的，目前完成了世界上 500 多个城市规划项目和出版了 100 多种出版物，已经是具有国际影响的团队。代表人物是英国的兰德里（Charles Landry）和佛罗里达（Richard Florida），前者的著作是《创造城市》（Creative City，2000），后者的著作是《创造阶级的勃兴》（The Rise of Creative Class，2002），两者均为畅销书，对城市的决策者影响很大。

"创意城市"概念为我们审视文化遗产的当代价值提供了重要的参考，即文化遗产将成为推动新型城市经济的重要文化资源。而工业遗产更与新兴的文化创意产业具有天然的紧密联系，在城市经济转型中，既是传统文化的载体，又能成为培育新型产业的容器。而天津滨海新区的工业遗产，正处在这一"传统"和"创意"对话的交点，在这一背景下研究工业遗产的再利用，对探索中国当代城市经济发展方向具有推动意义。

20 世纪 70 年代，为了解决城市的再生问题出现了"世界城市"的概念，"世界城市"的概念是在全球化背景下产生的现代城市概念，其特点是以金融为经济核心；城市的主角是多国籍法人；城市间的关系是金字塔式的等级关系；城市是超大型规模；循环模式是全球性的经济中枢带动地方经济活动。但是"世界城市"并不是十全十美的，"世界城市"的全球性循环特征也带来种种问题，特别是 80 年代以来纽约、伦敦、东京等特大城市的泡沫经济，金融危机显示了特大城市在逐渐失去其魅力，取而代之的是"创意城市"。

2002 年，联合国教科文组织率先发起文化多样性联盟。后来发现，城市是文化多样性最集中、最丰富的体现之地，而且能将文化多样性转化为现代产业和服务项目。2004 年，以文化多样性联盟为基础，重新建立了"创意城市网络"，致力于发挥全球创意产业对经济和社会的推动作用，促进世界各城市之间创意产业发展、专业知识培训、知识共享和建设创意产品国际销售渠道等方面的交流合作。被列入全球创意城市网络，意味着对该城市在国际化中保持和发扬自身特色的工作表示承认。成员城市加入时需要得到联合国教科文组织认可，可以自由退出，联合国教科文组织也可以在其失去代表性后建议其退出。目前创意城市网络分为设计之都、音乐之都、手工艺与民间艺术之都、文学之都、电影之都、媒体艺术之都、烹饪美食之都 7 个主题。

"创意城市"的特点是以文化和艺术为经济核心;城市的主角是文化、信息、技术产业,是文化技术的创造阶层;城市间的关系是网络联系;城市规模是中小型;地域内循环走向国际大循环,对国际产生影响力。"创意城市"主要强调以文化经济、创意产业推动城市复兴和转型,塑造大规模工业生产完全不同的柔性城市经济系统,建立新的城市发展方向,强调城市的个性和多元。在这一概念中,城市的物质遗产和非物质遗产充当了其他任何要素不能取代的重要角色,这些遗产是地区的识别标记,可以唤起对城市历史的记忆,树立该城市在全球化背景下的独自定位,通过与过去对话而启发灵感,形成"传统和创意"相互影响的过程。

2008 年,深圳被联合国教科文组织授予"设计之都"称号,是第一个加入"创意城市网络"的中国城市;2010 年 2 月,上海被联合国教科文组织授予"设计之都"称号;2010 年 2 月,成都被联合国教科文组织授予"美食之都"称号,是第一个获此称号的亚洲城市;2010 年 6 月,哈尔滨被联合国教科文组织授予"音乐之都"称号,是第一个获此美誉的亚洲城市。与此同时,北京于 2011 年 6 月正式发布消息称已成立"申都委员会",杭州(申报"手工艺与民间艺术之都")、遂宁(申报"手工艺与民间艺术之都")、厦门(申报"音乐之都")也都加入了"申都"行列。可以看出大到首都,小至遂宁都在积极挖掘自己的城市文化特色。

对于已被授予"设计之都"称号的上海,至 2009 年底上海市经济和信息化委员会共认定 81 家创意产业集聚区,总面积 268 万平方米,入驻企业 6000 多家,从业人员 11 万多人,吸引近 70 亿元社会资本参与建设。其中工业遗产显示出突出作用,苏州河、杨树浦等工业区陆续发展创意产业集聚区,逐渐形成规模,成为创意产业开发最重要的资源。上海世博会推波助澜,世博园区利用、保护历史建筑和工业遗产建筑面积是历届世博会规模和体量之最。工业遗产的价值得到有效的转化。

在天津,工业遗产在规模和数量上与上海相差并不太远,更与新兴的文化创意产业具有紧密联系,然而命运却大相径庭。以天津碱厂为例就是工业遗产可以尝试带动创意产业绝好的实例,很多相关机构、专家、社会都对其极其关注,国家文物局也专门下函对其保护,笔者曾多次进行现场调查,已经进行了价值评估研究。但是遗憾的是,这个保存了最早的完整的氨碱生产线的珍贵遗产有关部门竟在没有听取文物专家的意见的情况下,在几天之内被拆除。这一系列事情已经告诉我们天津缺乏"创意城市"的宏观战略,天津应从更为宏观的角度把握城市的定位和总体发展方向,注入文化政策研究。它并不适合走"世界城市"的道路,而应该更多探索独自的"创意城市"的道路。

## 第一节 北洋水师大沽船坞保护规划

在国内（文物保护单位价值评估）与国际（世界文化遗产突出普遍价值）两个体系对北洋水师大沽船坞进行了价值评价后，在《全国重点文物保护单位保护规划编制要求》的指导下结合工业遗产的类型特征，进行全国重点文物保护单位大沽船坞保护的研究与规划的编制，探讨适合我国国情的工业遗产保护方法。

### 一、规划性质、原则与目标

规划性质、原则与目标决定了规划的定位。大沽船坞保护规划的性质按《全国重点文物保护单位保护规划编制要求》进行编制，规划原则为保存遗产本体的真实性、保护遗产本体及其环境的完整性和延续性。规划目标是真实、完整地保存、保护并延续大沽口海神庙及大沽船坞的历史信息及全部价值，合理利用和充分展示其文化价值与内涵，谋求遗产地保护与地方社会经济文化可持续发展的和谐关系。

### 二、保护区划规划与建筑遗存分级

#### （一）保护区划规划

单霁翔在《从"文物建筑"走向"文化遗产保护"》一书中对大型古代城市遗址、历史文化村镇、线型文化遗产、20世纪遗产等遗产类型提出"实现整体保护"，而对工业遗产则认为"抢救性保护、保护性再利用"，[①]说明了当前我国工业遗产保护的现状。在本案例中，保护范围的确定试图做到既要证据充足，又能"整体保护"。整体保护并非全部保护，亦非全面保护，而是保护并

① 单霁翔.从"文物建筑"走向"文化遗产保护"[M].天津：天津大学出版社，2008：253.

延续遗产的历史信息及全部价值。单霁翔在《中国文物报》中指出："对于大型和特大型工业遗产的保护，设立工业遗址公园可以成功地将旧的工业建筑群保存于新的环境之中，从而达到整体保护的目的。要对工业遗址公园及其环境进行统一设计，努力创造和设计出既属于现在和未来，同时也记录和体现过去工业成就的空间形态，在传统中融入新的形式和功能，使工业遗址公园充满浓厚的文化气息"。根据大沽船坞存世的两张历史图——1907年大沽劝业铁工厂图、1941年大沽造船所平面图，可以确定1880年李鸿章创建大沽船坞时的边界，天津市船厂目前的厂区边界为20世纪70年代后扩建形成的。选择清末大沽船坞厂区边界还天津市船厂边界作为保护范围是一大难题。以下因素对本案例保护范围的确定起到关键作用：第一，作为全国重点文物保护单位或者申报世界遗产，就要求大沽船坞的定位不同于一般价值的工业遗产，必须做到"整体保护"。单霁翔认为："对于列入文物保护单位的具有重要意义的工业遗产，应最大限度地维护其功能和景观的完整性和真实性，原状保护必须始终得到优先考虑。特别是在考虑适应性改动的过程中，要慎重对待工业建筑或机械设备的每一个组成部分。"[①] 第二，从联合国教科文组织通过的《关于历史地区的保护及其当代作用的建议》（内罗毕建议）到国际古迹遗址理事会（ICOMOS）第15届大会通过的《西安宣言——保护历史建筑、古遗址和历史地区的环境》（以下简称《西安宣言》），遗址环境的重要性受到格外关注。《关于历史地区的保护及其当代作用的建议》提出："历史地区及其环境应被视为不可替代的世界遗产的组成部分……每一历史地区及其周围环境应从整体上视为一个相互联系的统一体，其协调及特性取决于它的各组成部分的联合，这些组成部分包括人类活动、建筑物、空间结构及周围环境。因此一切有效的组成部分，包括人类活动，无论多么微不足道，都对整体具有不可忽视的意义"，《西安宣言》指出："历史建筑、古遗址或历史地区的环境，界定为直接的和扩展的环境，即作为或构成其重要性和独特性的组成部分。除实体和视觉方面含义外，环境还包括与自然环境之间的相互作用；过去的或现在的社会和精神活动、习俗、传统知识等非物质文化遗产方面的利用或活动，以及其他非物质文化遗产形式，它们创造并形成了环境空间以及当前的、动态的文化、社会和经济背景。"大沽船坞所处的塘沽海河下游带状工业区的环境正被商务金融区和居住区所取代，20世纪70年代后扩建的生产区保护了大沽船坞遗址所处的工业区环境。第三，《全国重点文物保护单位保护规划编制要求》中提出保护区划"应根据确保文物保护单位安全性、完整性的要求划定"，大沽船坞地处城市开发前沿，20世纪70年代后扩建的生产区部分如果作为建设控制地带而不划入保护范围，遗址的环境必将难以延续，2011年4月公开的以"大沽船坞文化创意和媒体园"为主

① 单霁翔. 关于保护工业遗产的思考 [J]. 中华建设, 2010（6）：14.

题的国际竞标中，中标方案在保护范围内进行大规模建设，建设控制地带范围内的设计更远超出保护规划的要求。最后，大沽船坞是我国目前延续时间最长的近代造船工业区之一，经过扩建的生产区在船厂近40年的历史中承担了主要的生产任务，是大沽船坞完整性的重要组成部分，同时，工业遗产是一类具有自身发展规律和特征的文化遗产，生产区扩建与设备更新是普遍现象，目前尚未有评估的统一标准，因此，扩建部分的厂房不能随意拆除或改扩建，这些厂房虽然未必都是文物建筑，但是构成了文物的环境，应该在保护的前提下进行合理的再利用设计。基于上述原因，保护范围的划定最终选择20世纪70年代后不断扩建形成的目前天津船厂的厂区范围（图7-1）。

保护范围根据文物价值和分布状况划分为重点保护区和一般保护区。重点保护区范围以1941年大沽造船所平面图为依据，该区域容纳了大沽船坞创建时的范围，由于图纸存在一定误差，将所得范围外扩30m，以保证全部遗存得以保护。此外，大沽船坞厂区范围西侧还有清末建设的两座蚊炮船坞，根据考古探测位置，将其并入重点保护区范围。该范围可以展示出清末北洋水师大沽船坞的整体格局。

本案例在保护范围确定的基础上，还划定了建设控制地带和环境协调区（图7-2）。

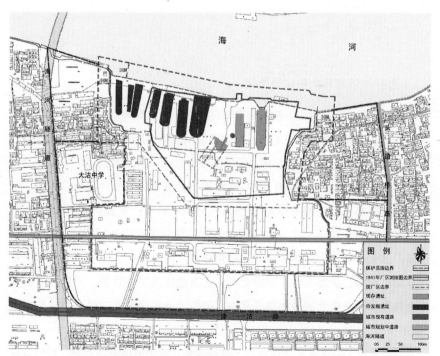

图7-1　北洋水师大沽船坞保护区划的划定依据
图片来源：天津大学文化遗产保护国际研究中心

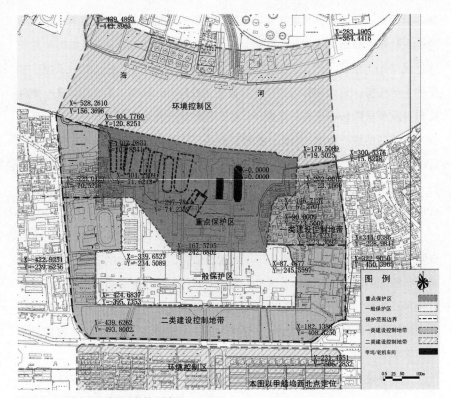

图7-2　北洋水师大沽船坞保护区划图
图片来源：天津大学文化遗产保护国际研究中心

（二）遗存分级与非文物建筑整治

保护范围内的遗存中，海神庙遗址、船坞、轮机车间、船台与小码头、清末老办公楼及诸厂房遗址等划作"文物建筑"级别的建（构）筑物或遗址，古木名树有李鸿章手植百年老杨树，全部集中在重点保护区内。

一般保护区的遗存由20世纪70年代以后修建办公楼、厂房、厕所、车棚及数座平房构成（图7-3），全部保留显然不现实，本案例最终保留了15座厂房，这些厂房保存完好、空间再利用价值较高、结构不存在安全隐患。但是，这些厂房无论在建筑设计、风格样式、结构特征、空间特色等方面都没有突出价值，虽然在保护范围之内，但不能作为文物建筑。对结构存在着安全隐患和形象极为破败的部分平房、厕所以及扩建的临时性房屋予以拆除（图7-4）。

可以看出，由于建筑遗存的年代差异较大，历史价值差异明显，可较容易地分为文物建筑和一般工业建筑两级。

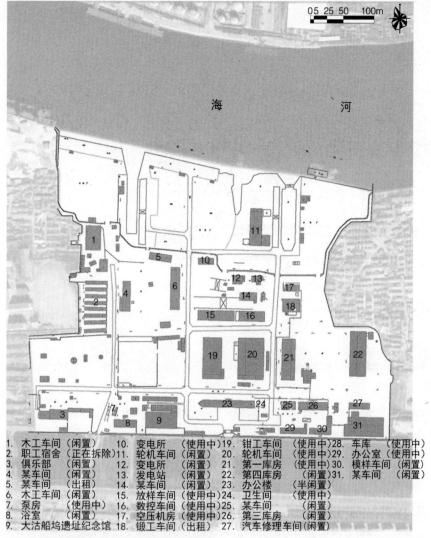

图 7-3　大沽船坞 20 世纪 70 年代后修建的建筑
图片来源：天津大学文化遗产保护国际研究中心

| | | |
|---|---|---|
| 1. 木工车间 （闲置） | 10. 变电所 （使用中） 19. 钳工车间 （使用中） | 28. 车库 （使用中） |
| 2. 职工宿舍 （正在拆除） | 11. 轮机车间 （闲置） 20. 轮机车间 （使用中） | 29. 办公室 （使用中） |
| 3. 俱乐部 （闲置） | 12. 变电所 （闲置） 21. 第一库房 （使用中） | 30. 模样车间 （闲置） |
| 4. 某车间 （闲置） | 13. 发电站 （闲置） 22. 第四库房 （闲置） | 31. 某车间 （闲置） |
| 5. 某车间 （出租） | 14. 某车间 （闲置） 23. 办公楼 （半闲置） | |
| 6. 木工车间 （闲置） | 15. 放样车间 （使用中） 24. 卫生间 （使用中） | |
| 7. 泵房 （使用中） | 16. 数控车间 （使用中） 25. 某车间 （闲置） | |
| 8. 浴室 （闲置） | 17. 空压机房 （使用中） 26. 第三库房 （闲置） | |
| 9. 大沽船坞遗址纪念馆 | 18. 锻工车间 （出租） 27. 汽车修理车间（闲置） | |

## 三、文物建筑的保护与一般工业建筑的再利用研究

### （一）国内法规对工业遗产再利用的限制

大沽船坞"文物建筑"级别的遗存属于最为重要和最典型的工业遗产实例，《中华人民共和国文物保护法》与《关于工业遗产的下塔吉尔宪章》的处理方法较为一致，《中华人民共和国文物保护法》对文物建筑有"必须遵守不改变文物原状的原则"的规定，《关于工业遗产的下塔吉尔宪章》中提出"那些最为重要和最典型的实例应当依照《威尼斯宪章》的精神，进行鉴定、得以保护

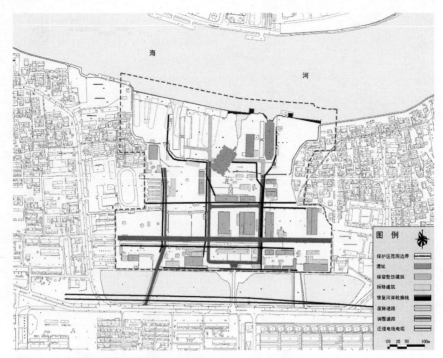

图 7-4　大沽船坞环境整治规划图
图片来源：天津大学文化遗产保护国际研究中心

和修缮"。如重点保护区内海神庙遗址，由于复原设计的依据不足，就要做到"实施遗址保护，不得在原址重建"，轮机车间见证了清末洋务派在中国北方引入西洋工业建筑的起始，具有交流价值，其屋架结构、砖墙的砌筑方式、建筑屋顶与立面的特征、门窗与地面等细部特征反映了中国早期工业建筑的典型特征，具有文物价值，对待轮机车间要做到"必须遵守不改变文物原状的原则"。此外，本案例还对重点保护区的地面特征进行复原，恢复清末大沽船坞泥土地面特征，建议采用砾石或架设木栈道等手法设计遗址区参观路线。由此可见，本案例的处理与复建海神庙、以"创作思维"为目的的水广场设计、轮机车间大动作的改造再利用存在很大区别。

对于一般工业建筑，本案例提倡改造再利用，然而对文物保护单位保护范围之内建筑的规定，《中华人民共和国文物保护法》与《关于工业遗产的下塔吉尔宪章》分歧较大（表7-1），焦点在于再利用设计与经营模式。

本案例可以说代表了作为全国重点文物保护单位的大型工业遗产区的普遍问题，要做到"整体保护"，保护范围内必将存在不同保护等级的建筑遗存，而划归"文物建筑"级别的建筑毕竟占少数，其他工业建筑就会面临改造再利用。对保护范围的确定与保护范围内的各级建筑遗存有如下三种处理方法：

《中华人民共和国文物保护法》与
《关于工业遗产的下塔吉尔宪章》比较 表 7-1

| 名称 | 保护及再利用原则 |
| --- | --- |
| 《中华人民共和国文物保护法》 | 第二章　不可移动文物<br>第十七条：文物保护单位的保护范围内不得进行其他建设工程或者爆破、钻探、挖掘等作业。<br>第二十一条：文物保护单位的修缮、迁移、重建，由取得文物保护工程资质证书的单位承担。对不可移动文物进行修缮、保养、迁移，必须遵守不改变文物原状的原则。<br>第二十三条：核定为文物保护单位的属于国家所有的纪念建筑物或者古建筑，除可以建立博物馆、保管所或者辟为参观游览场所外，作其他用途的，市、县级文物保护单位应当经核定公布该文物保护单位的人民政府文物行政部门征得上一级文物行政部门同意后，报核定公布该文物保护单位的人民政府批准。<br>第二十四条：国有不可移动文物不得转让、抵押。建立博物馆、保管所或者辟为参观游览场所的国有文物保护单位，不得作为企业资产经营。<br>第二十六：使用不可移动文物，必须遵守不改变文物原状的原则，负责保护建筑物及其附属文物的安全，不得损毁、改建、添建或者拆除不可移动文物 |
| 《关于工业遗产的下塔吉尔宪章》 | 导言<br>那些最为重要和最典型的实例应当依照《威尼斯宪章》的精神，进行鉴定、得以保护和修缮。<br>4 法定保护<br>（3）对于保存工业建筑而言，适当改造和再利用也许是一种合适且有效的方式，应当通过适当的法规控制、技术建议、税收激励和转让来鼓励。<br>5 维护和保护<br>（4）为了实现对工业遗址的保护，赋予其新的使用功能通常是可以接受的，除非这一遗址具有特殊重要的历史意义。新的功能应当尊重原先的材料和保持生产流程和生产活动的原有形式，并且尽可能地同原先主要的使用功能保持协调。建议保留部分能够表明原有功能的地方。<br>（5）继续改造再利用工业建筑可以避免能源浪费并有助于可持续发展。<br>（6）改造应具有可逆性，并且其影响应保持在最小限度内。任何不可避免的改动应当存档，被移走的重要元件应当被记录在案并好好保存。许多生产工艺保持着古老的特色，这是遗址完整性和重要性的重要组成内容。<br>（7）重建或者修复到先前的状态是一种特殊的改变。只有有助于保持遗址的整体性或者能够防止对遗址主体的破坏，这种改变才是适当的 |

第一，整体保护工业遗产的价值，保护范围涵盖全部工业遗存，全部工业遗存原状保护。这种方法虽保留了工业遗产的全部信息与价值，但抹杀了一般工业建筑改造再利用的价值，特别是对于一些大规模工业遗产区，该法存在一定难度。

第二，整体保护工业遗产的价值，保护范围涵盖全部工业遗存，文物建筑遵循"不改变文物原状的原则"，一般工业建筑则依照《关于工业遗产的下塔吉尔宪章》"适当改造和再利用"，赋予其新的使用功能，探索针对工业遗产的全国重点文物保护单位的保护新方法。

第三，缩小保护范围或者将保护范围打散，类似历史文化街区内的文物保护单位，将"文物建筑"的建筑边界或外扩一定范围作为保护范围。这种保护方法将会出现一座座独立的保护建筑，一般工业建筑位于保护范围之外。但是与历史文化街区不同的是，工业遗产无法做到像历史文化街区那样分文物保护单位、历史文化街区、历史文化名城三个保护层次，文物保护单位之外还有历史文化街区的保护范围。一般工业建筑位于保护范围之外，在目前的城市开发背景下就很难做到工业遗产的"整体保护"。

## （二）大沽船坞一般建筑再利用原则

本案例在处理这15座保留的一般工业建筑时，选择了第二种方法，允许保护范围内的一般工业建筑合理再利用。但是，这15座工业建筑的改造应符合下列原则：

第一，15座工业建筑构成了大沽船坞130年历史厂区的完整性，一般保护区内不得增建改变厂区格局的建筑，15座建筑的整体格局不得改变。

第二，对15座建筑进行改扩建时，建筑的外立面不能破坏，扩建部分必须是可逆的。

第三，扩建建筑的高度不得超过原有工业建筑的高度。

第四，扩建部分应主要为交通、联系等必要功能，不得随意扩建、加建。

第五，任何改造应被记录在案并完好保存。

## 四、建设控制地带与环境控制区

由于大沽船坞用地范围保护力度的增强和重视程度的加大，在新一轮的滨海新区城市总体规划中，大沽船坞及周边用地的性质调整为城市绿地。但是在新规划的滨河南路以南的规划用地的性质为居住用地，在保护规划中进行了用地性质的调整（图7-5）。调整后建设控制地带的用地性质都变为城市绿地，这里仅需要控制该用地范围内配套服务设施的高度和色彩。建设控制地带划分为两类：重点保护区东西两侧为一类建设控制地带、一般保护区两侧为二类建设控制地带。此外，隔海河与滨河南路作为环境控制区。

## 五、北洋水师大沽船坞的展示规划

## （一）北洋水师大沽船坞的展示结构

大沽船坞将来作为工业遗址公园，其展示结构规划也显示出与一般古代遗址展示的不同之处。在大沽船坞保护范围内分成性质截然不同的两个区域，重点保护区作为近代船舶工业展示区，由船坞遗址展示区、海神庙遗址展示区、生产车间遗址展示区、游客体验区、遗址博物馆区组成，该区域主要由划分为文物建筑一级始建于清末的生产建筑、船坞等组成。展示设计中引入生态博物

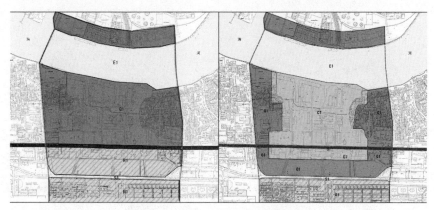

原土地利用规划图　　　　　　　调整后土地利用规划图

图 例

| | | |
|---|---|---|
| | 居住用地 | |
| | 文物古迹用地 | |
| | 道路用地 | |
| | 绿地 | |
| | 水域 | |
| | 用地代码 | E1 |

0 5 25 50    100m

| 代号 | 用地类型 | 面积（hm²）（调整前） | 面积（hm²）（调整后） | 比例（%）（调整前） | 比例（%）（调整后） |
|---|---|---|---|---|---|
| R | R1 一类居住用地 | 22.5 | 8.9 | 27.88 | 11.03 |
| C | C7 文物古迹用地 | 0 | 23.02 | 0 | 28.53 |
| S | S1 道路用地 | 3.95 | 3.95 | 4.89 | 4.89 |
| G | 公共绿地 | 36.5 | 27.92 | 45.23 | 34.59 |
| E | E1 水域 | 17.75 | 16.91 | 21.99 | 20.95 |
| 合计 | | 80.7 | 80.7 | 100 | 100 |

图 7-5　大沽船坞土地利用规划图
图片来源：天津大学文化遗产保护国际研究中心

馆的概念，其中甲坞和轮机车间构成的游客体验区可以让游客参与到生产活动中，亲身体验造船的过程，具体表现在甲坞保留修船的状态，坞中可放水进船，游览者进入船内参与维修。轮机车间原为大木厂（详见第三章），内部展示造船需要的木材加工的过程，同时游览者亦可亲自动手进行木材加工。重点保护区内还保留了四座 20 世纪 70 年代后的建成厂房，处于清末大沽船坞厂区的边缘，距离遗址集中区域较远，据历史图显示四座厂房下还有少量清末生产建筑的遗存，将其四座厂房改造再利用可作为大沽船坞遗址博物馆，结合厂房下的清末遗存展示大沽船坞历史。赋予厂房这样的功能属于工业建筑的合理利用。由于身处重点保护区，这些厂房的改造应"不得破坏文物保护单位的历史风貌"。

　　一般的古代遗址很难提供公众参与的机会，而工业遗产往往能够以文化创意产业等各类形式成为具有磁力的区域中心，这些工业建筑的大空间、机器设备、构筑物以及高耸的烟囱让人体验着工业文明而驻足流连。保护范围内一般保护区集中了 11 座保留下来的工业建筑，其中三座经过改造可作为入口服务区，而其他区域和厂房则可作为公众参与区及其服务设施，厂房间留有广场空间，厂房内有大量机器设备，在改造中都应加以保留。

　　建设控制地带经过土地调整后作为市民公园，将成为滨海新区市民休闲游憩的重要场所（图 7-6）。

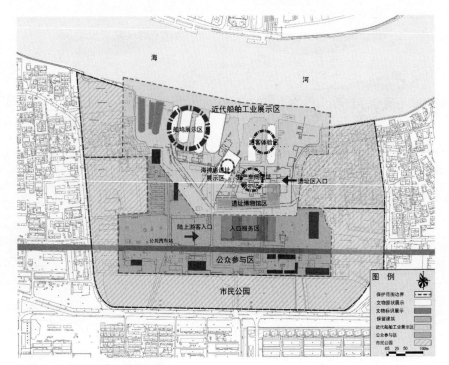

图 7-6　大沽船坞展示结构规划图
图片来源：天津大学文化遗产保护国际研究中心

（二）北洋水师大沽船坞的展示游线

　　本案例在参观游线的设计中结合了北洋水师大沽船坞的历史价值，设有两条游客参观游览路线，分为水上到达和陆上到达。在水上到达流线中，游客沿海河由入海口方向进入船坞遗址展示区（重点保护区）进行参观，此流线是针对海神庙体现的交流价值设计的。流线复原了清代塘沽地区祭奠海神的仪式和英国特使马戛尔尼来华路线。海神庙曾作为总督的行辕和接待英国使节马戛尔尼之所。游客在位于海神庙东侧的码头处下船，沿着海神庙山门正对的大海方向进入海神庙遗址区进行参观。此外，大部分游客可以从陆上进入遗址公园。为了避免流线混乱，水上和陆上流线在进入遗址区前交汇。最后，考虑到市民参与的重要性，本方案中特别设计了市民活动流线，众多不进入遗址区的市民在不干扰游客参观船坞遗址保护区的前提下，充分参与到整个工业遗产公园的其他活动中去（图7-7）。

六、工业遗产保护与城市发展协调共生

（一）规划道路调整

　　由于之前的城市规划没有考虑文化遗产保护，天津船厂20世纪70年代扩

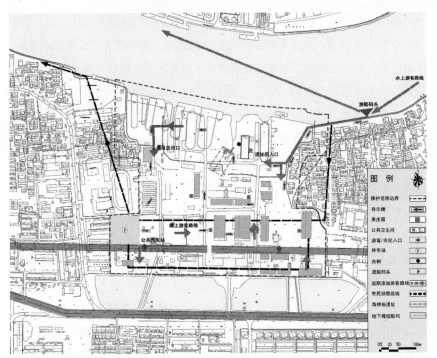

图 7-7　大沽船坞参观流线规划图
图片来源：天津大学文化遗产保护国际研究中心

建的厂区原计划拆除，厂区内一条东西向道路扩建后成为城市规划支路——滨海南路，道路红线宽 20m，北侧道路红线直接压在一般保护区内需要保留的三座厂房之上。该道路已经建设到保护范围附近，考虑到城市发展现状，如取消该路对城市未来的发展会有很大限制。我们在进一步的提案中建议该规划支路南移 10m，并做成下沉式，以尽量较少过境交通对厂区的影响。机动车从下沉路面通过保护区，自行车和步行系统在 10m 范围建设。由道路划分的南北两区域由步行天桥联系。

## （二）工业遗产保护与公众参与

工业遗产的再利用不得不关注公众参与，而可介入这些工业遗产是公众参与的前提。本案例一直探讨工业遗产作为特殊遗产，如何提高公众参与的程度。

由于规划道路的调整，保留旧厂房南部提供了 10m 自行车和步行的空间，增加了公众介入的可能性。同时，本案例试图探讨并不将保护边界完全围合，而是将重点保护区加以围合，一般保护区进行开放。这是工业遗产作为可再利用遗产的特殊性提供的构思。

按滨海新区总体规划，海河沿岸均作亲水空间，为市民提供可休闲的沿河游步道。由于大沽船坞重点保护区的围合，沿海河的游步道被打断。但是，游人可以通过重点保护区南侧穿过一般保护区，这条步行交通的设计，大大增加了公众介入工业遗产的可能性，步行穿过的区域，具备优秀工业景观的潜能。该区域有大量开敞空间，场地内放置塔吊、设备等生产器械，为儿童提供游乐场所，同时起到教育作用。经过合理的展示设计后，将成为沿海河带状亲水景观中的重要节点。

大沽船坞周边用地性质为居住用地，大沽船坞就为周边居民提供了休憩的绿地。一类建设控制地带和二类建设控制地带建议用地性质以城市绿地为主，成为滨海新区重要的景观节点。保护范围南侧二类建设控制地带原城市用地性质为城市绿地，该区域内有大量水面，保留该水面可以打造出滨水空间。

最后，除三座重点保护区内的厂房外，其余七座均可作为文化产业开发，厂房近 10000m² 的建筑面积，局部夹层改造，面积可更大。厂房外有大量机器设备，形成特有的工业氛围。

北洋水师大沽船坞作为海河下游重要的工业遗产，提供了 3/4 的用地面积作为公众参与的场所，旨在以此带动海河下游文化遗产的整体保护与利用，最终成为市民能够共享的文化遗产景观带，同时，使文化遗产得以保存、延续。

## 七、对文物保护单位背景下工业遗产保护的建议

我国一些城市重要工业遗产区的保护正逐步纳入历史文化名城的保护规划，《历史文化名城保护规划规范》中提出的历史文化名城、历史文化街区、文物保护单位分层次的保护体系，保护范围内建筑分级保护与整治的方式，历史城区内的建筑高度控制与道路交通，建设控制地带内应严格建筑的性质、高度、体量、色彩及形式等，对工业遗产区的保护具有借鉴意义。同时也应注意工业遗产区与历史文化风貌区在价值方面的区别：工业遗产区的价值并非在于整体的历史风貌；除了一些极重要的工业遗产，多数工业遗产区的道路格局、断面、宽度及空间尺度并不像历史街区那样重要；一般工业建筑改造性再利用的价值应该得到认可。因此深入的价值评估是保护的前提。

笔者基于《北洋水师大沽船坞保护总体规划》编制，对文物保护单位背景下工业遗产的保护提出"工业遗产保护区"的概念，"工业遗产保护区"相当于历史文化街区或历史文化风貌区的保护范围，做到"工业遗产保护区"、文物保护单位"保护范围"分层次保护。针对"工业遗产保护区"，其保护范围应具有法律效力或地方法规的认可，该范围多为一般工业建筑，它们合理的改造再利用是应该提倡的。"工业遗产保护范围"应主要在控制性详细规划层面对建筑遗存进行改造的控制，好的历史风貌区如上海历史文化风貌区的保护方

法应该借鉴，控制包括空间形态、建筑密度、每座工业建筑扩建的高度、层数、色彩、建筑内部的空间与结构等，必要时对扩建范围加以控制，避免改造尺度过大。以北洋水师大沽船坞保护为例，将图7-2中的一般保护区作为"工业遗产保护区"，而重点保护区作为"文物保护范围"，就更适于工业遗产协调的保护与合理的改造性再利用。

## 第二节 天津碱厂保护研究

　　天津碱厂两条主体生产线都已拆除，但是天津碱厂已经列入天津市塘沽区第三次文物普查新增文物，其价值具备入选文物保护单位资格，是我国重要与典型的工业遗产，2018年天津碱厂（天津碱厂厂史馆）入选第一批中国工业遗产保护名录。① 该工业遗产的保护研究较大地区别于大沽船坞这类遗址型工业遗产，对化工类工业遗产的保护具有启发意义。②

### 一、天津碱厂的真实性研究

#### （一）天津碱厂真实性研究的意义

　　真实性是文化遗产保护的基础，对于工业遗产的保护亦不例外。③2011年国际古迹遗址理事会（ICOMOS）通过的"关于工业遗产遗址、结构、区域和景观保护的共同原则"——《都柏林原则》（Principles for the Conservation of Industrial Heritage Sites，Structures，Areas and Landscapes，The Dublin Principles），将工业遗产的工艺流程等非物质遗产提升到与工业历史遗迹同样重要的地位。④从文化遗产的类型特征出发，对工业遗产真实性和工业遗产的科技价值、真实性和工业遗产中的非物质遗产、真实性和工业遗产中的选址与环境、真实性和工业遗产的社会价值、精神价值等方面的认定，较之以往仅对工业历史遗迹真实性的认定更为重要。因此，作为国际与国内文化遗产评估的重要原则之一，工业遗产的真实性认定应更为系统、全面。而在众多的工业门类中，化工类工业遗产的真实性研究最具代表性，源自一般情况下化工类工业的生产工艺与整个工艺流程密切关联，生产工艺的变革是由于工艺流程的全面革新所带来的⑤，那么，化工类工业遗产的工艺流程等非物质遗产所承载的科技价值远重要于工业历史遗迹的价值，化工类工业遗产真实性认定的研究也将触及工业遗产真实性研究的更多侧面。⑥

　　天津碱厂作为我国最重要与典型的近代化工类工业遗产，其工业遗产的真

① 入选理由：中国第一家近代精盐厂；中国最早的盐化工企业；我国乃至亚洲最早的制碱企业；苏维尔生产线为我国最早的制碱工艺流程线，具有首创价值，目前保存完好，工业特色鲜明；联碱区为我国自主研究的侯氏制碱法的代表，具有典范价值；1926年"红三角"纯碱在美国的费城万国博览会获得金质奖，被誉为"中国工业进步的象征"；第一个专门的化工研究机构，开创了我国无机应用化学、有机应用化学及细菌化学的研究，培养了一批化工人才；先后向巴西、印度、阿尔巴尼亚等国家转移制碱技术。

② 季宏，徐苏斌，闫觅军 . 从天津碱厂保护到工业遗产价值认知 [J]. 建筑创作，2012（12）：212-217.

③ 季宏 . 近代工业遗产的真实性探析——从《关于真实性的奈良文件》《圣安东尼奥宣言》谈起 [J]. 新建筑，2015（3）：94-97.

④ 参见：http：//www.icomos.org/Paris2011/GA2011/ICO-MOS_TICCIH_joint_principles_EN_FR_final_20120110.pdf.

⑤ 季宏 .《下塔吉尔宪章》之后国际工业遗产保护理念的嬗变——以《都柏林原则》与《台北亚洲工业遗产宣言》为例 [J]. 新建筑，2017（5）：74-77.

⑥ 季宏 . 化工类工业遗产天津碱厂的真实性探索 [J]. 建筑与文化，2016（12）：148-151.

实性研究对我国工业遗产保护具有重要意义：一方面，天津碱厂工业遗产真实性认定的方法对相同类型、相似背景的工业遗产保护具有借鉴意义。从永利碱厂创办到天津碱厂停产，历经了抗日战争时期的停产与破坏、中华人民共和国成立初期恢复生产时期的重建、扩大生产时期的大规模扩建等过程，与众多工业遗产一样存在着工业建筑改造与扩建、机器设备更新换代的现象，上述背景下如何认定以生产工艺（工艺流程）的科技价值为核心价值之一的工业遗产的真实性，天津碱厂提供了研究案例。另一方面，天津碱厂提供了基于工业遗产的价值评估与真实性认定，确定保护对象，进行保护对象认定或保护建筑分级的研究案例。天津碱厂位于滨海新区于家堡中心商务区（CBD）北部，仅生产区占地就达 150hm²，天津碱厂成为在发展中国家经济建设前沿的大型工业遗产保护的过程中，协调城市开发与文化保护之间平衡的典型案例，尝试如何在保护建筑占地面积最小的情况下做到真实、完整地保存、保护并延续工业遗产的历史信息及全部价值，达到"整体保护"，天津碱厂同样提供了研究案例。本书作为阶段性成果，以天津碱厂为研究对象针对我国工业遗产研究中罕有触及的工业遗产真实性的认定方法进行深入探索。

（二）工业遗产真实性问题的提出

真实性是我国各类文化遗产现状评估乃至世界遗产申报非常重要的原则之一，真实性的概念最早出现于《威尼斯宪章》（Venice Charter, 1964），是针对欧洲文物古迹保护与修复的共识原则。国内学界对工业遗产真实性的认定很大程度上受到《威尼斯宪章》的影响，普遍认为工业遗产中的工业建筑在历经改造或建设后价值无存，机器设备经过更新换代后，科技价值虽有所提高但历史价值有所降低。张复合认为"（有的工业遗产虽然）价值很高，但历经多次改造和建设，历史工业建筑遗存所剩无几，甚至几近无存；那么，我们就不能认定其现有工业建筑为工业建筑遗产，更无从谈及保护……江南造船厂、塘沽造船厂、石景山钢铁厂的情况就是如此。"[①] 可以看出，上述观点中遗产价值无存或降低的原因显然是由于遗产的真实性在历经改造或建设后受到了影响。

真实性作为《世界遗产公约》（1972）修订 40 余年来国际文化遗产保护的热点问题，其探讨早已超越了《威尼斯宪章》中对真实性的衡量标准。《关于真实性的奈良文件》（Nara Document，1994，以下简称《奈良文件》）与《圣安东尼奥宣言》（the Declaration of San Antonio，1996）就是最重要的两份国际文件。《奈良文件》进一步探讨了文化遗址真实性的相关概念和实施原则，指出了真实性和文化遗址价值的相互依托关系，"保护一切形式和任何历史阶段的文化遗产是保护根植于遗产中的文化价值。我们能否理解这种价值一部分

① 张复合. 关于工业建筑遗产之我见——兼议无锡北仓门蚕丝仓库的改建 [C]// 刘伯英. 中国工业建筑遗产调查与研究. 北京：清华大学出版社，2009：120.

取决于表达这种价值的信息来源是否真实可信。了解这些与文化遗址的原始特征有关的信息源，并理解其中的意义是评价遗址真实性的基础"，《奈良文件》为尊重世界各个地区与文化遗址多样性起到推动作用。《圣安东尼奥宣言》从原真性和身份、原真性和历史、原真性和材料、原真性和社会价值、动态遗产和静态遗产中的原真性、原真性和管理、原真性和经济等7个方面展开美洲文化遗产保护真实性的讨论[①]，其中多方面探讨的结论不仅适用于美洲文化遗产，也适用于全球的同类型遗产。

① 陆地.对原真性的另一种解读——《圣安东尼奥宣言》译介[J].建筑师，2009（2）：47–52.

从国际文化遗产界对真实性的探讨可以看出，仅从历史遗迹进行价值与真实性的评估、认定是片面的。从《奈良文件》中我们可以意识到文化遗产保护的核心是围绕着价值展开的，即全面保护和延续文化遗产的价值，而文化遗产的真实性则是遗产价值的基础。在工业遗产的价值构成中，科技价值是忽略最多同时也是最难于认定的部分，工业是科技史的重要组成部分，因此，科技价值是工业遗产有别于其他文化遗产类型的重要因素。寇怀云甚至提出"工业遗产保护的核心在于技术价值"。[②] 然而目前从事工业遗产保护的专家，无论是从事建筑、城市规划与景观设计等方面的人员，还是从事文物保护方面的专家，都缺乏相关的工业知识，无法针对生产工艺、机器设备与工艺流程展开科技价值的讨论，致使工业遗产科技价值中的承载要素——生产工艺等非物质遗产的真实性与价值没有纳入认定与评估的范畴。而目前国内各城市以分值加权方法建立的工业遗产评价体系[③]，均割裂了建立在工艺流程基础上的保护对象间的关联性，对孤立的工业历史建筑进行评价，致使保护对象认定与保护建筑分级未建立在真实性与价值深入探讨的基础上，评价体系均不具备科学性。

② 寇怀云.工业遗产技术价值保护研究[D].上海：复旦大学，2007：3.

③ 刘伯英，李匡.北京工业遗产评价办法初探[J].建筑学报，2008（12）：12–15.

众所周知，工业建筑的设计在一开始就是围绕着生产工艺展开的，而生产工艺又是不断发展的。由于科技水平的提高带来生产工艺的进步，需要工业建筑不断扩建、改造，工业设备不断更新换代，来配合生产工艺的发展，上述现象在工业遗产中普遍存在，因此，工业遗产是典型的"活态遗产"（Living Heritage）。《关于工业遗产的下塔吉尔宪章》提出"工业遗址的保护需要全面的知识，包括当时的建造目的和效用，各种曾有的生产工序等。随着时间的变化可能都已改变，但所有过去的使用情况都应被检测和评估"。抓住工业遗产作为"活态遗产"的类型特征，并借鉴《奈良文件》与《圣安东尼奥宣言》等国际理念的发展，笔者认为工业遗产真实性与科技价值、非物质遗产、选址与环境、社会价值、精神价值等方面的探索都比仅对工业历史遗迹的研究更为重要，将国内学界对工业遗产真实性的认识从《威尼斯宪章》的认识阶段拓展到对真实性与工业遗产的类型特征、动态遗产、生产工艺等非物质遗产关系的探讨，以下将对天津碱厂真实性相关的诸多方面内容展开探讨。

（三）天津碱厂工业遗产的真实性探索

从天津碱厂主要建筑与设备的年代可以看出该工业遗产的早期工业历史遗存所占比例并不高，那么该工业遗产的真实性应该如何认定、遗产的价值是否无存？

1. 天津碱厂的选址信息与环境的真实性

近代工业的选址主要受如下因素的影响：第一，进行工业生产的原料物资的来源；第二，原材料与产品运输所需要的交通；第三，煤、电、水等生产供给物资的分布。以上因素构成工业遗产的环境信息，是工业遗产真实性的研究中选址与环境方面需要分析的三个重要因素。永利碱厂时期生产的原料物资主要有石灰石、盐、煤，其中盐由与永利碱厂毗邻的久大精盐公司提供，石灰石来自唐山万福山石矿，开滦煤矿提供制碱必需的煤。[①] 我国第一条标准轨铁路津唐铁路由唐山的开滦矿务局至天津，途经塘沽，石灰石、煤经津唐铁路运至碱厂，近在咫尺的塘沽南站与久大码头为产品的运输提供了便利条件。白河（即海河）丰富的水资源提供了生产用水。20 世纪 30 年代的塘沽地图中清晰地呈现出天津碱厂工业遗产的环境信息，在历经扩建、改造后以及城市的发展与变迁，天津碱厂仍完整地保留、延续了上述历史环境信息。

① 天津碱厂志编修委员会.天津碱厂志[M].天津：天津人民出版社，1992：6.

2. 天津碱厂工艺流程与纯碱制造工艺的真实性

要探究天津碱厂工业遗产真实性与工艺流程非物质遗产的关系，就要看一下氨碱法制碱的工艺流程是否随工业建筑的扩建与改造发生变化。《天津碱厂志》详细记录了纯碱制造从永利碱厂到纯碱分厂的生产系统组织机构变迁：建厂初期，永利碱厂仅以生产纯碱为目标，并无分厂，各有关工序分别称碳酸室、蒸钾室、干燥室、包装室。1952 年，全厂设立 6 个车间，碳酸室、干燥室、包装室合在一起构成第一车间，蒸吸钾室、白灰室和精卤室构成第二车间。1954 年成立纯碱车间。此后，由于生产规模扩大及产品品种逐步增多，生产系统组织机构（包括车间、工段）多次变更。1985 年 3 月，盐水、白灰、重碱、干燥、压缩等车间构成了全厂 5 个生产部之一的纯碱部，这就是纯碱分厂的前身。1989 年 12 月 30 日，部制撤销，正式成立纯碱分厂。[②]

② 天津碱厂志编修委员会.天津碱厂志[M].天津：天津人民出版社，1992：93.

将建厂初期的工段与纯碱分厂的生产车间进行比较（表 7-2）就能看出，中华人民共和国成立后生产系统组织机构（包括车间、工段）虽多次变更，但是以这 7 个程序组成的纯碱制造生产工艺始终未曾改变，这条承载着我国近代化工史上具有创造性价值工艺流程的生产线，价值不曾降低，工艺流程的真实性应毋庸置疑。

| | 建厂初期 | 中华人民共和国成立后 |
|---|---|---|
| 车间名称 | 地下化盐池 | 盐水车间 |
| | 白灰窑 | 白灰车间 |
| | 碳酸室 | 碳化车间 |
| | 干燥室 | 煅烧车间 |
| | 蒸生室 | 蒸吸车间 |
| | 机器房 | 压缩车间 |
| | 包装室 | 包装车间 |

资料来源：纯碱生产各车间名称均源自《天津碱厂志》

### 3. 天津碱厂工业遗产的科技价值与真实性

从世界范围来看纯碱制造有三种工艺：最早是法国人路布兰首先提出的，被称为"路布兰制碱法"，其次是"苏尔维制碱法"，即"氨碱法"，最后是我国的"联合制碱法"，也被称为"侯氏制碱法"。由于"氨碱法"一直被国外垄断，永利碱厂创始之初首先研究"氨碱法"的化学工艺，成功之后着手研究如何放大到生产，即如何通过一系列设备完成化学工艺。以侯德榜博士为首的科研小组最终研制出生产工艺并公布于世。之后，侯德榜博士继而研制出效率更高的新工艺——"联合制碱法"，该生产工艺于1978年在天津碱厂建成投产。在制碱工业中我们还可以看出，路布兰法、苏尔维法与联合制碱法三种生产工艺的每一次进步体现在整个工艺流程的全面革新，那么天津碱厂工业遗产的核心价值就体现在纯碱制造生产工艺的科技价值。

《圣安东尼奥宣言》中提及动态遗产如历史城镇和景观"……实体的改变并未减少遗产地的价值，实际上还可增强其价值"，上述现象同样出现在工业遗产中。在天津碱厂工业遗产中，科技价值就是伴随着实体的改变而不断提高。天津碱厂工业遗产的建构筑、机器设备等在物质实体改变的情况下，一方面保留了"苏尔维制碱法"生产工艺非物质遗产的全部信息，保障了生产工艺的真实性与工业遗产的科技价值；一方面结合"苏尔维制碱法"创造出"联合制碱法"，大大提高了天津碱厂工业遗产的科技价值，体现了《奈良文件》中所谓的文化多样性与《圣安东尼奥宣言》中真实性与类型特征的内涵。

综上所述，工业遗产中物质实体的变化是由于科技的进步造成的，这种变革带来了人类社会的进步与科技的发展。因此，应该承认并科学地判断工业的变革在工业文明进程中的意义与价值，即承认工业遗产的真实性与科技价值的关系。

## 二、天津碱厂保护对象的确定

### (一)天津碱厂保护对象确定的时代背景

2011年,天津滨海新区的建设正如火如荼地展开,天津碱厂旧址位于滨海新区于家堡中心商务区北部,在未来城市规划中的用地性质为商业与高档居住,选址临港工业区南部的天津碱厂新厂于2005年底就开始搬迁工作。于家堡中心商务区寸土寸金,天津碱厂旧址的工业遗存占地面积较大,仅生产区就占地150hm²,文化遗产保护与城市开发的矛盾异常尖锐。

天津工业遗产保护的认识程度不够,北洋水师大沽船坞、黄海化学工业研究社等尚未列入全国重点文物保护单位,中国工业遗产保护名录的申报也未启动,天津历史风貌建筑中尚未有生产性工业建筑列入,天津碱厂仅为天津市塘沽区第三次文物普查新增文物点。天津碱厂企业内部除少量从事厂史研究工作的人员外,从企业领导到企业职工,均对天津碱厂工业遗存的价值无认同感,这些遗存最大的价值是作为可交易的商品。

在上述背景下,天津碱厂无法做到将厂区边界范围内的工业遗产整体评估从而进行"整体保护",按价值进行建筑遗存的分级,最终达到旧工业区的有机更新,并在道路系统、用地性质、功能构成等方面与周边城市用地融合。如何在保护范围最小的情况下达到最大程度保护遗产的价值又能不影响城市的更新,如何对如此众多的建筑遗存进行分级,划分出保护建筑、保留并可用于改造的建筑和可拆除建筑是天津碱厂保护研究面临的问题。天津大学文化遗产保护国际研究中心最终提交滨海新区宣传部建议保留的建筑及设备,这些建筑及设备是评估后工业遗产的价值最大限度得以保护的部分。

### (二)我国工业遗产保护的评价办法

国内对工业遗产保护对象确定的方法多参照刘伯英、李匡《北京工业遗产评价办法初探》一文中的工业遗产评价办法,或在此评价办法的基础上进行权重调整,但评价办法基本无异(表7-3)。该评价办法将工业遗产中的建(构)筑物个体通过分值加权的方式根据分值划分出不同保护等级,亦可根据城市定位与土地需求保留其中部分分值较高的建(构)筑物作为保护对象。[①]

① 刘伯英,李匡. 北京工业遗产评价办法初探[J]. 建筑学报,2008(12):10-13.

### (三)天津碱厂工业遗产的评价办法及其问题

天津市渤海城市规划设计研究院曾于2009年5月完成《天津碱厂现状调研及工业遗产保护和再利用规划》,在该规划中渤海城市规划设计院对工业遗存的分级、保护对象的认定采用了量化评价的方法(表7-4),经过评估后工业遗存

《北京工业遗产评价办法初探》中的工业遗产价值评价　　　表7-3

| 评价内容 | 分项内容 | 分值 | | | |
|---|---|---|---|---|---|
| 历史价值<br>（满分20分） | 时间久远 | 1911年之前 | 1911—1948年 | 1949—1965年 | 1966—1976年 |
| | | 10 | 8 | 6 | 3 |
| | 与历史事件、历史人物的关系 | 特别突出 | 比较突出 | 一般 | 无 |
| | | 10 | 6 | 3 | 0 |
| 科学技术价值<br>（满分20分） | 行业开创性和工艺先进性 | 特别突出 | 比较突出 | 一般 | 无 |
| | | 10 | 6 | 3 | 0 |
| | 工程技术 | 特别突出 | 比较突出 | 一般 | 无 |
| | | 10 | 6 | 3 | 0 |
| 社会文化价值<br>（满分20分） | 社会情感 | 特别突出 | 比较突出 | 一般 | 无 |
| | | 10 | 6 | 3 | 0 |
| | 企业文化 | 特别突出 | 比较突出 | 一般 | 无 |
| | | 10 | 6 | 3 | 0 |
| 艺术审美价值<br>（满分20分） | 建筑工程美学 | 特别突出 | 比较突出 | 一般 | 无 |
| | | 10 | 6 | 3 | 0 |
| | 产业风貌特征 | 特别突出 | 比较突出 | 一般 | 无 |
| | | 10 | 6 | 3 | 0 |
| 经济利用价值<br>（满分20分） | 结构利用 | 特别突出 | 比较突出 | 一般 | 无 |
| | | 10 | 6 | 3 | 0 |
| | 空间利用 | 特别突出 | 比较突出 | 一般 | 无 |
| | | 10 | 6 | 3 | 0 |

资料来源：刘伯英，李匡．北京工业遗产评价办法初探 [J]．建筑学校，2008（12）

建（构）筑物量化评价表　　　表7-4

| 指标 | 指标分解及释义 | 分值 | 具体评分标准 |
|---|---|---|---|
| 年代 | 建筑的最早修建年代 | 3 | 1910—1949年得3分；<br>1950—1979年得2分；<br>1980—1999年得1分 |
| 价值 | ①在工业技术发展过程中所处的地位；<br>②是否在该类工业建筑中具有典型性 | 1<br>1 | 代表当时的工艺水平得1分；<br>是当时典型的工业建筑或设备形式得1分 |
| 历史事件和名人影响度 | ①是否与国家领导人、名人志士有关系；<br>②是否对历史事件或历史发展阶段有代表性 | 1<br>1 | 两者有关得1分；<br>对历史发展有代表性或是历史事件发生地得1分 |
| 规模 | 建筑面积或建筑占地面积 | 1 | 建筑面积大于2000m² 或占地面积大于0.1hm² 得1分 |
| 真实性 | 建筑物所处环境与历史环境的差异性 | 1 | 与历史环境基本一致得1分 |
| 保护及改造难度 | 建（构）筑物质量 | 1 | 经修缮可满足再利用要求得1分 |

资料来源：刘伟，田嘉．工业遗产保护规划及设计研究——以天津滨海新区核心区天津碱厂地区为例 [J]．规划师，2001（7）

共分为四级：一级（7 分～10 分）。一级建（构）筑物反映建厂初期、抗战时期、中华人民共和国成立初期的碱厂历史，对碱厂的诞生、发展有标志性意义，且质量较好，经修缮可满足再利用要求，具体包括大门、科学厅、职工食堂、白灰窑、原厂长办公楼、抗战时期仓库。对于这类建筑，要强制保留，在保持建（构）筑物外观的基础上进行修复和利用。二级（3 分～6 分）。二级建（构）筑物无突出的历史价值，但外观具有碱化工工业特色，质量较好，经修缮可满足使用要求。对于此类建（构）筑物不强制进行保留，但鼓励进行再利用。三级（1 分～2 分）。三级建（构）筑物无突出的历史价值，但空间或外观较有特色，质量一般，经复杂修缮方可满足再利用要求。对于此类建（构）筑物，可保持空间或外观特色，对内部进行更新。四级（0 分）。四级建（构）筑物指其他可拆除建筑。[①]

上述方法参照《北京工业遗产评价办法初探》一文中的工业遗产评价办法。通过评估，渤海城市规划设计研究院得出了天津碱厂的保护要素和建（构）筑物等级。仔细观察，作为保护最高级别的一级建筑仅有白灰窑为工艺流程上的建筑，其余建筑基本是年代较久远，多为 1949 年前后建造的建筑。因此，该量化评价貌似科学，实则包含很大的主观色彩，而且也并非是在对天津碱厂进行价值评估的基础上进行分级的。除此之外，其量化评价的方法虽然基本与《北京工业遗产评价办法初探》一文中的方法相似，但《北京工业遗产评价办法初探》一文还指出了"对于个别的工业资源实例，由于其在某一方面具有极为突出的价值（单项得分值为最高值），或者远远超出普遍的背景分值，则无论总分如何，都应当被单独评价；即使其总分分值并不高，也应当作为具有较高价值的工业遗产实例对待和保护"。[②]也就是说，天津碱厂制碱工艺的科技价值作为极为突出的价值，不能由于厂房、设备的年代较晚、分值较低而予以保留。这些因素显然没有考虑其中。

（四）天津碱厂工业遗产评价办法新探

无论是北京工业遗产评价办法还是天津市渤海城市规划设计研究院针对天津碱厂工业遗产保护采用的评价方法，都是分值加权法，这一评价体系建立的前提是评价对象无关联性。这样的前提对化工类工业遗产显然是无法适用的，因为工艺流程中的建（构）筑物共同构成了工业遗产科技价值的承载要素，因此在对天津碱厂工业遗产的评价中，应对存在关联性的建（构）筑物进行单独的、整体的评估。天津碱厂的价值评价分级体系是根据其整体价值评价对厂区内的建（构）筑物进行分类分级，将价值评价——对应到承载价值的建（构）筑物上，从而将保护对象实体化。工业遗产的核心价值在于技术价值，因此，应建立以技术价值为主导，其他价值为辅的分级体系。

① 刘伟，田嘉．工业遗产保护规划及设计研究——以天津滨海新区核心区天津碱厂地区为例 [J]．规划师，2001（7）：58-59．

② 刘伯英，李匡．北京工业遗产评价办法初探 [J]．建筑学报，2008（12）：12．

### 1. 天津碱厂的技术价值分级

工业遗产的技术价值核心是工艺流程，即在生产过程中，将原料制成成品的各项工序的安排的程序，包括生产原理、设备连接顺序和运行参数等。但是工艺流程并不以实体存在，在实际的保护工作中需要将虚体转化为可以直接保护的实体，而这个实体就是承载工艺流程、容纳机器设备的建（构）筑物。因此，将天津碱厂的生产厂房根据技术价值评价分类，结果如图7-8所示。

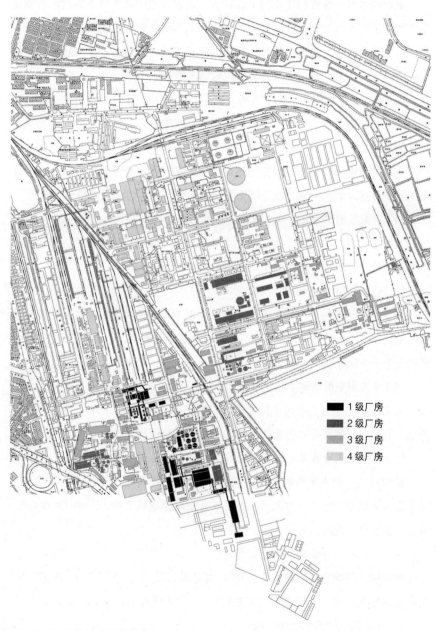

图 7-8 天津碱厂技术价值体系
图片来源：闫觅提供

（1）1级技术价值建（构）筑物

核心技术价值所在的建（构）筑物为1级技术价值建（构）筑物，是生产系统中的重要生产工段厂房。天津碱厂的核心生产系统是氨碱生产系统，主要车间为白灰车间、蒸吸车间、碳化车间等7个车间，其中的重要设备如石灰窑、蒸吸氨塔、碳化塔等构筑物都应划入这一类。

（2）2级技术价值建（构）筑物

次要技术价值所在的建（构）筑物为2级技术价值建（构）筑物，主要是生产系统中的次要生产工段厂房。天津碱厂的次要生产工段是生产副产品的生产系统，包括氨碱区生产小苏打、重灰的生产车间；联碱区中生产氯化铵、氨气的生产车间；生产氯化钙和精制盐的盐钙车间等。

（3）3级技术价值建（构）筑物

生产系统中的辅助生产厂房为3级技术价值建（构）筑物。不论是1级生产系统还是2级生产系统，每个生产环节除了主要的生产厂房之外还有辅助生产厂房，如变电站、供水室、空压站等，它们散落在各个生产分厂中，为小范围的生产厂房提供水、电、汽等辅助原料。它们是技术价值组成部分之一。

（4）4级技术价值建（构）筑物

公用工程系统中的建（构）筑物为4级技术价值建（构）筑物。天津碱厂中的动力分厂、机修分厂的建（构）筑物都应属于这一级别。

2. 天津碱厂的历史价值分级

天津碱厂早期的建（构）筑物是塘沽地区早期工业文明的纪念，它反映了当时的经济、社会、技术的发展水平。根据已有的调查研究，将天津碱厂的建（构）筑物分为3个级别（图7-9）。

（1）1级历史价值建（构）筑物

天津碱厂建厂之初的建（构）筑物反映了建厂之初碱厂的生产技术、建筑风格、社会发展等重要的历史信息，因此具有重要的历史价值。

（2）2级历史价值建（构）筑物

天津碱厂中期发展的建（构）筑物，从1958年开始了大规模的扩建，逐步完善氨碱的生产系统，并且在1968年开始兴建联碱工程，于1978年完工，这些建筑具有一定的历史价值。

（3）3级历史价值建（构）筑物

天津碱厂后期发展的建（构）筑物，如联碱二期工程、水源工程、排渣工程、热电站等配套工程，这些建（构）筑物由于兴建年代较晚，历史价值较低。

3. 天津碱厂的艺术价值分级

有着近百年历史的天津碱厂遗存有各个时代的建（构）筑物，既有民国

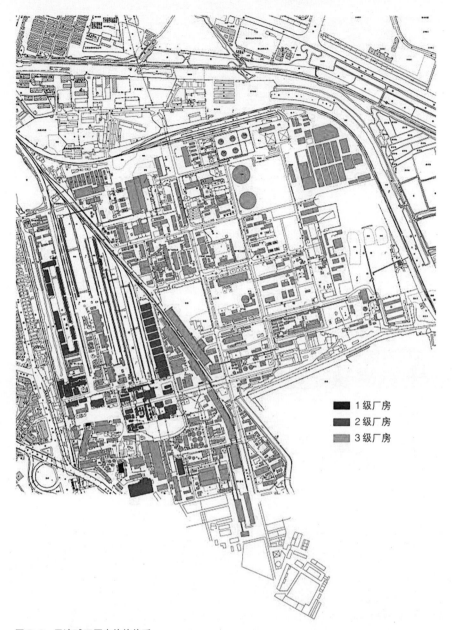

图 7-9 天津碱厂历史价值体系
图片来源：闫觅提供

初年的科学厅，也有日占时期的红砖仓库，还有经济大发展时期的钢筋混凝土车间，各具特色，形态各异，其建（构）筑物按照其艺术价值可分为 3 个级别（图 7-10）。

（1）1 级艺术价值建（构）筑物

天津碱厂核心生产区中的一些遗存如白灰窑、化盐池、仓库等具有工业美学的艺术价值。

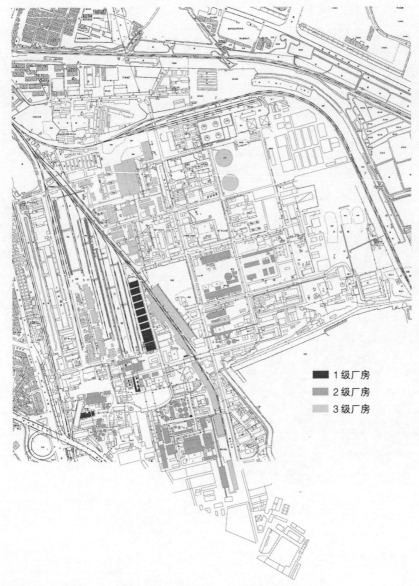

图7-10　天津碱厂艺术价值体系
图片来源：闫觅提供

（2）2级艺术价值建（构）筑物

天津碱厂的生产建（构）筑物群所形成的工业风貌特征，如氨碱法和联碱法制碱区中的建（构）筑物群共同展现出制碱工业独有的工业特征，是天津碱厂的独特地标。

（3）3级艺术价值建（构）筑物

天津碱厂中的公共生产系统如发电厂、运输系统、仓储系统也具有一定的工艺美学特征。

将上述各个价值的各级建（构）筑物相互叠加，即得到新的建（构）筑物价值分级图，结果如图 7-11 所示，图中，T 代表技术价值，H 代表历史价值，A 代表艺术价值。

4. 天津碱厂保护分级体系

天津碱厂内的一个建（构）筑物上可能有多重多级价值体现，由于像天津碱厂这类化工类工业遗产是以技术价值为核心，所以，建（构）筑物的等级主

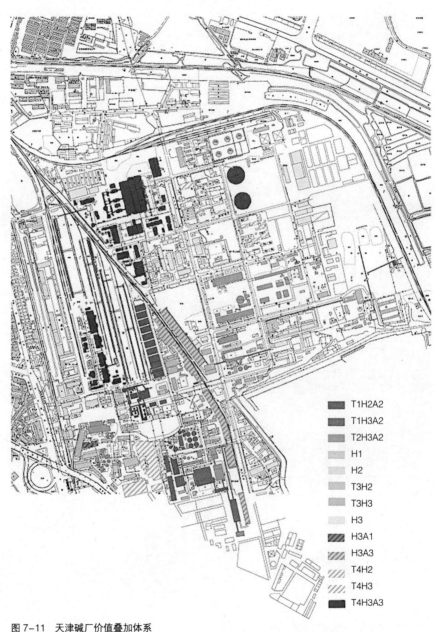

图 7-11　天津碱厂价值叠加体系
图片来源：闫觅提供

要根据技术价值的等级来确定，对不同等级的建（构）筑物采取不同的保护和再利用方式，才能有效地保护天津碱厂的各类价值（图7-12）。

（1）1级建筑

参照《中华人民共和国文物保护法》中的相关规定，采用原地保护的方式来保护其真实性和完整性，可以进行必要的修缮，但是，需以不改变遗产原状为前提。对于这一类遗产的利用应以博物馆、展览馆等展览性功能为主。

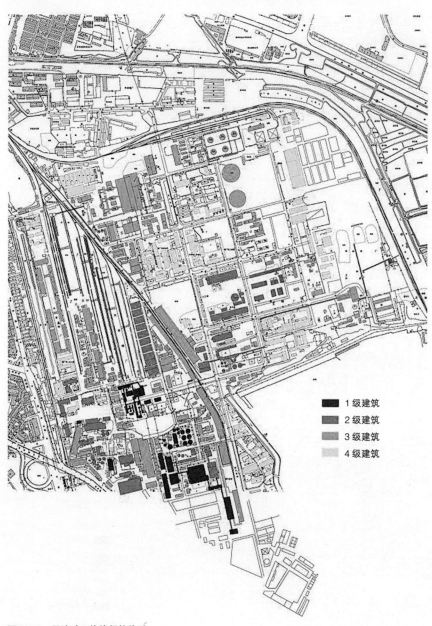

图7-12 天津碱厂价值保护体系
图片来源：闫觅提供

（2）2级建筑

此类建筑具有重要的价值，但是完全保护无法满足现实的需求，因此，在合理保护原有价值的前提下可以置换新的功能，保留重要的设施设备以及建筑的结构和式样，特别是同制碱核心工艺流程相关的建（构）筑物应维持原状，不得更改。

（3）3级建筑

3级建筑虽然没有突出的某一方面的价值，却是构成价值体系不可或缺的一部分。这类工业遗产可以适当地对其进行改造，如加建、改变立面、更换风格等手法，但应保留主要特征。内部功能也可同现代生活的需要相结合，使其融入现代城市中。

（4）4级建筑

4级建筑没有显著的价值，但是具有再利用的优势，可以根据城市发展的需要尽可能地重新利用，保留原有场所的文脉和肌理，强调其主体文化和归属感。

5. 天津碱厂工业遗产的环境保护

天津碱厂工业遗产中白灰窑曾有"东亚第一高楼"之美誉，历经唐山大地震后局部重修扩建，其高耸的身姿仍然是塘沽地区的标志性建筑。白灰窑作为工业景观具有很好的观赏效果，类似的工业遗迹都会在城市规划的道路规划或景观观赏点设置时进行视线分析，作为观赏对象。作为对工业遗产的研究，就不仅要考虑工业构筑物在城市中被欣赏的视线关系，工业遗产内部存在的联系以及通廊同样不能忽略。同样，在工业遗产中厂区与码头、车站、矿区等存在的内部联系由于城市的发展往往忽略掉。天津碱厂与久大码头、塘沽南站之间，碱厂与盐滩之间以及碱厂与黄海化学工业研究社之间的视线通廊是作为工业遗产的环境而受到格外关注，其中较为重要的联系应保护其视线通廊。我们在当下已经不能看到它们之间的联系，随着城市的发展，这些联系将会逐渐孤立，最后消失。

　　天津是近代时期我国北方的经济中心与工业中心，素有"百年中国看天津"之称，可见其在我国近现代历史上的重要地位。站在一个多元文化的交叉点上，天津主要的近代化遗产呈现出线、面结合的特征：面为以九国租界为主的近代租界区，两线为以清末海防、海河近代工业带为主的线性遗产，构成了天津近代化遗产的主体。这些近代化遗产曾在天津近代城市转型时期起关键作用，确立了天津作为华北工业中心的地位，而且"它们都具有国际化的价值（有九国租界，有港口，在近现代国际交流中扮演了重要角色），有工业化的价值（有天津碱厂、北洋水师大沽船坞等工业遗产），有军事化价值（明清中国北方海防的门户）等"。

　　海河作为天津的"母亲河"，将天津近代化遗产串联成一个有机的整体，形成一条文化景观长廊。面对如此有机的整体，天津各类近代化遗产的保护力度却大相径庭。天津九国租界中的英租界五大道于 2010 年 9 月成为中国历史文化名街，2015 年成为全国重点文物保护单位，而工业遗产的保护相对滞后。清末兴建的大沽口炮台成为全国重点文物保护单位，而始建于明代的北塘炮台仅为区县级文物保护单位。同时，天津正处于产业构造转型时代，又因为京津冀板块成为北方经济开发重点地区，因此工业遗产的保护面临着最艰巨的挑战。在数项规划中，天津的近代化遗产屡遭忽视，如美国 SOM 事务所承担的滨海新区于家堡城市设计中海河沿线近代工业遗产未有任何保护措施，北塘 TBD 城市设计用地在北塘古镇及北塘炮台遗址之上，在未做任何考古发掘的情况下进行了规划设计，北塘炮台在没有考古依据的情况下作为旅游开发项目进行了复原设计。

　　毫无疑问，天津的近代化遗产对天津的城市定位起到十分关键的作用，基于工业遗产具备价值转换的潜力与以创意城市为目标的工业遗产研究，让天津工业遗产的研究在经济建设最前沿的背景下显示出紧迫性。本书以历史研究为背景，从选址、布局、建筑、设备、工艺、管理、培训等各个方面对工业遗产进行梳理，为价值评估提供基础。以"创意城市"为最终目标，以不同类型工业遗产案例为对象，进行基于价值的保护研究，并探讨与城市更行、城市文化定位的关系。最终将天津近代工业遗产的价值纳入天津近代化遗产的整体价值。基于现状，笔者认为天津近代工业遗产的保护与研究有下列工作是紧迫与重要的：

（1）进行彻底的普查、统筹管理、尽快公布工业遗产名单。早在 2006 年，天津博物馆就组织了近代工业遗产的初步普查，其成果 2007 年 9 月在博物馆举办了展览。天津大学文化遗产保护国际研究中心对天津及周边地区工业遗产的普查始于 2008 年，最初为抢救性的记录，普查对象包括天津至唐山铁路沿线的塘沽火车站旧址、天津西站、天津北站、滦河大桥、汉沽铁桥等铁路遗产，大沽船坞、天津机器局东局子、开滦矿务局等军工产业，天津碱厂、久大精盐公司等海洋化工企业，六大纱厂、东亚毛纺厂等纺织工业，唐山启新洋灰公司、唐山华新纺织公司、唐山机车车辆厂等旧直隶范围的企业，以及各大企业在海河下游的码头。2009 年完成了北洋水师大沽船坞保护总体规划，大沽船坞、北塘炮台、塘沽火车站旧址的测绘工作；2010 年开始对位于天津滨海新区的重要工业遗产、"永久黄"团体遗存——天津碱厂和黄海化学工业研究社，进行调查和研究，并于 2010 年末至 2011 年初完成了滨海新区现存全部工业遗产的全面调查记录。

2010 年中国建筑学会工业建筑遗产专业委员会成立，在建筑学界试图推动工业遗产的研究。2011 年工业和信息化部在天津设置工业遗产调查机构。2011 年天津市规划局决定与天津大学、天津博物馆合作，启动工业遗产的普查，天津大学为试点单位；3 月天津市博物馆开始就工业遗产保护工作对天津各规划分局进行宣传；4 月开始讨论工业遗产价值认定标准，天津大学文化遗产保护国际研究中心参与其中；9 月，受天津市规划局和河北区规划分局的委托，中心对天津市河北区的工业遗产进行详细普查，划定了各工业遗产的厂区范围，对建（构）筑物进行标号、登记和拍照，并对遗产环境进行调研。

2018 年 1 月、2019 年 4 月，中国科协分别公布了第一批、第二批中国工业遗产保护名录，总计 200 处工业遗产入选，其中天津总计 9 处工业遗产入选（表 8-1）；2017 年 12 月、2018 年 11 月、2019 年 12 月，工业和信息化部分别公布了第一批、第二批、第三批国家工业遗产名单，总计 102 处工业遗产入选，其中天津仅 1 处工业遗产入选，为天津市滨海新区的大港油田港 5 井。

近年来，工业遗产保护的环境已提升，然而仍有文物点被拆除的现象。各普查单位单独行动，没有统一规划，造成很多重复劳动，且在资源上并不共享，调查的信息不能很快统合。因此，由天津市组织彻底的普查、统筹管理、整合资源、尽快公布天津工业遗产名单，实施挂牌保护。

| 名称 | 所在地 | 始建年代（年） | 主要遗存（所在地为天津） | 批次 |
|---|---|---|---|---|
| 大沽船坞（现为北洋水师大沽船坞遗址纪念馆） | 天津市塘沽区大沽坞路 27 号 | 1880 | 甲字船坞、轮机厂房旧址、船台与小码头；德国产剪床、英国产冲剪；大沽产手枪等 | 第一批 |
| 天津金汤桥 | 天津市建国道西端与水阁大街之间的海河 | 1906 | 桥体 | 第一批 |
| 天津碱厂（天津碱厂厂史馆） | 天津市塘沽区大连东道 | 1915 | 厂门、白灰窑、化盐池、科学厅；黄海化学工业研究社；侯氏制碱法工艺 | 第一批 |
| 天津解放桥 | 天津市河北区三经路与和平区解放北路之间的海河上 | 1923 | 桥体；历史照片 | 第二批 |
| 关内外铁路（京奉铁路） | 北京、天津、河北、辽宁 | 1890 | 新开河站（今天津北站）站房及天桥、塘沽站、塘沽南站、扳道房、机车修理厂房、老弯道、塘沽八号码头、汤河桥 | 第二批 |
| 津浦铁路 | 天津、河北、山东、安徽、江苏 | 1908 | 天津新站（天津北站）及天桥（北天桥）、天津西站、静海站、陈官屯站、唐家屯站、杨柳青站 | 第二批 |
| 大清邮政津局 | 天津市和平区解放路 103-111 号 | 1884 | 大清邮政津局大楼；邮票、邮品文物；运邮马车；"费拉尔手稿"等早期邮政档案 | 第二批 |
| 比商天津电车电灯股份有限公司 | 天津市河北区进步道 29 号 | 1904 | 办公楼；日本产直流电机（20 世纪早期）；电车票、电灯费收据 | 第二批 |
| 英美烟公司 | 天津市东丽区成林道 319 号 | 1919 | 美国第一代奥的斯货运电梯电机与电梯摇把，生产用的摇臂钻，档案，近百张天津英美烟公司工厂的厂房设计底图(藏于天津卷烟厂档案室) | 第二批 |

资料来源：摘抄自第一批、第二批中国工业遗产保护名录的公布信息

（2）创建天津乃至全国工业遗产评价标准的共识。TICCIH 是 1973 年在英国进行的工业遗产保护国际会议（the International Conference for the Conservation of the Industrial Heritage）第一次大会后设立，为三年一次召开的国际会议。2000 年以后，国际古迹遗址理事会（ICOMOS）工业考古学方面的顾问进行了工业遗产的世界遗产评价。ICOMOS 是工业遗产保护国际权威机构，但是工业遗产至今仍没有具体评估标准。我们认为应该根据《关于工业遗产的下塔吉尔宪章》进行判断。该宣言中明确阐述了工业遗产的价值，其中"这些价值是工业遗址本身、建筑物、构件、机器和装置所固有的，它存在于工业景观中，存在于成文档案中，也存在于一些无形记录，如人的记忆与习俗中。特殊生产过程的残存、遗址的类型或景观，由此产生的稀缺性增加了其特别的

价值，应当被慎重地评价。早期和最先出现的例子更具有特殊的价值"说明了工业遗产应该考虑工业遗址、建筑物、构件、机器、生产过程、不同遗址类型或景观。

（3）对普查确认的工业遗产编制保护与再利用规划，纳入总体规划。对天津市的工业遗产进行总体保护并编制保护规划并纳入天津市总体规划是当前最有效的保护手段。对较为重要的工业遗产，则需单独编制保护规划。片状的工业遗产区、线性海河沿岸工业遗产带与分布在九国租界之中的点状工业遗产，是天津近代化遗产的重要组成部分，经过统一规划后，这些工业景观将是城市文化景观的一大亮点。

（4）创建应急机制。天津碱厂被拆除事件，说明了创建文化遗产保护应急机制的重要性。在天津，专家在面对上述事件时，并不知如何向城市决策者汇报。在上海，为建立最严格的保护制度，2004年上海市政府专门设立了由分管副市长担任主任的上海市保护委员会，由市发改委、市财政、市建委等十几个政府相关部门组成，为保护工作在管理、资金、政策等方面统筹协调、共同保障。保护委员会下设由市规土局、市房管局和市文管委组成的办公室，在保护工作中三个部门共同管理、各司其职。类似的机构使专家真正参与其中，为天津工业遗产保护提供了成功的经验。

附

录

## 一、厂区

| 厂区名称 | | | 厂区编号 | | |
|---|---|---|---|---|---|
| 地址 | 省市县 / 区 | | | | |
| 厂区经纬坐标 | 第一点： | | 第二点： | | |
| 所属行业分类编号 | | 法人 | | 联系人 | |
| 厂区占地面积 | | 总建筑面积 | | | |
| 建厂时间 | | 是否为历史文化街区 □是□否 | | 是否处在危险中 □是□否 | |
| 是否处在危险中 | □是□否 | | | | |

现状□仍在使用□部分仍在使用□已停止使用

主要产品

重要事件及人物

厂区平面图

普查时间：　　　　普查单位：　　　　填表人：　　　　核查人：

## 二、建（构）筑物

| 编号 | 建（构）筑物名称 | 始建时间 | 功能 | 保存现状 |
|---|---|---|---|---|
| | | | | □好□中□差 |
| | | | | □好□中□差 |
| | | | | □好□中□差 |
| | | | | □好□中□差 |
| | | | | □好□中□差 |
| | | | | □好□中□差 |
| | | | | □好□中□差 |
| | | | | □好□中□差 |
| | | | | □好□中□差 |
| | | | | □好□中□差 |
| | | | | □好□中□差 |
| | | | | □好□中□差 |

## 三、设备

| 编号 | 设备名称 | 购置时间 | 功能 | 保存现状 |
|---|---|---|---|---|
| | | | | □功能正常且生产□功能正常未生产 □损坏 |
| | | | | □功能正常且生产□功能正常未生产 □损坏 |
| | | | | □功能正常且生产□功能正常未生产 □损坏 |
| | | | | □功能正常且生产□功能正常未生产 □损坏 |
| | | | | □功能正常且生产□功能正常未生产 □损坏 |
| | | | | □功能正常且生产□功能正常未生产 □损坏 |
| | | | | □功能正常且生产□功能正常未生产 □损坏 |
| | | | | □功能正常且生产□功能正常未生产 □损坏 |
| | | | | □功能正常且生产□功能正常未生产 □损坏 |

普查时间：　　　　普查单位：　　　　填表人：　　　　核查人：

## 厂区相关照片

普查时间：　　　　普查单位：　　　　填表人：　　　　核查人：

| 原名 | 现名 | 区县 | 年代 |
|---|---|---|---|
| 宝成裕大纱厂旧址 | 天津棉三创意街区 | 河东区 | 1914—1936 年 |
| 北宁铁路管理局旧址 | 天津铁路分局 | 河北区 | 1937—1949 年 |
| 北洋工房 | 北洋工房旧址 | 河西区 | 1914—1936 年 |
| 北洋水师大沽船坞 | 天津市船厂 | 滨海新区 | 1840—1894 年 |
| 比商天津电车电灯股份有限公司旧址 | 天津电力科技博物馆 | 河北区 | 1895—1913 年 |
| 陈官屯火车站 | 陈官屯火车站 | 静海区 | 1895—1913 年 |
| 城关扬水站闸 | 城关扬水站闸 | 静海区 | 1958—1963 年 |
| 大沽灯塔 | 大沽灯塔 | 滨海新区 | 1964—1978 年 |
| 大沽息所 | 英国大沽代水公司旧址 | 滨海新区 | 1840—1894 年 |
| 大红桥 | 大红桥 | 红桥区 | 1840—1894 年 |
| 大清邮局旧址 | 天津邮政博物馆 | 和平区 | 1840—1894 年 |
| 大朱庄排水站 | 大朱庄排水站 | 蓟州区 | 1958—1963 年 |
| 丹华火柴厂职员住宅 | 丹华火柴厂职员住宅 | 红桥区 | 1914—1936 年 |
| 东亚毛呢纺织有限公司旧址 | 东亚毛纺厂 | 和平区 | 1914—1936 年 |
| 东洋化学工业株式会社汉沽工厂 | 天津化工厂 | 滨海新区 | 1937—1949 年 |
| 独流给水站 | 独流给水站 | 静海区 | |
| 耳闸 | 耳闸 | 河北区 | 1914—1936 年 |
| 法国电灯房旧址 | 法国电灯房旧址 | 和平区 | 1895—1913 年 |
| 纺织机械厂 | 1946 文创产业园 | 河北区 | 1937—1949 年 |
| 港 5 井 | 港 5 井 | 滨海新区 | 1964—1978 年 |

| 原名 | 现名 | 区县 | 年代 |
|---|---|---|---|
| 沟河北采石场 | 沟河北采石场 | 蓟州区 | 1840—1894 年 |
| 国民政府联合勤务总司令部天津被服总厂第十分厂 | 天津针织厂 | 河东区 | 1950—1957 年 |
| 国营天津无线电厂旧址 | 国营天津无线电厂旧址 | 河北区 | 1937—1949 年 |
| 海河防潮闸 | 海河防潮闸 | 滨海新区 | 1958—1963 年 |
| 海河工程局旧址 | 天津航道局有限公司 | 河西区 | 1895—1913 年 |
| 汉沽铁路桥 | 汉沽铁路桥旧址 | 滨海新区 | 1840—1894 年 |
| 合线厂旧址 | 合线厂旧址 | 西青区 | 1964—1978 年 |
| 华新纺织股份有限公司旧址 | 华新纺织股份有限公司旧址 | 河北区 | 1914—1936 年 |
| 华新纱厂工事房旧址 | 天津印染厂 | 河北区 | 1914—1936 年 |
| 黄海化学工业研究社 | 黄海化学工业研究社旧址 | 滨海新区 | 1914—1936 年 |
| 济安自来水股份有限公司旧址 | 金海岸婚纱 | 和平区 | 1895—1913 年 |
| 甲裝铁工所 | 天津动力机厂 | 河北区 | 1914—1936 年 |
| 交通部材料储运总处天津储运处旧址 | 铁路职工宿舍 | 河北区 | 1937—1949 年 |
| 金刚桥 | 金刚桥 | 河北区 | 1895—1913 年 |
| 津浦路西沽机厂旧址 | 艺华轮创意工场 | 河北区 | 1895—1913 年 |
| 静海火车站 | 静海火车站 | 静海区 | 1895—1913 年 |
| 久大精盐公司码头 | 天津碱厂原料码头 | 滨海新区 | 1914—1936 年 |
| 开滦矿务局塘沽码头 | 开滦矿务局码头 | 滨海新区 | 1895—1913 年 |
| 宁家大院（三五二二厂） | 宁家大院（三五二二厂） | 南开区 | 1937—1949 年 |
| 启新洋灰公司塘沽码头 | 永泰码头 | 滨海新区 | 1895—1913 年 |
| 前甘涧兵工厂旧址 | 前甘涧兵工厂旧址 | 蓟州区 | 1964—1978 年 |
| 日本大沽化工厂旧址 | 大沽化工厂 | 滨海新区 | 1937—1949 年 |
| 日本大沽坨地码头旧址 | 日本大沽坨地码头旧址 | 滨海新区 | 1937—1949 年 |
| 日本塘沽三菱油库旧址 | 中国人民解放军某部驻地 | 滨海新区 | 1937—1949 年 |
| 日本协和印刷厂旧址 | 天津环球磁卡股份有限公司 | 河西区 | 1937—1949 年 |
| 三岔口扬水站 | 三岔口扬水站 | 蓟州区 | 1964—1978 年 |
| 三五二六厂旧址 | 天津三五二六厂创意产业园 | 河北区 | 1937—1949 年 |
| 盛锡福帽庄旧址 | 盛锡福帽庄旧址 | 和平区 | 1937—1949 年 |

| 原名 | 现名 | 区县 | 年代 |
|---|---|---|---|
| 十一堡扬水站闸 | 十一堡扬水站闸 | 静海区 | 1958—1963 年 |
| 双旺扬水站 | 双旺扬水站 | 静海区 | 1964—1978 年 |
| 水线渡口 | 水线渡口 | 滨海新区 | 1840—1894 年 |
| 唐官屯给水站 | 唐官屯给水站 | 静海区 | 1895—1913 年 |
| 唐官屯铁桥 | 唐官屯铁桥 | 静海区 | 1895—1913 年 |
| 唐屯火车站 | 唐屯火车站 | 静海区 | 1895—1913 年 |
| 塘沽火车站 | 塘沽南站 | 滨海新区 | 1840—1894 年 |
| 天津玻璃厂 | 万科水晶城天波项目运动中心 | 河西区 | 1937—1949 年 |
| 天津达仁堂制药厂旧址 | 达仁堂药店 | 河北区 | 1914—1936 年 |
| 天津电话六局旧址 | 中国联合网络通信有限公司天津市河北分公司 | 河北区 | 1914—1936 年 |
| 天津电话四局旧址 | 中国联通天津河北分公司 | 河北区 | 1914—1936 年 |
| 天津电业股份有限公司旧址 | 中国国电集团公司天津第一热电厂 | 河西区 | 1937—1949 年 |
| 天津广播电台战备台旧址 | 天津广播电台战备台旧址 | 蓟州区 | 1964—1978 年 |
| 天津利生体育用品厂旧址 | 天津南华利生体育用品有限公司 | 河北区 | 1914—1936 年 |
| 天津美亚汽车厂 | 天津美亚汽车厂 | 西青区 | 1950—1957 年 |
| 天津内燃机磁电机厂 | 辰赫创意产业园 | 河北区 | |
| 天津酿酒厂 | 天津酿酒厂 | 红桥区 | 1950—1957 年 |
| 天津石油化纤总厂化工分厂 | 中石化股份有限公司化工部 | 滨海新区 | 1964—1978 年 |
| 天津市公私合营示范机器厂 | 天津第一机床厂 | 河东区 | 1950—1957 年 |
| 天津市外贸地毯厂旧址 | 天津意库创意街 | 红桥区 | 1950—1957 年 |
| 天津手表厂 | 天津海鸥手表集团公司 | 南开区 | 1964—1978 年 |
| 天津铁路工程学校 | 天津铁道职业技术学院 | 河北区 | 1950—1957 年 |
| 天津拖拉机厂 | 天津拖拉机融创中心 | 南开区 | 1950—1957 年 |
| 天津涡轮机厂两栋红砖厂房 | U-CLUB 上游开场 | 南开区 | |
| 天津西站主楼 | 天津西站主楼 | 红桥区 | 1895—1913 年 |
| 天津橡胶四厂 | 巷肆文创产业园 | 河北区 | |
| 天津新站旧址 | 天津北站 | 河北区 | 1895—1913 年 |

| 原名 | 现名 | 区县 | 年代 |
|---|---|---|---|
| 天津仪表厂 | C92 创意工坊 | 南开区 | 1937—1949 年 |
| 天津造币总厂 | 户部造币总厂旧址 | 河北区 | 1895—1913 年 |
| 铁道部天津基地材料厂办公楼 | 中国铁路物资天津公司 | 河东区 | 1950—1957 年 |
| 铁道第三勘察设计院属机械厂 | 红星 .18 创意产业园 A 区天明创意产业园 | 河北区 | 1950—1957 年 |
| 万国桥 | 解放桥 | 和平区 | 1895—1913 年 |
| 西河闸 | 西河闸 | 西青区 | 1958—1963 年 |
| 新港船闸 | 新港船闸 | 滨海新区 | 1937—1949 年 |
| 新港工程局机械修造厂 | 新港船厂 | 滨海新区 | 1914—1936 年 |
| 新河铁路材料厂遗址 | 老码头公园 | 滨海新区 | 1895—1913 年 |
| 兴亚钢业株式会社 | 天津市第一钢丝绳有限公司 | 滨海新区 | 1937—1949 年 |
| 亚细亚火油公司油库 | 天津京海石化运输有限公司 | 滨海新区 | 1914—1936 年 |
| 扬水站 | 扬水站 | 滨海新区 | 1964—1978 年 |
| 杨柳青火车站大厅 | 杨柳青火车站大厅 | 西青区 | 1895—1913 年 |
| 洋闸 | 洋闸 | 滨海新区 | |
| 英国太古洋行塘沽码头 | 天津港轮驳公司 | 滨海新区 | 1895—1913 年 |
| 英国怡和洋行码头 | 日本三井公司塘沽码头 | 滨海新区 | 1840—1894 年 |
| 英美烟草公司北方运销公司总部旧址 | 大王庄工商局 | 河东区 | 1914—1936 年 |
| 英美烟草公司公寓 | 英美烟草公司公寓 | 河东区 | 1914—1936 年 |
| 永和公司 | 新河船厂 | 滨海新区 | 1914—1936 年 |
| 永利碱厂 | 天津渤海化工集团天津碱厂 | 滨海新区 | 1914—1936 年 |
| 永利碱厂驻津办事处 | 永利碱厂驻津办事处 | 和平区 | 1914—1936 年 |
| 法国工部局 | 法国工部局 | 和平区 | 1914—1936 年 |
| 久大精盐公司大楼 | 乔治玛丽婚纱 | 和平区 | 1914—1936 年 |
| 开滦矿务局大楼 | 开滦矿务泰安道 5 号院局大楼 | 和平区 | 1914—1936 年 |
| 太古洋行大楼 | 天津市建筑材料供应公司 | 和平区 | 1914—1936 年 |
| 天津电报局大楼 | 中国联通赤峰道营业厅 | 和平区 | 1840—1894 年 |
| 天津印字馆 | 中糖二商烟酒连锁解放路店 | 和平区 | 1840—1894 年 |
| 怡和洋行大楼 | 威海商业银行 | 和平区 | 1840—1894 年 |

| 原名 | 现名 | 区县 | 年代 |
|---|---|---|---|
| 英商怡和洋行仓库 | 天津 6 号院创意产业园 | 和平区 | 1914—1936 年 |
| 招商局公寓楼 | 峰光大酒楼 | 和平区 | 1914—1936 年 |
| 争光扬水站 | 争光扬水站 | 静海区 | 1958—1963 年 |
| 制盐场第四十五组 | 制盐场第四十五组 | 滨海新区 | 1937—1949 年 |
| 子牙河船闸 | 子牙河船闸 | 西青区 | 1958—1963 年 |

资料来源：本附表由天津大学文化遗产保护国际研究中心提供

## 中文论著

[1]　本书编委会 . 建筑理论·历史文库（第 1 辑）[M]. 北京：中国建筑工业出版社，2010.

[2]　本书编委会 . 中国近代货币史资料（第 1 辑）（下册）[M]. 北京：中华书局出版社，1964.

[3]　蔡尚思 . 中国工业史话 [M]. 黄山：黄山书社，1997.

[4]　陈歆文 . 中国近代化学工业史 1860—1949[M]. 北京：化学工业出版社，2006.

[5]　陈真 . 中国近代工业史资料第四卷 [M]. 北京：三联书店，1961.

[6]　池仲佑辑 . 海军实记 [M]. 中国国家图书馆古籍善本影印本，民国 19 年（1930 年）.

[7]　大连化工厂 . 联合法生产纯碱和氯化铵 [M]. 北京：石油化学工业出版社，1977.

[8]　大连制碱工业研究所 . 纯碱工业知识 [M]. 北京：石油化学工业出版社，1975.

[9]　董坤靖 . 天津通览 [M]. 北京：人民日报出版社，1988.

[10]　高鸿志 . 李鸿章与甲午战争前中国的近代化建设 [M]. 合肥：安徽大学出版社，2008.

[11]　高仲林 . 天津近代建筑 [M]. 天津：天津科学技术出版社，1990.

[12]　郭凤岐 . 天津通志大事记 [M]. 天津：天津社会科学院出版社，1994.

[13]　国家文物局 . 国际文化遗产保护文件选编 [M]. 北京：文物出版社，2007.

[14]　郝庆元 . 周学熙传 [M]. 天津：天津人民出版社，1991.

[15]　侯鑫 . 基于文化生态学的城市空间理论：以天津、青岛、大连研究为例 [M]. 南京：东南大学出版社，2006.

[16]　侯振彤 . 二十世纪初的天津概况 [Z]. 天津：天津市地方志编修委员会总编辑室出版，1986.

[17]　贾长华 . 图说滨海 [M]. 天津：天津古籍出版社，2008.

[18]　姜彬 . 东海岛屿文化与民俗 [M]. 上海：上海文艺出版社，2005.

[19]　荆其敏 . 天津的建筑文化 [M]. 天津：天津大学出版社，1998.

[20]　（英）肯德 . 中国铁路发展史 [M]. 李抱宏，等译 . 北京：三联书店，1958.

[21]　（英）肯尼斯·鲍威尔 . 建筑的改建与重建 [M]. 于愚，等译 . 大连：大连理工大学出版社，2001.

[22]　来新夏 . 天津近代史 [M]. 上海：南开大学出版社，1987.

[23] 雷颐 . 李鸿章与晚清四十年 [M]. 太原：山西人民出版社，2008.

[24] 李海清 . 中国建筑现代转型 [M]. 南京：东南大学出版社，2004.

[25] 李鸿章 . 李鸿章全集 海军函稿（卷 1）[M]. 海口：海南出版社，1997.

[26] 李华彬 . 天津港史（古、近代部分）[M]. 北京：人民交通出版社，1986.

[27] 刘伯英 . 中国工业建筑遗产调查与研究 [M]. 北京：清华大学出版社，2009.

[28] 刘先觉 . 近代优秀建筑遗产的价值与保护 [M]. 北京：清华大学出版社，2003.

[29] 罗澍伟 . 近代天津城市史 [M]. 北京：中国社会科学出版社，1993.

[30] （英）马戛尔尼 .1793 乾隆英使觐见记 [M]. 刘半农，译 . 天津：天津人民出版社，2006.

[31] （英）迈克·危克斯 . 紧缩城市：一种可持续发展的城市形态 [M]. 周玉葫，等译 . 北京：
中国建筑工业出版社，2004.

[32] 民国交通铁道部交通史编纂委员会 . 民国交通铁道部：交通史路政编 6，第 1 册 [Z]. 南京：
交通铁道部交通史编纂委员会，1930.

[33] 彭泽益 . 中国近代手工业史资料 1840—1949[M]. 北京：中华书局，1984.

[34] 彭泽益 . 中国近代手工业史资料第二卷 [M]. 北京：三联出版社，1957.

[35] 乔虹 . 天津城市建设志略 [M]. 北京：中国科学技术出版社，1994.

[36] 璩鑫圭，唐良炎 . 中国近代教育史资料汇编实业教育、师范教育 [M]. 上海：上海教育出
版社，1991.

[37] 璩鑫圭，唐良炎 . 中国近代教育史资料汇编学制演变 [M]. 上海：上海教育出版社，
1991.

[38] 单霁翔 . 从"功能城市"走向"文化城市"[M]. 天津：天津大学出版社，2003.

[39] 单霁翔 . 从"文物保护"走向"文化遗产保护"[M]. 天津：天津大学出版社，2008.

[40] 单霁翔 . 走进文化景观遗产的世界 [M]. 天津：天津大学出版社，2010.

[41] 宋美云，张环 . 近代天津工业与企业制度 [M]. 天津：天津社会科学院出版社，2005.

[42] 宋蕴璞 . 天津志略（全）[M]. 台北：成文出版社，1969.

[43] 《天津城市建设》丛书编委会 . 天津近代建设 [M]. 天津：天津科学技术出版社，1990.

[44] 天津碱厂志编修委员会 . 天津碱厂志 [M]. 天津：天津人民出版社，1992.

[45] 《天津建设 40 年》编委会 . 天津建设 40 年（1949—1989）[M]. 天津：天津科学技术
出版社，1989.

[46] 天津社会科学院历史研究所 . 天津历史资料 10、13、20（内部资料）.

[47] 天津社会科学院历史研究所 . 天津简史 [M]. 天津：天津人民出版社，1987.

[48] 天津市城市规划志编纂委员会 . 天津市城市规划志 [M]. 天津：天津科学技术出版社，
1994.

[49] 天津市档案馆 . 北洋军阀天津档案史料选编 [M]. 天津：天津古籍出版社，1990.

[50] 天津市档案馆 . 袁世凯天津档案史料选编 [M]. 天津：天津古籍出版社，1990.

[51] 天津市地方志编修委员会 . 天津通志·城乡建设志（上册）[M]. 天津：天津社会科学院
出版社，1996.

[52] 天津市地方志编修委员会 . 天津通志·工业志 [M]. 天津：天津社会科学院出版社，
2000.

[53] 天津市地方志编修委员会.天津通志·铁路志[M].天津：天津社会科学院出版社，2000.

[54] 天津市地方志编修委员会.中国天津通鉴（上卷）[M].天津：天津人民出版社，2005.

[55] 天津市工程局公路史编委会.天津公路运输史第一册 古代道路运输 近代公路运输[M].北京：人民交通出版社，1988.

[56] 天津市历史博物馆，等.近代天津图志[M].天津：天津古籍出版社，1992.

[57] 天津市历史风貌建筑保护委员会.第二届历史建筑遗产保护与可持续发展国际会议论文集[M].天津：天津大学出版社，2010.

[58] 天津城市规划志编纂委员会.天津城市规划志[M].天津：天津科学技术出版社，1994.

[59] 万新平.纪念建城600周年文集[G].天津：天津人民出版社，2004.

[60] 万新平，等.天津史话[M].上海：上海人民出版社，1986.

[61] 汪坦，藤森照信.中国近代建筑总揽：天津篇[M].北京：中国建筑工业出版社，1989.

[62] 王建国.后工业时代产业建筑遗产保护更新[M].北京：中国建筑工业出版社，2008.

[63] 王述祖，航鹰.近代中国看天津：百项中国第一[M].天津：天津人民出版社，2008.

[64] 王燕谋.中国水泥发展史[M].北京：中国建材工业出版社，2005.

[65] 魏东波.天津地方志考略[Z].长春：吉林省地方志编纂委员会，吉林省图书馆学会，1985.

[66] （日）西村幸夫.都市保全计画：整合历史·文化·自然的城镇建设[M].东京：东京大学出版社，2004.

[67] 辛元欧.中国近代船舶工业史[M].上海：上海古籍出版社，1999.

[68] 徐苏斌.近代中国建筑学的诞生[M].天津：天津大学出版社，2010.

[69] 严修著，武安，刘玉梅.严修东游日记[M].天津：天津人民出版社，1995.

[70] 杨端六.清代货币金融史稿[M].武汉：武汉大学出版社，2007.

[71] 杨金森，范中义.中国海防史（下册）[M].北京：海洋出版社，2005.

[72] 袁保龄.《阁学公集》公牍卷二[M].项城袁氏1911年刊本.

[73] 阳建强，吴明伟.现代城市更新[M].南京：东南大学出版社，1999.

[74] 岳宏.工业遗产保护初探：从世界到天津[M].天津：天津人民出版社，2010.

[75] 张德彝.随使法国记[M].长沙：岳麓书社，1985.

[76] 张复合.中国近代建筑研究与保护（三）[M].北京：清华大学出版社，2002.

[77] 张复合.中国近代建筑研究与保护（四）[M].北京：清华大学出版社，2004.

[78] 张复合.中国近代建筑研究与保护（五）[M].北京：清华大学出版社，2006.

[79] 张复合.中国近代建筑研究与保护（六）[M].北京：清华大学出版社，2008.

[80] 张复合.中国近代建筑研究与保护（七）[M].北京：清华大学出版社，2010.

[81] 张复合.关于工业建筑遗产之我见：兼议无锡北仓门蚕丝仓库的改建[C]// 刘伯英.中国工业建筑遗产调查与研究.北京：清华大学出版社，2009.

[82] 张家骧，万安培，邹进文.中国货币思想史[M].武汉：湖北人民出版社，2001.

[83] 张侠，等.清末海军史料[M].北京：海洋出版社，2001.

[84] 张俊英.造币总厂[M].天津：天津教育出版社，2010.

[85] 赵冈，陈钟毅 . 中国棉纺织史 [M]. 北京：中国农业出版社，1997.

[86] 赵民，陶小马 . 城市发展和城市规划的经济学原理 [M]. 北京：高等教育出版社，2001.

[87] 中国第一历史档案馆，天津市塘沽区人民政府 . 清末塘沽宫廷史料 [M]. 北京：中国档案
出版社，2010.

[88] 中国近代兵器工业编审委员会 . 中国近代兵器工业：清末至民国的兵器工业 [M]. 北京：
国防工业出版社，1998.

[89] 中国人民政治协商会议天津市委员会文史资料委员会 . 天津城乡百年巨变 [M]. 天津：天
津人民出版社，1999.

[90] 中国史学会 . 中国近代史资料丛刊，《洋务运动》第 3 册 [M]. 上海：上海人民出版社，
1961.

[91] 中国史学会 . 中国近代史资料丛刊，《洋务运动》第 4 册 [M]. 上海：上海人民出版社，
1961.

[92] 中国第一历史档案馆 . 光绪宣统两朝上谕档 [M]. 南宁：广西师范大学出版社，1996.

[93] 周俊旗 . 民国天津社会史 [M]. 天津：天津社会科学院出版社，2002.

[94] 周小鹃 . 周学熙传记汇编 [M]. 兰州：甘肃文化出版社，1997.

[95] 周叔媜 . 周止庵先生别传 [G]// 周小鹃 . 周学熙传记汇编 . 兰州：甘肃文化出版社，1997.

[96] 朱其华 . 天津全书 [M]. 天津：天津人民出版社，1991.

[97] 祝慈寿 . 中国近代工业史 [M]. 重庆：重庆出版社，1989.

## 古代典籍

[1] （清）北洋公牍类纂卷二十二 . 光绪三十八年刊本 .

[2] （清）工艺总局编 . 直隶工艺志初编 . 北洋官报局，清光绪（1875—1908）.

[3] （清）《皇朝政典类纂》钱币 1. 商务印书馆十通本 .

[4] （清）《清朝文献通考》卷 16，考 4998（商务印书馆十通本）.

## 英文著作

[1] Aberley D. The Practice of Ecological Planning[M]. Canada：Futures by Design. New
Society Publish Ers，1994.

[2] Aberley D. Ecocities：Rebuilding Civilization, Restoring Nature[M]. Canada：Futures
by Design, The Practice of Ecological Planning. New Society Publishers，1994.

[3] Alan Dawley. Class and Community：The Industrial Revolution in Lynn[M].
Cambridge：Harvard University Press，1976.

[4] J.Alfrey & T.Putnam, The Industrial Heritage Managing Resources and Uses[M].
London：Routledge，1992.

[5] Kirkwood N. Manufactured Sites： Rethinking the Post Industrial, Landscape[M].

London：Spon Press，2001.

[6]   Madgin, Rebecca.Reconceptualising the historic urban environment：Conservation and regeneration in Castlefield, Manchester, 1960—2009, Planning Perspectives.

[7]   Marcus Binney, Francis Machin, Ken Powell. Bright Future-the reuse of Industrial buildings[M]. London： Save Britain's Heritage, 1990.

[8]   Marilyn Palmer & Peter Neaverson Industrial Archaeology：Principles and practice[M]. London：Routledge, 1998.

[9]   Michael Stratton.Industrial Buildings：Conservation and Regeneration[M]. London：Taylor & Francis, 2000.

[10]  Naill Kirkwood. Manufactured Sites：Rethinking the Post-Industrial Landscape[M]. London：Spon Press, 2001.

[11]  Patrick DAMBRON. Patrimoine Industriel & Development Local[M]. Paris：Editions Jean Dclaville, 2004.

[12]  Robina McNei. The Industrial Archaeology of Greater Manchester[M]. Schrinking Cities, 2005.

[13]  T.Aldous. Britains Industrial Heritage Seeks World Status. History Today, 1999.

[14]  Thayer R.Green Heart：Technology, Nature, and the Sustainable Landscape[M]. John Wiley & Sons, Inc, 1993.

[15]  Tim Heath.Taneroc and Steve Tiesdell. Revitalising Historic Urban Quarters. London, 1996.

[16]  Tiesdell Steven. Revitalizing historic urban quarters[M]. Oxford：Architectural Press, 1996.

## 档案材料

[1]   军机处·海防档.第一历史档案馆.
[2]   军机处·机器局档.第一历史档案馆.
[3]   军机处·洋务运动档.第一历史档案馆.
[4]   户部一度支部档.第一历史档案馆.

## 中国国家图书馆

[1]   《益世报》天津资料点校汇编三.中国国家图书馆藏.

## 天津市档案馆

[1]   恒源纱厂计划及单项工程（案卷级）.档号：401206800-X0078-D-000657.

[2] 恒源纱厂基建计划及各项工程（案卷级）档号：401206800-X0078-D-000073.

[3] 恒源纱厂在三区七经路建宿舍（案卷级）档号：401206800-X0154-C-000304.

[4] 天津电业局在恒源纱厂建变电站（案卷级）档号：401206800-X0154-C-000574.

[5] 永利沽厂扩建计划（案卷级）档号：401206800-X0154-C-000764.

[6] 关于永利沽厂当前生产和基建情况问题（文件级）档号：401206800-X0188-Y-000004-013.

[7] 市建委东亚毛呢厂图纸（文件级）档号：401206800-X0154-C-002024-006.

[8] 市建委东亚毛呢厂地形图（文件级）档号：401206800-X0154-C-002024-002.

[9] 公私合营东亚毛呢厂修建变电室（案卷级）档号：401206800-X0154-C-002024.

[10] 仁立公司卷（案卷级）档号：401206800-J0019-3-045053.

[11] 仁立实业公司（案卷级）档号：401206800-J0025-2-001523.

[12] 仁立实业公司（案卷级）档号：401206800-J0025-2-001524.

[13] 仁立毛呢纺织厂设计图（文件级）档号：401206800-X0154-C-002564-006.

[14] 仁立毛呢纺织厂基建计划及单项工程（案卷级）档号：401206800-X0078-D-000674.

[15] 公私合营仁立毛呢纺织厂（案卷级）档号：401206800-X0154-C-001228.

[16] 中华火柴厂图记（案卷级）档号：401206800-J0067-1-000011.

[17] 中华火柴厂工程平面图（文件级）档号：401206800-X0104-C-002110-002.

[18] 寿丰面粉厂基地勘测报告（文件级）档号：401206800-X0095-C-000640-007.

[19] 福星面粉厂基建计划及单项工程（案卷级）档号：401206800-X0078-D-000615.

[20] 公私合营福星面粉厂在红桥区大丰路申建变电室工程用地与建筑设计图说及文件（案卷级）档号：401206800-X0154-C-002586.

[21] 东亚面粉厂厂房位置图（文件级）档号：401206800-X0104-C-002144-003.

[22] 公私合营天津造胰公司（案卷级）档号：401206800-X0154-C-001213.

[23] 纺织管理局图纸（文件级）档号：401206800-X0124-C-000065-030.

[24] 长芦盐务管理局久大精盐公司盐滩图（案卷级）档号：401206800-J0138-1-000004.

[25] 长芦盐务管理局久大精盐工厂工人宿舍图（案卷级）档号：401206800-J0138-1-000033.

[26] 兴中公司盐业事务年久大精盐工厂第四厂修复计划设计平面图（案卷级）档号：401206800-J0138-1-000061.

## 期刊

[1] 蔡晴，王昕，刘先觉. 南京近代工业建筑遗产的现状与保护策略探讨：以金陵机器制造局为例 [J]. 现代城市研究，2004（7）.

[2] 陈伯超. 沈阳铁西工业区及其改造的现状与前景 [J]. 城市环境设计，2007（5）.

[3] 陈烨，宋雁. 哈尔滨传统工业城市的更新与复兴策略 [J]. 城市规划，2004（4）.

[4] 冯立昇. 关于工业遗产研究与保护的若干问题 [J]. 哈尔滨工业大学学报（社会科学版），

2008（2）.

[5] （德）迪特·哈森普鲁格.德国在后工业时代的区域转型.IBA埃姆瑟公园和区域规划的新范式[J].刘崇，译.建筑学报，2005（12）.

[6] 郭如新.《纯碱制造》的出版、作用及其深远影响[J].纯碱工业，2003（6）.

[7] 胡燕，潘明率.首钢工业区中工业建筑的去与留[J].工业建筑，2010（9）.

[8] 黄芳.我国工业旅游发展探析[J].人文地理，2004（1）.

[9] 季宏.《下塔吉尔宪章》之后国际工业遗产保护理念的嬗变：以《都柏林原则》与《台北亚洲工业遗产宣言》为例[J].新建筑，2017（5）.

[10] 季宏.近代工业遗产的完整性探析：从《下塔吉尔宪章》与《都柏林原则》谈起[J].新建筑，2019（1）.

[11] 季宏，徐苏斌，青木信夫.天津近代工业发展概略及工业遗存分类[J].北京规划建设，2011（1）.

[12] 季宏.样式雷与天津近代工业建筑：以海光寺行宫及机器局为例[J].建筑学报，2011（S01）.

[13] 季宏，徐苏斌，青木信夫.样式雷与天津近代工业建筑：以海光寺行宫及机器局为例[J].建筑学报，2011（S1）.

[14] 季宏，徐苏斌，青木信夫.工业遗产的历史研究与价值评估尝试：以北洋水师大沽船坞为例[J].建筑学报，2011（S2）.

[15] 季宏.工业遗产视角下的户部造币总厂研究[J].建筑学报，2016（2）.

[16] 季宏，徐苏斌，青木信夫.工业遗产科技价值认定与分类初探：以天津近代工业遗产为例[J].新建筑，2012（2）.

[17] 季宏.基于全程保护的工业遗产信息采集与记录研究[J].华南理工大学学报（社会科学版），2015，17（5）.

[18] 季宏.福州工业遗产动态信息的采集与记录[J].福州大学学报（自然科学版），2016，44（5）.

[19] 季宏，王琼.我国近代工业遗产的突出普遍价值探析：以福建马尾船政与北洋水师大沽船坞为例[J].建筑学报，2015（1）.

[20] 季宏，徐苏斌，闫觅军.从天津碱厂保护到工业遗产价值认知[J].建筑创作，2012（12）.

[21] 季宏.近代工业遗产的真实性探析：从《关于真实性的奈良文件》《圣安东尼奥宣言》谈起[J].新建筑，2015（3）.

[22] 季宏.化工类工业遗产天津碱厂的真实性探索[J].建筑与文化，2016（12）.

[23] 季宏.我国历史建筑分类保护刍议[J].新建筑，2019（4）.

[24] 青木信夫，闫觅，徐苏斌，等.天津工业遗产群的构成与特征分析[J].建筑学报，2014（S2）.

[25] 季宏，王琼.天津近代工业遗产建筑的风格与特征[J].福州大学学报（自然科学版），2013，41（6）.

[26] 阙维民.国际工业遗产的保护与管理[J].北京大学学报（自然科学版），2007（7）.

[27] 拉尔夫·埃伯特，弗里德里希·纳德，克劳兹·R.昆斯曼，等.鲁尔区的文化与创意产业[J].国际城市规划，2007（3）.

[28] 赖世贤,徐苏斌,青木信夫.中国近代早期工业建筑厂房木屋架技术发展研究 [J]. 新建筑,2018（6）.

[29] 李建华,王嘉.无锡工业遗产保护与再利用探索 [J]. 城市规划,2007（7）.

[30] 李蕾蕾.工业旅游与珠海金湾区旅游开发 [J]. 地域研究与开发,2004（2）.

[31] 李蕾蕾.逆工业化与工业遗产旅游开发：德国鲁尔区的实践过程与开发模式 [J]. 世界地理研究,2002（3）.

[32] 李蕾蕾,Dietrich Soyez.中国工业旅游发展评析：从西方的视角看中国 [J]. 人文地理,2003（6）.

[33] 李先逵,许东风.重钢工业遗产整体保护探析 [J]. 新建筑,2011（4）.

[34] 李雪风,全允桓.技术价值评估方法的研究思路 [J]. 科技进步与对策,2005（10）.

[35] 刘伯英,李匡.北京焦化厂工业遗产资源保护与再利用城市设计 [J]. 北京规划建设,2007（2）.

[36] 刘伯英,李匡.工业遗产的构成与价值评价方法 [J]. 建筑创作,2006（9）.

[37] 刘伯英,李匡.工业遗产资源保护与再利用：以首钢工业区为例 [J]. 北京规划建设,2007（2）.

[38] 刘伯英,李匡.首钢工业区工业遗产资源保护与再利用研究 [J]. 建筑创作,2006（9）.

[39] 刘伯英,李匡.北京工业遗产评价办法初探 [J]. 建筑学报,2008（12）.

[40] 刘伟,田嘉.工业遗产保护规划及设计研究：以天津滨海新区核心区天津碱厂地区为例 [J]. 规划师,2001（7）.

[41] 陆邵明.关于城市工业遗产的保护和利用 [J]. 规划师,2006（10）.

[42] 陆地.对原真性的另一种解读：《圣安东尼奥宣言》译介 [J]. 建筑师,2009（2）.

[43] 罗能.对工业遗产改造过程中一些矛盾的思考 [J]. 西南科技大学学报( 哲学社会科学版 ),2008（1）.

[44] 吕舟.城市工业遗产保护价值观察：以江南造船厂与 798 厂为例 [J]. 中国文化遗产,2007（4）.

[45] 彭长歆.张之洞与清末广东钱局的创建 [J]. 建筑学报,2015（6）.

[46] 青木信夫,徐苏斌.从北洋水师大沽船坞保护到天津滨海新区总体规划 [J]. 时代建筑,2010（5）.

[47] 青木信夫,徐苏斌.天津以及周边近代化遗产的思考 [J]. 建筑创作,2007（6）.

[48] 单霁翔.关注新型文化遗产：工业遗产的保护 [J]. 中国文化遗产,2006（4）.

[49] 单霁翔.关注新型文化遗产 [J]. 北京规划建设,2007（2）.

[50] 单霁翔.我国规划未来 5 年文化遗产保护工作重点 [J]. 城乡建设,2005（12）.

[51] 单霁翔.关于保护工业遗产的思考 [J]. 中华建设,2010（6）.

[52] 史箴,吴葱,戴建新.16—18 世纪中西建筑文化交流要事年表 [J]. 建筑师,2003（102）.

[53] 宋春兰.浅谈工业遗产与保护：以天津三条石民族工业为例 [J]. 文物春秋,2008（3）.

[54] 田燕,林志宏,黄焕.工业遗产研究走向何方：从世界遗产中心收录之近代工业遗产谈起 [J]. 国际城市规划,2008（2）.

[55] 汪芳,刘鲁.工业遗产体验式旅游开发设计思路的探讨 [J]. 华中建筑,2009（3）.

[56] 王慧芬 . 论江苏工业遗产保护与利用 [J]. 东南文化，2006（4）.

[57] 王其亨 . 华夏建筑的传世绝响样式雷 [J]. 中华遗产，2005（4）.

[58] 王玉丰 . 什么是工业考古学？工业考古学的范畴 [J]. 台湾：科技博物，2001（5）.

[59] 王元媛，贾东 . 首钢工业文明轴线的提出与设计：工业遗产的 135. 更新与城市道路景观的结合 [J]. 北方工业大学学报，2009（3）.

[60] 吴克捷 . 工业遗产再利用与历史地区的复兴：北京第二热电厂及其周边改造 [J]. 北京规划建设，2007（2）.

[61] 邢怀滨，冉鸿燕，张德军 . 工业遗产的价值与保护初探 [J]. 东北大学学报（社会科学版），2007（1）.

[62] 徐连和 . 天津历史风貌建筑的保护与整修 [J]. 建筑工程，2006（1）.

[63] 叶雁冰 . 旧工业建筑再生利用的价值探析 [J]. 工业建筑，2005（6）.

[64] 俞孔坚，方琬丽 . 中国工业遗产初探 [J]. 建筑学报，2006（8）.

[65] 俞孔坚 . 中国大运河工业遗产廊道构建：设想及原理（上篇）[J]. 建设科技，2007（11）.

[66] 于亚滨，许洪江，马双全 . 以工业调整和改造为动力实现老工业基地振兴：以哈尔滨市工业调整和改造规划为例 [J]. 城市规划，2004（4）.

[67] 张健，隋倩婧，吕元 . 工业遗产价值标准及适宜性再利用模式初探 [J]. 建筑学报学术论文专刊 05，2011 增刊 1.

[68] 张松 . 上海产业遗产保护进程的简要回顾 [J]. 上海城市规划，2006（2）.

[69] 张松 . 上海产业遗产的保护与适当再利用 [J]. 建筑学报，2006（8）.

[70] 张险峰，张云峰 . 英国伯明翰布林德利地区：城市更新的范例 [J]. 国外城市规划，2003（2）.

[71] 张新民 . 论清末职业教育体系的形成与特点 [J]. 职教论坛，2005（6）.

[72] 张毅杉，夏健 . 塑造再生的城市细胞：城市工业遗产的保护与再利用研究 [J]. 城市规划，2008（2）.

[73] 赵万民，李和平，张毅 . 重庆市工业遗产的构成与特征 [J]. 建筑学报，2010（12）.

[74] 赵晓荣 . 人类学视野下的工业文化遗产保护和传承 [J]. 天津社会科学，2010（5）.

[75] 支文军 . 旧建筑的保护与再生 [J]. 时代建筑，2006（2）.

[76] 钟贤巍 . 欧盟产业旅游发展对我国东北老工业城市转型的启示 [J]. 社会科学战线，2007（5）.

[77] 周馥 . 醇亲王巡阅北洋海防日记 [J]. 近代史资料，1982（1）.

[78] 朱庆颐 . 关于近代纺织工业基地形成因素的探讨 [J]. 中国纺织大学学报，1994，20（3）.

[79] 朱永春 . 巴洛克多中国近代建筑的影响 [J]. 建筑学报，2000（3）.

[80] 朱永春，陈杰 . 福州近代工业建筑概略 [J]. 建筑学报，2011（5）.

[81] 左图 . 中海海晏堂 [J]. 紫禁城，2005（133）.

## 博士学位论文

[1] 龚清宇 . 大城市结构的独特性弱化现象与规划结构限度：以 20 世纪天津中心城区结构

演化为例 [D]. 天津：天津大学，1999.

[2] 寇怀云 . 遗产技术价值保护研究 [D]. 上海：复旦大学，2007.

[3] 田燕 . 线路视野下的汉冶萍工业遗产研究 [D]. 武汉：武汉理工大学，2009.

[4] 朱强 . 大运河江南段工业遗产廊道构建 [D]. 北京：北京大学，2007.

## 硕士学位论文

[1] 鲍玮 . 产业类历史建筑的保护与社区化改造 [D]. 长沙：湖南大学，2006.

[2] 陈蕾 . 基于城市记忆的近代产业遗产的保护和再利用 [D]. 武汉：华中科技大学，2005.

[3] 贺旺 . 后工业景观浅析 [D]. 北京：清华大学，2004.

[4] 胡江路 . 大连市工业遗产旅游开发研究 [D]. 大连：东北财经大学，2005.

[5] 李辉 . 工业遗产地景观形态初步研究 [D]. 南京：东南大学，2006.

[6] 林然 . 福建民间信仰建筑及其古戏台研究 [D]. 厦门：华侨大学，2007.

[7] 林雁 . 青岛纺织工业遗产的保护与再利用 [D]. 青岛：青岛理工大学，2010.

[8] 刘翔 . 文化遗产的价值及其评估体系 [D]. 长春：吉林大学，2009.

[9] 刘伟惠 . 上海旧工业建筑再利用研究 [D]. 上海：上海交通大学，2007.

[10] 吕婧 . 天津近代城市规划历史研究 [D]. 武汉：武汉理工大学，2005.

[11] 汪晖 . 城市化进程中的土地制度研究 [D]. 杭州：浙江大学，2002.

[12] 汪希芸 . 工业遗产旅游"资源—产品"转化研究 [D]. 南京：南京师范大学，2007.

[13] 王驰 . 产业建筑遗存的改造性再利用 [D]. 杭州：浙江大学，2003.

[14] 王利 . 首钢现代工业旧址旅游开发可行性探析 [D]. 北京：北京第二外国语学院，2008.

[15] 王月 . 城市工业用地重组中工业遗产的保护与更新 [D]. 天津：天津大学，2008.

[16] 余丽娜 . 后工业的景观更新及其在中国的实践 [D]. 北京：北京林业大学，2007.

[17] 解翠乔 . 保护与复兴：工业遗产的环境重塑与活力再生研究 [D]. 西安：西安建筑科技大学，2008.

[18] 袁筱薇 . 维护再利用工业遗产的重要性与方法 [D]. 成都：西南交通大学，2007.

[19] 张晶 . 工业遗产保护性旅游开发研究 [D]. 上海：上海师范大学，2007.

[20] 张婧 . 中国产业类建筑改造的分析与研究 [D]. 南京：东南大学，2005.

[21] 张琳琳 . 基于城市设计策略的城市旧工业区更新 [D]. 西安：西安建筑科技大学，2007.

[22] 张瑞平 . 城市旧工业区改造中文脉继承的思考 [D]. 西安：西安建筑科技大学，2007.

[23] 张月淳 . 失去生产功能的旧工业建筑改造再利用初探 [D]. 重庆：重庆大学，2005.

[24] 周陶洪 . 旧工业区城市更新策略研究 [D]. 北京：清华大学，2005.

[25] 庄简狄 . 旧工业建筑再利用若干问题研究 [D]. 北京：清华大学，2004.

## 网络资源

[1] TICCIH 国际官方网站 www.ticcih.org.

[2]    UNESCO 世界遗产中心国际官方网站 whc.unesco.org.

[3]    ICOMOS 国际官方网站 www.international.icomos.org.

[4]    工业和技术遗产协会欧洲联合会官方网站 www.e-faith.org.

[5]    英国工业考古学会网站 www.industrial-archaeology.org.uk.

[6]    法国工业遗产考古学会网站 www.cilac.com.

[7]    美国工业考古学会网站 www.siahq.org.

[8]    德国工业考古网站 www.Indus lfic-mchaeologie.De.

[9]    世界遗产推进协议会事务局《九州、山口的近代化产业遗产群》2009 年 10 月 22 日
       http：//www.kyuyama.jp/index.html.

[10]   http：//www.mosi.org.uk.

[11]   http：//www. manchestercentral.co.uk.

[12]   http：//ih.landscape.cn.

[13]   http：//www.chineyeah.com.

[14]   http：//www.ihchina.cn.

[15]   http：//www.gmw.cn.

[16]   http：//epaper.syd.com.cn.

[17]   http：//www.disused-stations.org.uk.

后
记

2011 年自天津大学博士毕业后，我来到福州大学工作至今已近十年，期间收集史料、档案，查阅相关文献资料，实地调研厂区、街巷，走访当地居民，延用博士期间的方法开展福建近现代工业遗产的调查与研究，同时，继续关注天津工业遗产的研究动态，并发表了十余篇关于天津工业遗产的论文，这些研究成果也是本书的一部分内容。

本书更多的内容还是依托本人的博士论文，在此感谢导师徐苏斌教授和青木信夫教授，博士期间的研究凝聚着两位导师的智慧和心血。记得刚进入天津大学，尚不知何谓"工业遗产"，是导师开启我的思路，带我进入一个十分陌生的研究领域。导师孜孜不倦的教诲，让我逐渐从一无所知到极其投入。整个研究过程中充满困惑，导师开阔的视野与敏锐的洞察力让我的思路豁然开朗，导师严谨的治学态度让我终身受益，导师对文化遗产的热爱、投入与对学术的执着，激励我不断进步，并决心以此为终身事业。

感谢我的硕士导师朱永春教授，在博士期间给我无数次鼓励，在学术与生活方面不断给予帮助。

感谢王其亨教授，教授广博的知识与敏锐的思维总能对关键问题提出诚挚的意见，让我获益匪浅。

感谢吴葱、王蔚、丁垚、郑颖、张天洁、张龙、张凤梧、曹鹏等老师对本研究提供的支持。感谢同窗刘敏、刘征、刘航、李在辉、王刚、贺美芳、闫觅、王宏宇、孙亚楠、张玉钗、李天、陈晨、陈国栋、薛山等所有的同门，感谢舍友张祥志、胡子楠、林佳，感谢我的大学老师后来成为博士同学的杨涛老师，感谢建筑学院 2008 级博士班的孙晓峰、吴卉、杨申茂及所有同学，感谢赵向东、狄雅静、成丽、郭华瞻、何蓓洁、杨菁、伍沙、李江等研究室的兄弟姐妹，感谢巨凯夫、曾瑞、闫苏、宋雪、郭隽等好友以及很多在此未能提及的帮助过我的朋友。

感谢我的家人给予的支持和鼓励，我的爱人、岳父、岳母帮助我料理家事，照顾幼子。

最后，感谢我的父母对我的理解与奉献，我永远爱你们！

真诚希望本书能为关注与研究中国近代工业遗产的学者提供一些帮助和借鉴，能为天津的工业遗产保护和城市文化建设作出些微贡献。由于作者水平所限，书中难免有疏漏与错误，敬请各位指正。我也将在该领域的研究道路上继续前行，希望未来有更好的研究成果奉献给大家。

季宏

2021 年 3 月于榕

**图书在版编目（CIP）数据**

天津近代自主型工业遗产研究 = Investigation on Tianjin's Modern Autonomous Industrial Heritage / 季宏著．—北京：中国建筑工业出版社，2021.1
（"中国20世纪城市建筑的近代化遗产研究"丛书／青木信夫，徐苏斌主编）
ISBN 978-7-112-26018-8

Ⅰ．①天…　Ⅱ．①季…　Ⅲ．①工业建筑－文化遗产－研究－天津　Ⅳ．① TU27

中国版本图书馆 CIP 数据核字(2021)第 056464 号

福州大学出版基金：2020CBS06
福建省教育厅基金：福州工业遗产保护中非物质文化遗产的信息记录（JT180030）

责任编辑：李　鸽　陈小娟
责任校对：王　烨

"中国20世纪城市建筑的近代化遗产研究"丛书
The series of books on the modern heritage of Chinese urban architecture in the 20th century
青木信夫　徐苏斌　主编
**天津近代自主型工业遗产研究**
Investigation on Tianjin's Modern Autonomous Industrial Heritage
季　宏　著
＊
中国建筑工业出版社出版、发行（北京海淀三里河路9号）
各地新华书店、建筑书店经销
北京雅盈中佳图文设计公司制版
北京中科印刷有限公司印刷
＊
开本：787毫米×1092毫米　1/16　印张：17　字数：330千字
2021年4月第一版　2021年4月第一次印刷
定价：**68.00**元
ISBN 978-7-112-26018-8
　　　　（36637）